中国空气动力研究与发展中心系列图书

双模态冲压发动机
等效热力过程与性能关系原理
Connection Principle between Dual – Mode
Scramjet Performance and Equivalent
Thermal – Dynamic Process

白菡尘　陈军　著

国防工业出版社

·北京·

内 容 简 介

本书根据国内外以及本团队在双模态冲压发动机研究方面的最新成果,介绍了新提出的双模态冲压发动机燃烧室特征马赫数概念、以燃烧室特征马赫数为表征的冲压发动机等效热力过程理论、双模态等效工作过程物理模型,依据该理论分析了飞行马赫数2～7碳氢燃料、飞行马赫数7～14氢燃料超声速燃烧室冲压发动机的双模态运行热力过程与性能关系,依据分析数据,系统论述了超声速燃烧室冲压发动机双模态运行中各种作用因素、入口条件的影响。本书提供了大量数据图表,既能够帮助读者系统掌握超声速燃烧室冲压发动机的双模态运行热力过程与性能关系,还能利用这些数据启发读者的独立、深入思考。为帮助读者理解该理论及其分析结果,补充了复杂加热管流的基础理论,特别补充了对双模态运行现象与机制的新认识,这是以燃烧室特征马赫数表征的等效热力过程理论的认识基础。本书适合于从事冲压发动机设计、研发、实验、计算以及教学的工业单位、研究机构、大学中的技术人员、研究人员、教师、研究生。

图书在版编目(CIP)数据

双模态冲压发动机等效热力过程与性能关系原理/
白菡尘,陈军著. —北京:国防工业出版社,2018.9
ISBN 978 - 7 - 118 - 11679 - 3

Ⅰ.①双… Ⅱ.①白… ②陈… Ⅲ.①冲压喷气发动机 - 研究 Ⅳ.①V235.21

中国版本图书馆 CIP 数据核字(2018)第 212716 号

※

国防工业出版社出版发行
(北京市海淀区紫竹院南路23号 邮政编码100048)
北京龙世杰印刷有限公司印刷
新华书店经售

*

开本710×1000 1/16 印张17¾ 字数318千字
2018年9月第1版第1次印刷 印数1—1500册 定价198.00元

(本书如有印装错误,我社负责调换)

国防书店:(010)88540777 发行邮购:(010)88540776
发行传真:(010)88540755 发行业务:(010)88540717

前　言

　　吸气式发动机的循环分析研究的是空气流经一个发动机时的热力学行为，而不需考虑使之运动的机械方式。例如在涡喷发动机循环分析中，不研究进气道、压气机、涡轮本身，而是根据空气流经这些部件产生的结果来认识部件的特性（例如，涡喷发动机的压气机用滞止压比和效率描述其特性，燃烧室用加热比和总压恢复描述其特性）。当循环分析的结果表达为数据曲线时，如推力、比冲随马赫数的变化，所描述的不是一个真实发动机的这些变量关系，曲线上每一个点代表某个发动机的潜在性能，而这个发动机是以符合曲线该点特性的部件所组成（如空气流量、压比、效率恰好是曲线点计算所对应的条件）。在实际条件下，并不能保证部件实现所有这些可能性，或者说不能保证实现循环分析数据曲线上的所有性能特性，但数据曲线中包含了可实现的部分。所以，循环分析针对的是"橡皮发动机"，循环分析的主要目的是：为满足某个（或某些）实际需求，确定发动机各部件应选择什么样的特性参数才能获得最令人满意的效果。

　　在吸气式发动机技术发展历史上，理想 Brayton 循环分析发挥了重要作用。但理想 Brayton 循环分析的假设条件太理想，所以只能提供定性的趋势。

　　对实际系统进行定量循环分析，是进行吸气式发动机设计的起点。在拥有成熟产品经验数据的条件下，可以在 Brayton 循环分析中引入各种效率，形成考虑实际系统损失的定量循环分析方法。由于大量成熟产品数据的支撑，这种方法中的各种效率数据非常符合实际，所以这种方法可以用于新产品系列的"橡皮发动机"分析，获得具有可实现性的优化的总体方案。以燃气涡轮为核心的各种航空发动机，就属于这种情况。

　　对于冲压发动机这种无旋转部件的"简单发动机"，定量循环分析主要依靠一维流动控制方程，分析结果的可用性（或准确性）取决于对子过程（或部件过程）描述的详细性和准确性。当冲压发动机的每个部件以足够详细、准确的方式描述时，尽管是一维方程，也能够给出足够令人信服的结论。定量循环分析是吸气式发动机基本型设计的有效工具（也是快速决策优化措施的有效工具），在确定了基本型的基础上，其他更精确的工具（如实验与 CFD 软件）才能更有效地发挥作用。

　　双模态冲压发动机（Dual – Mode Ramjet）实际上是超声速燃烧室冲压发动

机（Supersonic Combustor RAMJET – Scramjet），由于只有超声速燃烧室冲压发动机才能实现双模态运行，所以也称为双模态冲压发动机。严格讲，应该称为"超声速燃烧室冲压发动机的双模态运行"。对双模态冲压发动机的研究经历了半个多世纪，取得瞩目成就，但受控设计与方案优化的方法仍欠成熟。

在过去数十年中，自从霍普金斯大学的 Billig 团队采用了基于 Crooco 幂次律的燃烧室参数设计方法（$pA^{\varepsilon/(\varepsilon-1)} = $ 常数）以来，这个方法就"横行"业界，得到广泛应用，很少有人质疑过这个方法及其产生的结果。即使有人质疑，也因为没有提出更好、更有说服力的方法而作罢。之所以 Billig 的方法很少受到质疑，一方面因为 ε 是根据很多实验数据拟合出来的，对于来自于实验数据的方法，人们总是持认可的态度，况且人们可以根据自己的实验，给出自己的 ε；另一方面是因为人们只是急于找一种方法来用，并没有系统地研究这个方法产生的过程。但来自有限数量燃烧实验的结果，说服力不足，因为这些实验结果不能代表全部样本。

另一类被广泛使用的优化方法，是 CFD 模拟方法。这类方法需要事先给定模型型面，用数值模拟获得调节分级燃料比例获得的燃烧结果和性能，尽管可以对多种型面参数进行对比，但有限方案也不能代表全部样本，起不到"橡皮发动机"参数化分析的作用。

早在 2003 年，在获得了一些还不错的实验数据之后，我们非常希望知道"还有多少潜力可挖"以及"采取什么措施才能进一步挖掘潜力"的答案。当我们在文献的海洋中寻找这些问题的解决方法时，发现在双模态冲压发动机研究的历史文献中，缺少非理想循环定量分析的"橡皮发动机"参数选择研究。进一步研究发现，在没有系统描述双模态冲压发动机运行过程的物理现象和机制之前，无法建立令人信服的"双模态运行"物理模型，这也是 Billig 团队采用 Crooco 幂次律方法的无奈之处。

从 2003 年到 2016 年，着眼于回答发动机性能潜力问题，研究了双模态冲压发动机工作过程与性能的关系，在复杂加热管流经典理论和国内外双模态冲压发动机现象学认识的基础上，经历十余年时间，完善认识，用燃烧室特征马赫数和等效热力过程的概念解决了"橡皮发动机"参数化研究的样本全覆盖问题，描述了超声速燃烧室冲压发动机双模态运行的等效热力过程物理模型。在系统性地完成了飞行马赫数 4~7 碳氢燃料双模态冲压发动机等效热力过程分析后，发现这些结果实际上揭示了双模态运行的热力过程与性能的关系，回答了 20 世纪 60 年代 Ferri 提出的"技术发展的一个关键问题和一个设计理念"中的关键问题，即"释热与燃烧室形状的匹配关系"问题，于是本书称为《双模态冲压发动机等效热力过程与性能关系原理》。这个原理实际上为双模态冲压"橡皮发动机"定量循环分析提供了完整的理论框架，以此为基础实现了超声速燃烧室冲压发动机双模态运行"橡皮发动机"的参数研究,回答了双模态冲压发动机性能潜力及其条件的问题,获得了入口条件影响规律、等效热力过程的影响规律。这些结果可以用于指导双模态冲压发动机一些技术参数的"受控"设计,还可以指导燃烧组织方案的改进。

本书已经将上述分析拓展到碳氢燃料、飞行马赫数2~7和氢燃料、飞行马赫数7~14范围,前者的结果得到过有限实验验证,后者涉及尚欠研究的高温燃烧离解反应模型和相应条件的尾喷管流动非平衡反应模型,但循环分析获得的规律可以帮助我们在高马赫数冲压发动机研究中抓住主要矛盾,减少做无用功。

本书给出了大量的条件影响分析结果(数据图),方便读者全面理解这些规律,并为读者提供了一个进一步挖掘有用信息和规律的机会。本书提供的数据图表,采用了发动机行业通用的无量纲指标,具有普适性,对于一些因素的影响(如更大的湿面积、内置支板型燃料喷射器等)也推荐了处理方法。由于本书的目的是讲解原理,所以提供的数据仅限于说明论点,不足以令读者实现一个具体设计。但根据书中对原理的解释,读者可以举一反三,根据具体任务,做出相应的分析模型,进而获得所需热力过程的设计。对于入门者,本书大量的图表还帮助读者认识这样一个事实,即规律隐藏在大量的数据中,对数据的整理需要花大量精力,只有获得了能够清晰揭示规律的图,才能"看图说话","发现"规律。做出"正确"的曲线是一种创造。

本书可作为研究生教材使用,也可作为相关工程技术人员的参考书。在阅读本书之前,读者应先系统学习过发动机气体动力学、喷气发动机原理和超声速进气道原理的课程。

作者相信,将来对超声速燃烧室冲压发动机双模态运行子过程的物理描述会越来越完善、准确,特别是高马赫数条件下的空气离解反应模型和带离解的燃烧反应模型。希望本书提供的方法、数据,能够让读者学会按需进行快速定量循环分析的逻辑和方法,在更准确的物理模型问世时,能够按照可控的目的,更准确地设计双模态冲压发动机的技术参数,或更准确地预测性能、受控地实现预期性能。

作者真诚地欢迎读者对本书内容提出批评意见。

感谢中国空气动力研究与发展中心(CARDC)为本书提供出版的机会和经费,感谢各级领导对重点实验室基础研究工作的支持。感谢国防工业出版社提供的大力支持和帮助。

谨以此书,作为献给中国空气动力研究与发展中心成立50 周年的贺礼。

白菡尘

中国空气动力研究与发展中心

高超声速冲压发动机技术重点实验室

2018 年 4 月 27 日　于绵阳

作者简介

　　白菡尘,博士,研究员,博士生导师,高超声速冲压发动机技术重点实验室副主任、绵阳分部主任,发动机工作过程与总体技术方向的学术技术带头人。1987年于南京航空学院(现南京航空航天大学)动力工程系航空发动机设计专业获得工学学士学位;1990年于中国空气动力研究与发展中心研究生部获得航天飞机空气动力学专业工学硕士学位;2003年于俄罗斯科学院西伯利亚分院理论与应用力学研究所(ITAM)获得俄罗斯"流体、气体、等离子体"专业科学副博士学位(即哲学博士学位)。从事高超声速实验技术、发动机内流气体动力学、冲压发动机工作过程与燃烧组织技术研究等研究工作。

　　陈军,博士,副研究员,高超声速冲压发动机技术重点实验室绵阳分部发动机工作过程与总体技术方向的研究骨干。2004年于国防科学技术大学(现国防科技大学)航天与材料工程学院飞行器系统理论与工程专业获得工学学士学位,2006年于国防科学技术大学(现国防科技大学)航天与材料工程学院航空宇航科学与技术专业获得工学硕士学位;2016年于中国空气动力研究与发展中心获得流体力学专业工学博士学位。从事发动机内流气体动力学、冲压发动机工作过程与燃烧组织技术研究等研究工作。

符号说明

主要符号

A	面积,m^2	R_Q	热量比例
a	声速,m/s	R_m	流量比
C_f	摩擦因数	S	湿面积
c_p	定压比热	sfc	每小时油耗
D	直径(水力学直径),m	T	静温,K
f	油气比	u	速度,m/s
$\mathrm{d}F$	力,N	x	长度,m
H	焓值	γ	比热容比
Hu	燃料的低热值	η	效率
I_{sp}	比冲、单位推力,N·s/kg	η_c	燃烧效率
$\mathrm{d}J$	动量	η_0	推进效率
$\mathrm{d}L,\mathrm{d}l$	输入功	φ	当量比
Ma	马赫数	π	压升比
Ma_c	燃烧室特征马赫数	Θ	水力学直径
$\dot{m}$	流量	θ	加热比
p	压力,静压,N/m^2	ρ	密度
Q	热量	σ	总压恢复系数
q	单位流量工质获得的热量	τ	摩擦应力
R	气体常数		
R_A	面积比,需用扩张比		

上标

*	声速面、喉道截面		

下标

1－10	截面标记(图 2.1)	j	燃料射流
air	空气	－ ntl	内推力,参考图 3.6
c	燃烧室,燃烧	psw	伪激波过程或激波串过程(参考图 1.20 及图 2.10)
cold	发动机冷态(无燃料喷射和燃烧)	－ qld	全流道,参考图 3.5
com	燃烧室全过程(包括伪激波过程和加热过程)	s	壁面
DM	双模态冲压发动机	sub	亚声速燃烧室冲压发动机工作过程
e	出口	sup	超声速燃烧室冲压发动机工作过程
f	①燃料,②飞行条件	t	滞止参数
heat	加热过程(参考图 2.10)	－ tlc	推力差(冷、热工况推力增量),参考式 3.5
hot	发动机热态(喷入燃料并燃烧释热)	in	入口

目　录

第1章　理论基础与现象学认识

1.1　复杂加热管流理论

复杂加热管流指包含截面面积变化、壁面摩擦、质量添加、热量添加各因素作用的管内流动,是对喷气式发动机(或内流机械)内流过程的代表性描述。

为服务于本书内容体系,便于读者理解双模态冲压发动机热力过程与性能关系原理如何从复杂的流动现象中归纳出来,应首先使读者建立"管流"和"流管"的概念,认识复杂加热管流各因素的作用效果。为此,借助于喷气发动机气体动力学中常采用的微元控制体法,对复杂加热管流控制方程做简单回顾。熟悉这部分概念和内容的读者可以跳过本节。

1.1.1　"管流"与"流管"的概念

"管流",顾名思义是管内流动,也称为"内流"(internal flow),流体在运动中受到"管"的固体壁面的约束,这种约束使流体不能"随意"改变自己的运动方向,所以也称为"受限流动"(confined flow)。

"流管"是由一簇流线上的流体组成的"虚拟管流",参考图1-1,其外围流线构成"虚拟管壁",好像流体被"虚拟管壁"所包覆。在管流和非管流(也称"外流",external flow)中都存在"流管","流管"的范围可以人为选择或定义。在"内流"中,"流管"的"虚拟管壁"间接传递着固体管壁对其中流体的空间约束。在"外流"中,至少在一个方向上有足够的空间,可以释放来自于某个方向、

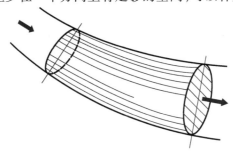

图1-1　流管概念示意图

某种因素的"扰动",所以"外流"也称为"非受限流"(unconfined flow),在非受限流中,"流管"的"虚拟管壁"对其中的流体没有空间约束作用。

一般来说,在内流机械的流道中,工作流管不一定是平直的,各横截面(垂直于运动方向)的面积一般情况下是变化的(变截面),每个截面中各点的气流参数也不一定是相同的(非均匀性)。

但在管内流动中,流体被管壁"强迫"着沿管道轴线方向运动,宏观上,可以将管流看作是沿管道轴线方向的"一维""流管"。虽然在实际的管内流动中,由于管壁附近边界层与面积变化的作用,各截面上的气流参数在管径(或高度、宽度)方向上是不均匀的,但"一维化"便于分析、理解复杂加热管流中各因素的作用效果,便于从宏观上掌握复杂加热管流的主控规律,所以"一维"分析在发动机技术研发中具有重要作用,"一维"分析能力也是发动机专业人员的重要基本功之一。"一维化"就是在各截面上采用平均参数的概念,将管流中的多维流动现象抽象为"简单"的一维流动。

1.1.2　控制方程

与其他流体动力学过程的描述类似,复杂加热管流的基本控制方程也是连续性方程、动量守恒方程、能量守恒方程,"发动机气体动力学"[1]等基础课、早期的超声速燃烧室冲压发动机研究进展[2]都有对复杂加热管流控制方程的推导,各教材或作者曾用多种方法推导这些方程。微元控制体法是常用的控制方程推导方法。

图 1 - 2 是一个微元控制体,或者说是一个微型流管中长度为 $\mathrm{d}x$ 的一段流体,流管的表面由流线构成,形成虚拟的管壁,是"非渗透性的",即在流管表面的法向没有流动。流体从截面 1 流入控制体,从截面 2 流出控制体,以某种方式向控制体添加质量 $\mathrm{d}\dot{m}$、添加热量 $\mathrm{d}Q$、向控制体内的工质输入功 $\mathrm{d}L$,控制体表面受到压力和剪切应力的作用,控制体内受到一个外加的阻力 $\mathrm{d}F$ 作用。

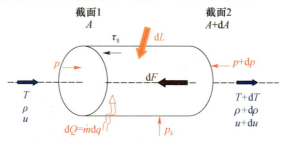

图 1 - 2　微元控制体复杂作用因素示意图

在做微元控制体分析时,由于所取微元尺寸非常小,可以假设流管弯曲的曲率无限大(流管微元是柱形的、流动方向是"直线"的,不存在法向的运动),每个截面中各点的气流参数是相同的。由这些假设,可以针对该微元控制体写出控制方程。

（1）连续性方程：

$$\mathrm{d}\dot{m} = \rho_2 u_2 A_2 - \rho_1 u_1 A_1 = (\rho_1 + \mathrm{d}\rho)(u_1 + \mathrm{d}u)(A + \mathrm{d}A) - \rho u A$$

略去高阶项,并除以 $\dot{m} = \rho u A$,得

$$\frac{\mathrm{d}\dot{m}}{\dot{m}} = \frac{\mathrm{d}u}{u} + \frac{\mathrm{d}\rho}{\rho} + \frac{\mathrm{d}A}{A} \tag{1-1}$$

（2）动量方程：

$$\begin{aligned}
\dot{m}_2 u_2 - \dot{m}_1 u_1 &= (\dot{m} + \mathrm{d}\dot{m})(u + \mathrm{d}u) - \dot{m}u - \mathrm{d}J \\
&= (pA + p_s \mathrm{d}A) - (p + \mathrm{d}p)(A + \mathrm{d}A) - \tau_s \mathrm{d}S - \mathrm{d}F
\end{aligned}$$

式中：$\mathrm{d}J$ 为质量添加时带入的动量在主流方向的投影；$\mathrm{d}S = (4A/D)\mathrm{d}x$ 为流管的表面积（D 为水力学直径）；

$$\tau_S = \frac{C_f}{2}\gamma p Ma^2,\ \gamma\ \text{为比热容比}$$

动量方程变为

$$\frac{1}{\gamma Ma^2}\frac{\mathrm{d}p}{p} + \frac{1}{2}\frac{\mathrm{d}u^2}{u^2} + \frac{\mathrm{d}\dot{m}}{\dot{m}} + \frac{1}{\dot{m}u}(\tau_s \mathrm{d}S + \mathrm{d}F - \mathrm{d}J) = 0$$

$$\frac{1}{\gamma Ma^2}\frac{\mathrm{d}p}{p} + \frac{1}{2}\frac{\mathrm{d}u^2}{u^2} + \frac{\mathrm{d}\dot{m}}{\dot{m}} + \frac{1}{\dot{m}u}\left(2C_f \dot{m}u\frac{\mathrm{d}x}{D} + \mathrm{d}F - \mathrm{d}J\right) = 0 \tag{1-2}$$

（3）能量方程：

$$(\dot{m} + \mathrm{d}\dot{m})c_p(T_t + \mathrm{d}T_t) - [\dot{m}c_p T_t + \mathrm{d}\dot{m}(c_p T_{t,j})] = \mathrm{d}Q + \mathrm{d}L$$

式中：$\mathrm{d}Q = \dot{m}\mathrm{d}q$ 为添加的热量；$\mathrm{d}L = \dot{m}\mathrm{d}l$ 为外界对控制体内气体所做的功。

变形,得

$$\frac{\mathrm{d}T_t}{T_t} + \frac{\mathrm{d}\dot{m}}{\dot{m}}\left(1 - \frac{T_{t,j}}{T_t}\right) = \frac{1}{c_p T_t}(\mathrm{d}q + \mathrm{d}l) \tag{1-3}$$

或者,用静参数表达为

$$(\dot{m} + \mathrm{d}\dot{m})c_p(T + \mathrm{d}T) - [\dot{m}c_p T + \mathrm{d}\dot{m}(c_p T_j)] +$$

$$\frac{1}{2}(\dot{m} + \mathrm{d}\dot{m})(u + \mathrm{d}u)^2 - \left(\frac{1}{2}\dot{m}u^2 + \frac{1}{2}\mathrm{d}\dot{m}w^2\right) = \mathrm{d}Q + \mathrm{d}L$$

变形为

$$\left(\dot{m}c_p T + \frac{1}{2}\dot{m}u^2\right)\frac{\mathrm{d}\dot{m}}{\dot{m}} - \left(\dot{m}c_p T_j + \frac{1}{2}\dot{m}w^2\right)\frac{\mathrm{d}\dot{m}}{\dot{m}} + \dot{m}c_p T\frac{\mathrm{d}T}{T} + \frac{1}{2}\dot{m}u^2\frac{\mathrm{d}u^2}{u^2} = \mathrm{d}Q + \mathrm{d}L$$

或

$$\frac{\mathrm{d}T}{T} + \frac{\mathrm{d}\dot{m}}{\dot{m}}\left(\left(1 - \frac{T_j}{T}\right) + \frac{1}{2}\frac{u^2 - w^2}{c_pT}\right) + \frac{1}{2}\frac{u^2}{c_pT}\frac{\mathrm{d}u^2}{u^2} = \frac{1}{c_pT}(\mathrm{d}q + \mathrm{d}l)$$

$$\frac{\mathrm{d}T}{T} + \frac{\mathrm{d}\dot{m}}{\dot{m}}\left(\left(1 - \frac{T_j}{T}\right) + \frac{1}{2}\frac{u^2 - w^2}{c_pT}\right) + \frac{1}{2}(\gamma - 1)Ma^2\frac{\mathrm{d}u^2}{u^2} = \frac{1}{c_pT}(\mathrm{d}q + \mathrm{d}l)$$

$$(1-4)$$

1.1.3 单独因素作用效果

1. 面积变化

当只有面积变化，没有质量添加、热量添加、功的添加以及摩擦力和外界阻力作用时，连续性方程变为

$$\frac{\mathrm{d}u}{u} + \frac{\mathrm{d}\rho}{\rho} + \frac{\mathrm{d}A}{A} = 0 \qquad (1-5)$$

动量方程变为

$$\frac{\mathrm{d}p}{p} + \frac{\gamma Ma^2}{2}\frac{\mathrm{d}u^2}{u^2} = 0 \qquad (1-6)$$

考虑到
$$\frac{\mathrm{d}p}{\mathrm{d}\rho} = a^2 = \gamma RT, p = \rho RT,$$

得
$$\gamma\frac{\mathrm{d}\rho}{\rho} = \frac{\mathrm{d}p}{p}$$

动量方程变形为

$$\frac{\mathrm{d}\rho}{\rho} = -\frac{Ma^2}{2}\frac{\mathrm{d}u^2}{u^2}$$

代入连续性方程，变形为

$$\frac{1}{2}(1 - Ma^2)\frac{\mathrm{d}u^2}{u^2} = (1 - Ma^2)\frac{\mathrm{d}u}{u} = -\frac{\mathrm{d}A}{A} \qquad (1-7)$$

从式(1-7)中可以看到，在亚声速气流中，$Ma < 1$，要想气流加速，必须减小面积；在超声速气流中，$Ma > 1$，要想气流加速，必须增大面积。而面积收缩的作用，无论是亚声速入流还是超声速入流，都将向 $Ma = 1$ 的方向发展。

拉瓦尔喷管就是遵循这个原理工作的。参考图1-3，当拉瓦尔喷管工作在设计工况时（关于拉瓦尔喷管的其他工况，请参考其他专业书籍），左侧驻室压力足够大、右侧出口压力足够小，驻室中气体速度很低，或者可以接近静止。在压差的驱动下，气流在拉瓦尔喷管的收缩段受面积约束规律而加速，在喉道处达

到马赫数为 1 的壅塞状态；从喉道开始，在拉瓦尔喷管扩张段的面积约束规律作用下，气流继续加速，直到在拉瓦尔喷管出口获得设计状态的马赫数以及压力、温度条件。

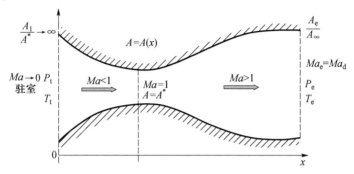

图 1-3 拉瓦尔喷管中面积变化与马赫数变化的关系

为便于理解发动机内流机制，需要换一个角度理解这个结论。

重要结论之一：在亚声速气流中，面积减小使气流加速，马赫数向 1 的方向变化；在超声速气流中，面积的减小使气流减速，马赫数也向 1 的方向变化。

2. 摩擦阻力

当只有摩擦阻力（和外加阻力）作用，没有质量添加、热量添加、功的添加以及面积变化时，

连续性方程变为

$$\frac{\mathrm{d}u}{u} + \frac{\mathrm{d}\rho}{\rho} = 0 \tag{1-8}$$

在动量方程中，令

$$F_{\mathrm{ID}} = 4C_f \frac{\mathrm{d}x}{D} + \frac{2\mathrm{d}F}{\gamma p A Ma^2}$$

动量方程变为

$$\frac{\mathrm{d}p}{p} + \frac{\gamma Ma^2}{2} \frac{\mathrm{d}u^2}{u^2} + \frac{\gamma Ma^2}{2} F_{\mathrm{ID}} = 0 \tag{1-9}$$

由

$$\frac{\mathrm{d}p}{\mathrm{d}\rho} = a^2, p = \rho RT,$$

得

$$\frac{\mathrm{d}\rho}{\rho} = \frac{1}{\gamma} \frac{\mathrm{d}p}{p}$$

由连续性方程得

$$\frac{\mathrm{d}u}{u} + \frac{1}{\gamma} \frac{\mathrm{d}p}{p} = 0$$

带入动量方程，得

$$\frac{Ma^2}{2}F_{\text{1D}} = (1 - Ma^2)\frac{\mathrm{d}u}{u} \qquad (1-10)$$

从式(1-10)可以看到,在亚声速条件下,$Ma<1$,阻力的作用使气流加速;在超声速气流中,$Ma>1$,阻力的作用使气流减速。

重要结论之二:在亚声速气流中,摩擦阻力(及外加阻力)的作用使气流加速,气流速度向着马赫数等于1的方向变化;在超声速气流中,摩擦阻力(及外加阻力)的作用使气流减速,气流速度也向着马赫数等于1的方向变化。

根据这个结论,在给定入口条件时(无论超声速还是亚声速),等面积管若足够长,摩擦和外加阻力的作用将使气流在出口获得声速条件。

注:置于流管内的部件,如支板、中心体等,对控制体中的流体产生阻力,在分析中可等价为外加的阻力作用。

3. 添质

当只有质量添加,没有面积变化、没有热量添加、没有功的添加、没有摩擦以及外加阻力作用时,连续性方程变为

$$\frac{\mathrm{d}\dot{m}}{\dot{m}} = \frac{\mathrm{d}u}{u} + \frac{\mathrm{d}\rho}{\rho} \qquad (1-11)$$

动量方程变为

$$\frac{1}{\gamma Ma^2}\frac{\mathrm{d}p}{p} + \frac{1}{2}\frac{\mathrm{d}u^2}{u^2} + \frac{\mathrm{d}\dot{m}}{\dot{m}} - \frac{\mathrm{d}J}{\dot{m}u} = 0 \qquad (1-12\text{a})$$

变形,得

$$(1 + Ma^2)\frac{\mathrm{d}\dot{m}}{\dot{m}} = \frac{1 - Ma^2}{2}\frac{\mathrm{d}u^2}{u^2} + Ma^2\frac{\mathrm{d}J}{\dot{m}u} \qquad (1-12\text{b})$$

当 $\mathrm{d}J \ll \dot{m}u$ 时,式(1-12b)简化为

$$(1 + Ma^2)\frac{\mathrm{d}\dot{m}}{\dot{m}} = \frac{1 - Ma^2}{2}\frac{\mathrm{d}u^2}{u^2} = (1 - Ma^2)\frac{\mathrm{d}u}{u} \qquad (1-13\text{a})$$

由式(1-13)可以看到,在亚声速气流中,质量添加使速度增大;在超声速气流中,质量添加使气流速度减小。

重要结论之三:在亚声速气流中,添质的作用使气流加速,气流速度向着马赫数等于1的方向变化;在超声速气流中,添质的作用使气流减速,气流速度也向着马赫数等于1的方向变化。

根据这个结论,在给定入口条件时(无论超声速还是亚声速),等面积管中若添加足够的质量流量,将使气流在出口获得声速条件。

若在式(1-12b)中忽略 $\mathrm{d}\dot{m}$,则

$$\frac{1 - Ma^2}{2} \frac{\mathrm{d}u^2}{u^2} = -Ma^2 \frac{\mathrm{d}J}{\dot{m}u} \qquad (1 - 13\mathrm{b})$$

从式 (1 - 13b) 可以看到,在亚声速气流中, $Ma < 1$,动量输入使速度减小;在超声速气流中, $Ma > 1$,动量输入使气流速度增大。正的动量等价于负的阻力,所以动量输入与阻力的作用刚好相反。

4. 加热和外界向控制体做功

当只有热量添加的作用,没有面积变化、没有质量添加、没有功的添加、没有摩擦以及外加阻力作用时,

连续性方程变为

$$\frac{\mathrm{d}u}{u} + \frac{\mathrm{d}\rho}{\rho} = 0 \qquad (1 - 14)$$

动量方程变为

$$\frac{1}{\gamma Ma^2} \frac{\mathrm{d}p}{p} + \frac{1}{2} \frac{\mathrm{d}u^2}{u^2} = 0 \qquad (1 - 15)$$

能量方程为

$$\frac{\mathrm{d}T}{T} + \frac{1}{2}(\gamma - 1) Ma^2 \frac{\mathrm{d}u^2}{u^2} = \frac{1}{c_p T}(\mathrm{d}q + \mathrm{d}l) \qquad (1 - 16)$$

由上述 3 个方程,得

$$\frac{1}{c_p T}(\mathrm{d}q + \mathrm{d}l) = (1 - Ma^2) \frac{\mathrm{d}u}{u} \qquad (1 - 17)$$

由式 (1 - 17) 可以看到,在亚声速气流中,热量的添加、由外界向控制体内的气流做功(功的输入),使气流速度增大;在超声速气流中,热量的添加、由外界向控制体内的气流做功(功的输入),使气流速度减小。

重要结论之四:在亚声速气流中,加热和功输入的作用,使气流加速,气流速度向着马赫数等于 1 的方向变化;在超声速气流中,加热和功输入的作用,使气流减速,气流速度也向着马赫数等于 1 的方向变化。

根据这个结论,在给定入口条件时(无论超声速还是亚声速),等面积管中若添加足够的热量,将使气流在出口获得声速条件。对于任何一个入口马赫数条件,使等面积管出口达到声速的加热量称为这个条件下的极限加热量;加热量与入口气流焓值的比值称为加热比,所以极限加热量对应的加热比称为极限加热比。图 1 - 4 是极限加热比随入口马赫数变化的示意图,从图中可以看到,当入口马赫数为 1 时,极限加热比为零,即不能向气流添加热量;在低亚声速条件下,极限加热比可以达到无限大;在超声速入口条件下,只能实现有限的极限加热比。

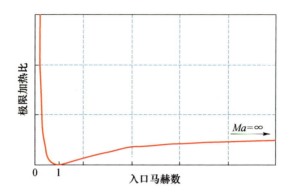

图 1-4　极限加热比与入口马赫数的关系

1.1.4　各因素综合作用效果

各因素都存在时,控制方程即 1.1.1 节推导获得的 3 个方程,

连续性方程:
$$\frac{\mathrm{d}\dot{m}}{\dot{m}} = \frac{\mathrm{d}u}{u} + \frac{\mathrm{d}\rho}{\rho} + \frac{\mathrm{d}A}{A}$$

动量方程:
$$\frac{1}{\gamma Ma^2}\frac{\mathrm{d}p}{p} + \frac{1}{2}\frac{\mathrm{d}u^2}{u^2} + \frac{\mathrm{d}\dot{m}}{\dot{m}} + \frac{1}{\dot{m}u}\left(2C_f \dot{m}u\frac{\mathrm{d}x}{D} + \mathrm{d}F - \mathrm{d}J\right) = 0$$

能量方程:
$$\frac{\mathrm{d}T}{T} + \frac{\mathrm{d}\dot{m}}{\dot{m}}\left(\left(1 - \frac{T_j}{T}\right) + \frac{1}{2}\frac{u^2 - w^2}{c_p T}\right) + \frac{1}{2}(\gamma - 1)Ma^2\frac{\mathrm{d}u^2}{u^2} = \frac{1}{c_p T}(\mathrm{d}q + \mathrm{d}l)$$

状态方程:
$$\frac{\mathrm{d}p}{p} = \frac{\mathrm{d}\rho}{\rho} + \frac{\mathrm{d}T}{T}$$

由状态方程得:
$$\frac{\mathrm{d}T}{T} = \frac{\mathrm{d}p}{p} - \frac{\mathrm{d}\rho}{\rho}$$

由连续性方程得:
$$-\frac{\mathrm{d}\rho}{\rho} = -\frac{\mathrm{d}\dot{m}}{\dot{m}} + \frac{\mathrm{d}u}{u} + \frac{\mathrm{d}A}{A}$$

由动量方程得:
$$\frac{\mathrm{d}p}{p} = -\gamma Ma^2\frac{\mathrm{d}u}{u} - \gamma Ma^2\frac{\mathrm{d}\dot{m}}{\dot{m}} - \frac{\gamma Ma^2}{\dot{m}u}\left(2C_f \dot{m}u\frac{\mathrm{d}x}{D} + \mathrm{d}F - \mathrm{d}J\right)$$

带入能量方程,得

$$\frac{1}{c_p T}(\mathrm{d}q + \mathrm{d}l) - \frac{\mathrm{d}A}{A} + \frac{\gamma Ma^2}{\dot{m}u}\left(2C_f \dot{m}u\frac{\mathrm{d}x}{D} + \mathrm{d}F - \mathrm{d}J\right) + (1 + \gamma Ma^2)\frac{\mathrm{d}\dot{m}}{\dot{m}}$$

$$-\left(\left(1 - \frac{T_j}{T}\right) + \frac{1}{2}\frac{u^2 - w^2}{c_p T}\right)\frac{\mathrm{d}\dot{m}}{\dot{m}} = (1 - Ma^2)\frac{\mathrm{d}u}{u} \qquad (1-18)$$

式(1-18)表明,面积收缩、摩擦(阻力)、添质、加热(功输入)的综合作用效果是:在亚声速条件下使气流加速,在超声速条件下使气流减速。也就是说,无论是在亚声速还是超声速条件下,与各因素单独作用效果一致,各因素综合作用使气流向 $Ma=1$ 方向变化。

由于 $Ma=1$ 是一种壅塞条件,如果达到这种条件,势必无法继续施加各因素的作用,也就是说当给定入流条件时(无论亚声速还是超声速),添质、加热、摩擦与面积变化的共同作用效果存在一个极限状态,就是在管流的出口获得声速条件。

综上所述,添质、加热、摩擦各因素作用的效果,与面积收缩的作用效果等价,图 1-5 用等效几何喷管的形式,形象地表示了这些因素作用的效果。

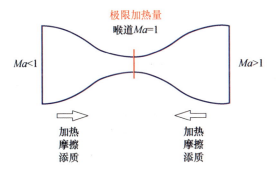

图 1-5　各因素作用等效于面积作用的示意图

1.2　冲压发动机的沿革

自从 1913 年提出冲压发动机概念以来,冲压发动机的技术发展已经经历了一百多年。最早的冲压发动机提案被形象地称为"飞行烟囱"(图 1-6,1913[3]),在今天看来似乎简单得没有太多道理,但它是所有冲压发动机(甚至是所有吸气式喷气发动机)技术发展的起点。与涡轮喷气发动机及其衍生产品相比较,从结构角度看,冲压发动机是最简单的吸气式喷气发动机,在经历了一个多世纪的技术演化之后,在气动方案、结构形式、运行操控和性能方面发生了很大变化,例如,在讲述冲压发动机原理时最常用的组成结构已经变成了图 1-7 的样子[3](1957),这就是经典的亚声速燃烧室冲压发动机。

在这些工作原理图中表述的信息,实际上反映了当时的技术状态和认识水平。如图 1-7 所示,当时认识的亚声速燃烧室冲压发动机由外压式进气道、扩压器、燃烧室、收扩尾喷管组成,内流道入口同时也是进气道的喉道(最小截面),气流经外压缩面的斜激波减速,经喉道的结尾正激波变为亚声速,在扩压器内继续减速、增压,在燃烧室入口获得适合于组织燃烧的气流条件。

经典的亚声速燃烧室冲压发动机已经得到很多应用,在应用中还演化出多种复合循环发动机形式(请参考文献[3])。

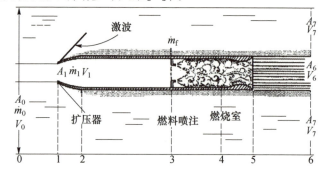

图 1-6　最早的冲压发动机提案——飞行烟囱(1913)

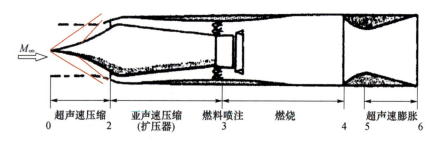

图 1-7　1957 年的冲压发动机方案

在亚声速燃烧室冲压发动机投入使用之后,为追求更高的飞行速度,又开始探讨如何使这种冲压发动机能够在更高速度工作。在研究这种冲压发动机是否有可能用于更高飞行速度的过程中[4],提出了很多改进方案,其中包括超声速燃烧室冲压发动机的概念。图 1-8 是 1994 年文献[2]总结的亚声速燃烧室冲压发动机和超声速燃烧室冲压发动机概念,两者的显著区别在于,在超声速燃烧室冲压发动机方案中没有几何喉道,而亚声速燃烧室冲压发动机有两个几何喉道。提出这个方案的初衷是,在更高飞行速度时,被进气道捕获的气流温度已经很高,如果像亚声速燃烧室冲压发动机那样,用进气道的几何喉道将气流减速到亚声速,气流的静温、静压都会很高,在这个基础上继续添加热量、使气流增压,发动机结构将难以承受,所以应使气流在进气道内完成一定程度的减速、增压,但不减速到亚声速,气流在进入燃烧室之前还保持超声速,使气流保持较低的温度和压力,在超声速气流中组织燃烧可以获得更高的温升(加热比),进而提高发动机的效率,同时结构承受的温度、压力相应降低(与亚声速燃烧室冲压发动机方案相比),有利于提高技术的可实现性。

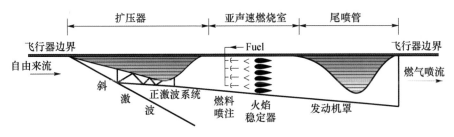

(a) 亚声速燃烧室冲压发动机(1994)

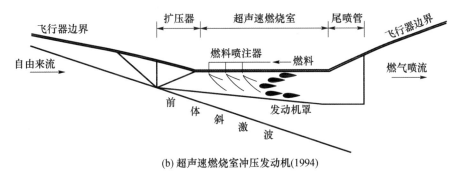

(b) 超声速燃烧室冲压发动机(1994)

图 1 - 8　超声速燃烧室冲压发动机与亚声速燃烧室冲压发动机的特征对比 [2]

无论这些发动机方案的流道和结构形式如何变化,进气道(扩压器)、燃烧室、尾喷管的基本组成不变;无论它们的内部流场变得如何复杂,流体压力作用于发动机固壁(扣除摩擦力)产生推力、来自于发动机固壁的压力和摩擦力作用于流体使流体动量发生变化的作用原理不变;作为热机和推进器的两大功能不变,影响发动机工作效率(总效率)的因素不变;发动机需要提高经济性能(降低燃料消耗率或提高燃料比冲)、进而在相同当量比条件下提供更大推力的要求不变。

在喷气式发动机的发展历史中,广泛采用理想热力循环分析的方法,对比研究不同种类喷气发动机的性能优劣,进而提出新的、性能更好的发动机类型。图 1 - 9[3,5] 所示为这些研究成果的汇总,可以看到,火箭发动机虽然适用于所有飞行速度条件,但经济性是最差的;涡喷发动机可以从地面起飞,且在飞行马赫数 3 以下具有最好的经济性能;当飞行马赫数大于 3 时,冲压发动机比其他喷气发动机的经济性能都优越;在飞行马赫数 6 ~ 7 之前,亚声速燃烧室冲压发动机(Ramjet)的经济性能高于超声速燃烧室冲压发动机(Scramjet),之后,超声速燃烧室冲压发动机的经济性能最优越。

但到目前为止,文献上发布的喷气发动机的比冲性能数据缺乏一致性,参考图 1 - 9。从本书主题的角度,更关心冲压发动机的经济性能,特别关心从经济性能角度确定的亚声速燃烧室冲压发动机和超声速燃烧室冲压发动机的衔接点。在不同时期,或不同单位,对发动机工作特性的认识存在差异,在进行理想热力循环分析时,所假设的发动机分析模型的"理想"程度就会存在差异,自然会导致性能数据的不一致性。所以,理想循环分析只适用于不同种类发动机之间的定性比较。

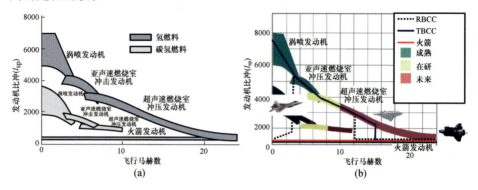

图 1-9　文献发布的喷气发动机比冲性能的不一致性[3,5]

超声速燃烧室冲压发动机从原理上已经被证明,技术研发需要能提供更准确性能数据及其条件的设计方法,需要更符合实际的工作过程物理模型。

1.3　亚声速燃烧室冲压发动机

双模态冲压发动机运行的现象机制与亚声速燃烧室有一定联系,对亚声速燃烧室冲压发动机的几何喉道功能的理解,有助于理解双模态冲压发动机的运行现象。所以,在进入主题之前,先根据最新的资料,理解一下亚声速燃烧室冲压发动机。

1.3.1　亚声速燃烧室冲压发动机的基本组成

参考图 1-10,亚声速燃烧室冲压发动机由一个收-扩型进气道、扩张型内流扩压器、亚声速燃烧室和收-扩型尾喷管组成。

收-扩型进气道与扩张型内流扩压器可统称为扩压器,其功能是使空气减速、增压。收-扩型进气道外压缩部分的几何形状,相对于自由来流方向有一个偏折角,气流在遇到这个偏折角时即产生激波(一道斜激波或若干道斜激波),经过激波后气流的压力升高、温度升高,产生压缩的效果;扩压器也可以是某种类似于拉瓦尔喷管的构型(或其他方法设计的等熵压缩型面),产生无限多弱压缩波系构成的近等熵压缩流动,在压缩型面末端提供压力、温度得到升高的气流条件。

这种利用激波或激波系提供压缩、减速功能的方式,称为"冲压"(冲击波压

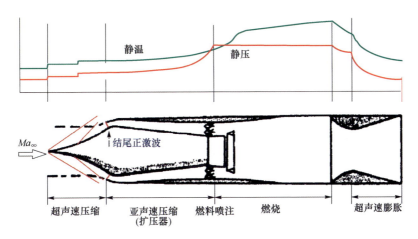

静温

静压

Ma_∞

结尾正激波

超声速压缩　　亚声速压缩　　燃料喷注　　燃烧　　　　超声速膨胀
　　　　　　　（扩压器）

图 1-10 亚声速冲压发动机工作状态气流参数沿程分布示意图

缩）；与涡喷发动机不同，冲压发动机中没有旋转部件（压气机、涡轮），是通过冲压效应实现空气的压缩和减速的，所以称为"冲压"发动机。冲压的压缩效果取决于速度，随着飞行速度的增加，冲压的压缩效率急剧增大。

被进气道外压缩部分压缩的空气，在内流扩压器中继续减速、增压，在燃烧室入口获得较低的速度。为获得良好的燃烧、提供足够的推力，一般要求燃烧室入口静压大于 0.5 倍的大气压，相应的速度就被限制在低亚声速条件。实际上，为在燃烧室中产生足够高的静压，还要求冲压发动机在比较高的动压 q_∞ 下工作。

在燃烧室中，空气与喷入燃烧室的燃料混合，混气被点火装置点燃，在火焰稳定器辅助下、在特别设计的气流结构中完成高效燃烧，燃烧释放的热量使气流温度升高、压力升高。高温燃气通过尾喷管膨胀，部分能量转化为动能，在尾喷管出口获得高于入流空气速度的速度，尾喷管出口气流动量与进气道入口气流动量的差值即冲压发动机的推力。

图 1-10 还示意了亚声速燃烧室冲压发动机在工作状态下的气流参数（温度、压力）沿程分布情况。其中的进气道是典型的外压式超声速进气道，即进气道的最小截面位于内流道入口处。这种特征的冲压发动机，在进气道的外压缩段（超声速压缩段）的壁面上可测量到台阶式的压升（在真实条件下，由于壁面边界层作用，壁面静压的台阶不是示意图中的突跃式，但在核心流中，过激波后静压是突增的），每个台阶对应一道斜激波。进入内流道后，在亚声速扩压段气流继续减速，静压继续升高，在燃烧区起始处静压达到最大，随后由于加热的作用，气流加速（向马赫数为 1 的方向变化），气流的静压降低，但仍维持较高水平；在尾喷管内气流加速、静压下降，在尾喷管的亚声速段（收缩段）静压下降比较缓慢，在尾喷管的超声速段静压下降比较剧烈。静温的分布特征在进气道和

尾喷管段与静压变化特征类似,在进气道外压缩段,气流静温随着气流的减速而升高,与静压呈相同趋势变化,每经过一道斜激波,气流静温突升一次;在亚声速扩压段内,因气流继续减速,气流温度缓慢升高;在燃烧区,由于燃烧释热的作用,气流静温持续升高,在燃烧室出口达到最大;在尾喷管内气流静温因气流的加速而下降,在亚声速段下降比较缓慢,在超声速段压下降比较剧烈。

1.3.2 亚声速燃烧室冲压发动机的热力运行机制

以图1-10为例,亚声速燃烧室冲压发动机的主要特征是采用了两个几何喉道:第一个几何喉道是超声速进气道的喉道,用于将超声速气流减速到亚声速;第二个几何喉道是收扩型尾喷管的喉道,用于将亚声速燃烧室中的亚声速气流加速到超声速;两者之间是一个亚声速燃烧室,之所以称为亚声速燃烧室,是因为这种发动机工作时,燃烧室入口气流总是保持亚声速条件,燃烧室内的燃烧组织是在亚声速条件下完成的。

从图1-10的静温、静压变化趋势可以看到,在燃烧区之前,静温、静压的爬升速率变得越来越陡峭,从而实现从亚声速扩压段到燃烧区的"光滑"过渡。关于这种连续过渡的气动力机制,在以往的资料中尚无解释。

随着观测技术的发展,特别是在CFD技术高度发展后,获得了越来越多的进气道亚声速扩压器内的流场信息,图1-11是文献[6]发表的一个混压式二维超声速进气道在限流作用下的流场结构变化。例如,在限流程度较低时(对应燃烧室加热量较低的状态),参考图1-11(a)的流动结构,在超声速进气道入口处形成一道斜激波(外压式超声速进气道的超临界工况也是如此),斜激波在扩压器内反射,形成反射激波系,气流是超声速的;扩压器下游的限流,使扩压器下游部分的压力升高(高于无限流的情况),在扩压器比较靠下游的位置生成正激波串,这种正激波串的作用等价于一道正激波,可以使气流减速到亚声速。但压力分布上却不像一道正激波那样形成突跃,而是一个稳定爬升的过程(正如图1-10中所示意的那样),从而实现从亚声速扩压段到燃烧区的"光滑"过渡。

图1-11(b)、图1-11(c)分别为中等限流程度和限流程度增大到接近临界状态的流场结构,与图1-11(a)的流动结构做一对比,可以发现,随着下游限流程度的增加,扩压段内的正激波串向上游移动,当限流程度增大到接近临界状态时,在靠近进气道喉道的部分形成正激波串。随着限流程度的增加,进一步抬高了扩压器下游部分的压力水平,也进一步降低了扩压器出口的马赫数。在本章的后面两节还可以看到,亚声速燃烧室冲压发动机扩压器中这种激波串的形成机制,与双模态冲压发动机隔离段中的激波串形成机制是相同的。

如果在扩压器下游继续增加限流度[7],下游压力就进一步升高,正激波串继续向上游移动,就会替代进气道入口的激波系。当扩压器下游限流度超过一

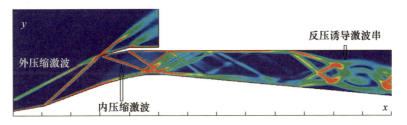

(a) 低限流度时混合压缩超声速进气道内典型波系结构

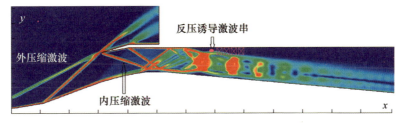

(b) 中等限流度时混合压缩超声速进气道内典型波系结构

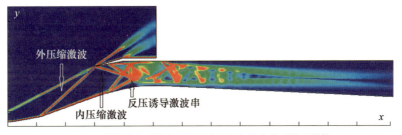

(c) 高限流度时混合压缩超声速进气道内典型波系结构

图 1-11　二维混压超声速进气道扩压器内流动结构随限流度的变化[6]

定阈值,就会迫使正激波串从进气道入口向上游吐出,在进气道入口外形成一道弓形激波,进气道入口高度的大部分范围处于该弓形激波的正激波部分,气流以亚声速进入进气道的内扩压器(由于弓形激波的溢流作用,进入扩压器的流量也同时减小)。该弓形激波的位置还会随下游压力的进一步升高向上游移动,弓形激波与上游斜激波相交,两者的交点位置随弓形激波向上游移动而下降,当两者交点位置降低到一定程度,进气道就会进入喘振状态。

　　上述进气道的限流状态实际上模拟的是燃烧室内燃料释热后压力升高的情况,而燃料释热造成的增压量与收扩型尾喷管的喉道又是密切相关的。

　　在喷气发动机调节[8]和火箭冲压一体化发动机流道设计[9]的著作中,通篇都实践着内流中流量方程主控的思想,即流量要通过,当地条件(气流参数、燃烧室几何尺寸)必须相互匹配。当给定进气道工作状态,并且需要维持进气道某些部分的条件不发生变化,必须使整个流道内各个截面的面积与当地气流条件形成一种匹配关系,参考式(1-19),使进气道输送进来的气流能够顺利通过。

$$\dot{m} = \sqrt{\frac{\gamma}{RT}} pMaA = \sqrt{\frac{\gamma^*}{R^* T^*}} p^* A^* \qquad (1-19)$$

当燃烧室内加热量增加、燃气温度升高时,为使给定的流量能够流过给定的截面,必须使当地静压、马赫数的乘积增大(若不考虑燃气比热容比和气体常数的变化,就是要使 $pMa/\sqrt{T}=1$)。如果尾喷管喉道与尾喷管入口面积给定,由于尾喷管喉道必须获得声速条件,尾喷管入口的马赫数也就确定了(尾喷管入口的马赫数取决于两者的面积比),于是尾喷管入口处的静压必须随燃烧室温度的增加而增大,且满足 $p/\sqrt{T}=1$ 的条件(若不考虑燃气比热容比和气体常数的变化)。尾喷管入口处静压的增加,对应着进气道限流度的增加,也就是说,尾喷管喉道与燃气参数的匹配就形成了某种"限流程度"(也就是进气道性能分析中所说的"限流程度")。如果在燃烧室的某种工作状态下,尾喷管喉道"显得"偏小,就会出现过度"限流",造成进气道扩压器内的激波系向上游吐出,甚至发生喘振。

如果给定燃烧室流道与尾喷管喉道的相对几何尺寸,要想发动机有一定的运行范围、允许某些参数在一定范围变化(如使燃料流量增大、推力增大),就应该有一种适应机制。扩压器内的激波串结构随下游反压的增加而向上游运动,就是匹配燃烧室参数变化、适应尾喷管限流度的一种机制。将扩压器内激波结构限制在一定范围内,使之不越过进气道入口截面,就能够保证进气道不进入喘振状态(或者使进气道距离喘振状态保持一定的安全裕度运行),也就实现了参数调节时发动机的正常工作。

所以,亚声速燃烧室冲压发动机的两个几何喉道与其运行机制有关。第一几何喉道及扩压器是超声速进气道与下游限流条件协调运行的关键部件,当燃烧室工作时扩压器下游压力升高(升高的幅度与第二喉道有关),扩压器就开始与之协调作用,在扩压器内产生正激波串,气流在流经正激波串的过程中压力逐步升高,连续地过渡到燃烧室入口的压力条件,并提供相应的速度条件。当加热程度增大、燃烧室压力升高更多时,第一几何喉道下游扩压器内的激波串向上游移动且强度增大,成为第一几何喉道附近的"正激波系统"(图1-12),经过"正激波系统"后的气流压升更大,提供的燃烧室入口马赫数降低。这种气动机制控制着燃烧室工作状态下的入口条件。

第二几何喉道的作用是将燃烧室内的亚声速高温燃气加速到超声速(从这个意义上看,收扩型尾喷管是不可或缺的),在尾喷管出口获得高于飞行速度的气流速度,进而获得推力。同时,尾喷管喉道也与发动机工作状态的调节控制相关,尾喷管喉道与尾喷管入口的面积比、尾喷管喉道面积与燃气参数的匹配形成了某种"限流度",决定着燃烧室加热量与燃烧室入口压升的关系,决定着发动机推力调节的范围。另外,为实现亚声速燃烧室的高效工作,即以最小的气流损失(尽可能大的总压恢复)获得最高的燃烧完全度(或燃烧效率),要求燃烧室入口(燃料喷注器上游)的气流具备合适的条件,一般要求低亚声速条件(燃烧室入口马赫数为 0.3 ~ 0.4)[3],这个条件的获得也是两个几何喉道配合、协同的结果。

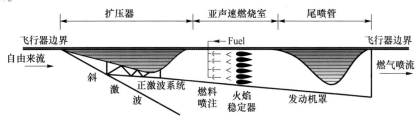

图 1 - 12 亚声速燃烧室冲压发动机[3]

图 1 - 12 的亚声速燃烧室冲压发动机部件功能示意图[3]改进了对这种冲压发动机运行机制的描述。超声速进气道利用外压缩面的斜激波(或系列斜激波)使超声速气流减速,通过特定的收 - 扩构型(几何喉道 + 亚声速扩压器),在下游部件限流或工作反压的作用下,在第一几何喉道附近形成"正激波系统",气流经过"正激波系统"过渡到亚声速条件,并在随后的扩压器内继续减速,在燃烧室入口维持低亚声速的气流条件。

扩压器内正激波系的位置以及整个亚声速燃烧室冲压发动机的工作状态,取决于飞行速度、空气捕获量、进气道"正激波系统"(结尾正激波)后的总压损失、加热量、进气道边界层、流动畸变、尾喷管喉道的尺寸。

1.4 双模态冲压发动机运行的现象学认识演变

本节选取的素材,只为说明在双模态冲压发动机运行的现象学认识方面的演变,并不覆盖所有历史资料。在介绍早期的现象学认识时,为便于读者获取更直观的认识,也会选取较近历史时期文献提供的图片资料。

1.4.1 超声速燃烧室冲压发动机的组成

图 1 - 13 是文献[5]描述的典型超声速燃烧室冲压发动机组成结构,由高超声速进气道、隔离段、超声速燃烧室和尾喷管组成。与图 1 - 12 亚声速燃烧室冲压发动机不同的是,超声速燃烧室冲压发动机没有几何喉道(在文献中,有时将进气道的内流道最窄截面称为喉道,从最窄截面的意义上,称为喉道也未尝不可,但已经不是声速面的含义)。

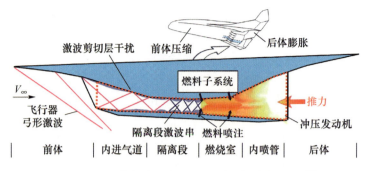

图 1-13　双模态冲压发动机组成与关键物理过程[5]

按照图 1-13 中的描述,进气道由外压缩部分(前体)和内压缩(内进气道)部分组成,进气道的功能还是使气流减速、增压。燃料的喷注位置是燃烧室入口,其上游与进气道内压缩部分相衔接的流道称为隔离段,隔离段内的激波串由燃烧室的燃烧增压导致,隔离段的功能是隔离燃烧室增压对进气道的影响。燃料在燃烧室内燃烧,使气流(工质)获得燃料的化学能,提高气流的做功能力;尾喷管使高温燃气膨胀、加速,以高于入流空气的速度排出发动机,使气流(工质)获得的化学能转换为动能,尾喷管出口气流动量与被进气道捕获的远前方气流动量的差值,即发动机获得的推力。但尾喷管是扩张型的,与亚声速燃烧室冲压发动机相比,超声速燃烧室冲压发动机在结构上既没有进气道的几何喉道,也没有尾喷管的几何喉道。

1.4.2　反压诱导激波串(预压缩激波串、燃烧区前激波串)

反压诱导激波串,顾名思义,是由下游反压诱导出的激波串结构,在超声速燃烧室冲压发动机研究的早期,称为预压缩激波串(precompression shock train);由于激波串生成于燃烧区上游,也称为燃烧区前激波串(precombustion shock train)。"反压诱导激波串"的术语实际上反映了这两种激波串共同的成因。

早期在超声速燃烧室中研究燃料喷射和燃烧组织时,主要采用直连式实验方式,实验模型没有进气道部分,由设备喷管提供进气道内压缩段的出口气流条件,将超声速燃烧室连接在设备喷管后面,两者之间由过渡段衔接(图 1-14)。

在图 1-14 类的直连式装置上组织超声速燃烧室的燃烧实验时发现,燃料喷射或燃料燃烧使当地压力升高,这种压升的扰动通过边界层的亚声速部分传播到上游某处,在这两个位置之间,压力呈连续的爬升趋势(图 1-15(a));在无燃烧情况下,下游的限流也获得相似的压升曲线(图 1-15(b))。无论是哪种方式导致的下游压升,对于给定的入口条件,获得的上游压力爬升起始点都随着限流度的增加(或下游压升的增大)而向上游移动,而且,与较高限流度的上游压力分布相比,较低限流度的上游压力分布似乎是高限流度压力分布的一部分,

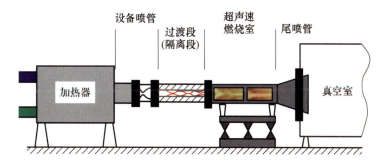

图 1 - 14　典型直连式实验装置

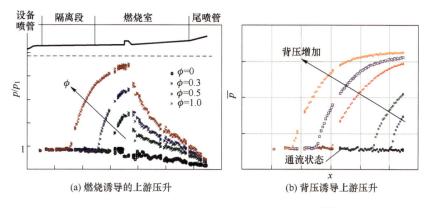

(a) 燃烧诱导的上游压升　　　　(b) 背压诱导上游压升

图 1 - 15　燃烧与背压诱导上游压升的相似性[10]

也就是说,有一部分压力分布的轨迹形状是相似的。

之后,用无燃烧的下游限流方法大量研究了这种压升现象所反映的流动结构,发现下游压升使上游的气流被压缩,形成激波串结构(被称为预压缩激波串)[11]。由于当时流动显示技术的限制,主要依靠压力测量(包括壁面压力分布和截面总压分布),通过对压力数据的分析,描述出流动结构,所以那时描述的流动结构似乎比较简单,参考图 1 - 16,但还是反映了流动结构的主要特征。在比较低的压升条件下,激波结构是一系列相互交叉的斜激波(图 1 - 16(a));随着增压量的增大,这些斜激波变强,当第一道激波强度足够大时,可导致当地边界层分离,得到图 1 - 16(b)的激波串结构;如果入口马赫数很低且边界层也比较厚,则只能得到图 1 - 16(b)的激波串结构。激波与壁面边界层的黏性效应改变了激波串下游的流动特征,可以在下游获得平均参数为亚声速的流动。

当增压量足够大、出现了图 1 - 16(b)的流动结构且在激波串下游获得亚声速条件时,从获得亚声速条件的角度看,激波串的作用类似于一道正激波。但气流经过激波串时是逐步减速、增压的,所以增压曲线是连续过渡的,压力曲线在下游某处达到一个最大值(曲线上的平台部分),但这个最大值却低于初始条件相同的正激波的压力。从压力曲线爬升的起始点到压力平台的起始点之间的区域,称为"伪激波区"(图1-17),该区域含有激波串的流动现象称为伪激波现象(pseudo-shock phenomena)。由于这一区域的流动结构对于获得燃烧室的亚声速入口条件非常重要,所以备受关注[12],获得了大量研究结果。

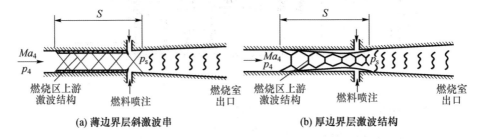

(a) 薄边界层斜激波串   (b) 厚边界层激波结构

图1-16 预压缩激波串或燃烧区前激波串结构[11]

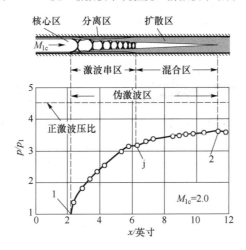

图1-17 伪激波与激波串的关系[13]

在直连式装置的燃烧实验中,燃烧释热也使气流压力增加,这样产生的压升也会通过壁面边界层的亚声速部分向上游传播,使燃料喷射点上游的气流受到"预压缩",产生与限流"预压缩"相似的效果(参考图1-15),在燃烧区上游也形成激波串结构(被称为燃烧区前激波串)。气流在燃烧区前激波串中减速、增压,期间的压力曲线也呈连续的爬升形式。随着燃烧释热量的增加,燃烧室内的增压量增大,燃烧区前激波串的压力爬升点向上游移动,意味着激波串向上游移动。燃烧区前激波串结构可以是斜激波串,也可以形成"λ"型激波串(图1-16),取决于燃烧室入口马赫数、燃料当量比(严格地讲,应该是燃烧释放的热量)、隔离段扩张比条件,一般来说,燃烧室入口马赫数越低、燃烧释热量越大、隔离段扩张比越小,越容易形成"λ"型激波串,甚至是正激波串。

1.4.3　双模态过程物理现象的认识演变

对燃烧区前激波串(或预压缩激波串)的认识,促进了对双模态运行机制的理解。

在 1968 年,文献[14]对之前的认识做了一个总结。当时认识到,在低马赫数时,使燃料喷射器位于接近最小截面处,必须喷射非常少的燃料,否则就会使气流壅塞;大部分的燃料必须在下游喷射。在高马赫数时,要求是相反的。这个叙述是根据实验结果提供的对超声速燃烧室冲压发动机运行过程的理解。

图 1-18 是 1993 年文献[15]描述的三种冲压发动机的概念,其中包括双模态冲压发动机概念。图中的信息反映了当时对双模态冲压发动机中典型物理现象的理解,包括特征位置上的马赫数情况。注意到图中标示的自由流马赫数一律大于或等于 3,传达了冲压发动机有效工作的最低马赫数不能低于 3 的信息。当时认为,在飞行马赫数 3~6,利用进气道将气流减速到亚声速、在亚声速燃烧室中实现加热的冲压发动机效率最高。

图 1-18(a)是传统亚声速燃烧室冲压发动机的概念。超声速进气道内典型的物理现象包括外压缩斜激波、唇口斜激波、扩压段内正激波(注意,这里描述的是正激波,不是正激波串);扩压段内正激波后气流为亚声速条件。亚声速燃烧室中采用与燃料喷注器一体的火焰稳定装置,在燃烧加热的过程中,气流全部为亚声速;亚声速的高温燃气通过收扩喷管加速到出口的超声速。当时认为[15],在亚声速燃烧室冲压发动机中,必须使激波系位于扩压器内,才能保持喷管喉道的声速条件。由于喷管喉道几何尺寸不可调,这种采用亚声速燃烧室的传统冲压发动机可高效工作的速度和高度范围比较窄。限于那个时代的技术条件,这些描述缺乏直观的流动图谱。

图 1-18(b)所示为双模态冲压发动机,当时认为双模态冲压发动机不受几何喉道限制,有利于拓展高效工作的速度范围。在双模态冲压发动机中,燃烧过程以亚声速条件开始(在燃烧室的入口截面上,气流按照平均参数为亚声速条件),燃烧室包括等面积段及扩张段,燃烧室面积与释热的匹配必须使气流能够从燃烧室入口的亚声速加速到出口的声速或超声速(这是取消几何喉道必须采取的措施),然后进入扩张型喷管膨胀加速到更高的超声速。图中标示出的物理现象包括外压缩斜激波、唇口斜激波、隔离段燃烧区前激波串(注明激波串上游为超声速)、燃料喷注位置的正激波系、燃烧室实现热量添加后在出口为超声速条件或声速条件、气流在扩张型喷管内加速到喷管出口的超声速条件。

当时已经知道,对于图 1-18(b)的工作循环,当没有燃料燃烧时,从进气道进入燃烧室的气流是超声速的,一旦发生燃烧就会在燃烧区产生急剧的压升,压升程度取决于燃料流量、入口马赫数、燃烧室几何尺寸,该压升可能超过边界层

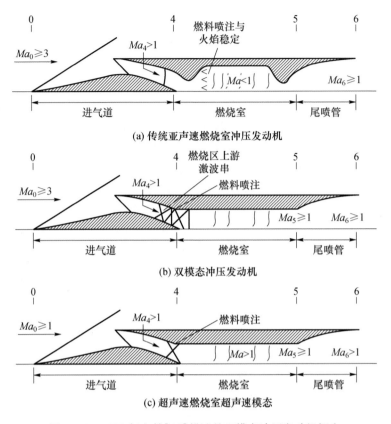

图 1-18 1993 年文献[15]描述的双模态冲压发动机概念

可以承受的程度而引发边界层的分离。燃烧区的高压通过壁面边界层的亚声速部分向燃料喷射器上游传播,在燃烧区上游形成一个激波系统,即燃烧区前激波串,这些激波的强度可以很大,使气流在燃烧室入口被压缩到亚声速条件,这时燃烧区前激波串的进出口压比可以近似等价于一道正激波的压比。

当时还知道,为避免对进气道产生干扰,在燃烧室和进气道之间应设置一个隔离段,其长度必须能够容纳整个燃烧区前激波串结构。若给定燃料当量比,该激波串长度随着飞行速度的增加而减小;飞行速度增大、入流焓值增大、相对加热量降低、燃烧产生的增压比降低,都使燃烧区前激波串的长度减小。在某个速度条件下(当时认为是马赫数 6~8),该激波系强度减弱到一定程度,气流在燃烧室入口的平均速度将保持超声速,燃烧室就转变为超声速加热工作模式,此时的燃烧区前激波串强度还是相当大的,但比正激波的强度小得多。随着飞行速度进一步增大,激波串强度继续下降,当增压比不足以使边界层分离时,激波系就被吞入到燃烧室内(实际上是进气道入口斜激波在内流道反射产生的背景激波系,参考 1.5 节)。在飞行马赫数从低到高的变化过程中,燃烧区前激波串由近似等价于正激波的强度逐渐过渡到完全消失。文献[15]的作者认为,燃烧区前激波串完全消失的条件发生在马赫数 5～8,取决于发动机的几何设计、燃料流量分配。

图 1-18(c)所示为超燃冲压发动机。当时认为,飞行马赫数大于 7 以后,如果将气流减速到亚声速,总压损失太大,使燃烧室入口速度保持超声速,可降低进气道压缩损失,对提高发动机性能有利。图中标示出的物理现象包括外压缩斜波、唇口斜激波、燃料喷注诱导的斜激波(或激波系)、燃烧室在热量添加过程中保持超声速条件、在燃烧室出口为超声速条件或声速条件、气流在喷管内膨胀加速到喷管出口的超声速条件。从结构上看,图 1-18(c)与图 1-18(b)的流道结构是完全相同的,结合对图 1-18(b)的解释,可以断定,图 1-18(c)只是双模态冲压发动机在更高飞行马赫数的表现(燃烧区前激波串消失的情况)。

图 1-18(b)和图 1-18(c)的双模态冲压发动机都不能从静态开始工作(不能用于起飞),必须用某种推进系统将飞行器加速到马赫数 3。

Billig(1993,文献[11])在给出的双模态冲压发动机沿程压力分布图中(图 1-19),透露了当时对进气道-燃烧室匹配工作的理解。从图中信息可以解读到,进气道压缩波系(包括外压缩波系和发动机外罩前缘的压缩激波)使气流减速、增压,在隔离段入口达到 p_4、Ma_4 条件(这也是直连式实验通常所取的入口条件)。隔离段内充盈着燃烧增压产生的预压缩激波结构(燃烧区前激波结构),在隔离段出口,压力增加到 p_s;从隔离段进口到出口的压力爬升过程,将燃烧室压力与进气道出口条件衔接起来,或者说,将进气道入口的低压条件与燃烧室入口的高压条件隔离开。燃烧室沿程的压力分布呈下降趋势,也就是说在燃烧释热过程中气流压力逐渐下降,这个现象意味着加热过程中等面积燃烧室保持了亚声速条件(回忆 1.1 节的内容:在等面积燃烧室中,以亚声速入口条件开始加热,气流将加速,气流速度向声速方向发展,气流静压下降);在达到声速后

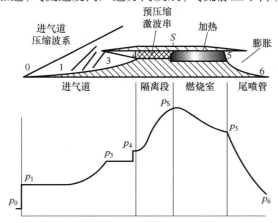

图 1-19 超声速燃烧室冲压发动机流道内的沿程压力分布[11]

可以在燃烧室扩张段加热,若燃烧室面积扩张的作用抵消了燃烧加热的作用,气流压力也可以是下降的。尾喷管内气流压力的下降是气流膨胀加速的表现。

在这篇文献中,Billig 略微透露了一些设计方面的理解,认为释热产生的上游预压缩激波串,大大改变了初始条件。当无燃烧发生时,预压缩激波串是不存在的;对于发动机点火或再点火要考虑的初始条件是 4 截面,这时激波串尚未建立;一旦发生燃烧,应以 5 截面为初始条件。激波串的强度取决于释热量和燃烧室的有效面积比 A_5/A_4,在 $Ma_0 \leqslant 5$ 时,隔离段内激波串的强度等于正激波的强度,也就是说在 $Ma_0 \leqslant 5$ 时,燃烧室工作在亚声速模态。这个亚声速加热模态的飞行马赫数上限,与 Sullins 在文献[15]中的说法一致。

2000 年的文献[16]也介绍了对进气道-燃烧室匹配工作的理解。该文作者认为,进气道与燃烧室在空气动力作用方面是耦合的,起源于进气道的黏性流动(边界层),进入燃烧室的激波与膨胀波,将进气道与燃烧室耦合起来。位于燃烧室内的燃料喷射器与来自于进气道的流动结构相互干扰,可以导致流动分离,影响进气道-燃烧室的匹配性能。在低速条件下,当发动机运行在亚声速加热模态时,发动机的性能对进气道与燃烧室的空气动力耦合效应非常敏感,原因是在燃烧室的下游部分,燃烧产生很大的压升,迫使隔离段内的激波串将气流速度降低到亚声速。在不引起进气道进入不启动状态的条件下,燃烧室内可以维持的压升水平,代表着冲压发动机可能达到的性能水平,隔离段的作用就是从空气动力机制上,将高超声速进气道与下游亚声速燃烧部件隔离开来。之前大部分的隔离段研究都针对等面积管、均匀入流剖面条件(等面积管道的入口代表进气道喉道),理想情况下,下游压升最高可以达到在进气道喉道处生成一道正激波后的水平。在实际进气道-隔离段中,受隔离段内的黏性作用、进气道入流剖面畸变影响,隔离段维持下游高压力水平的能力受到抑制,可维持的下游压升取决于进气道、隔离段的设计方案。图 1-20 所示为一个进气道-隔离段系统在下游反压作用下,沿程压力分布的变化情况,有、无反压作用时压升曲线的相对变化特征,与均匀入流隔离段的特点相似。

关于进气道与隔离段的耦合流动研究表明,边界层厚度、进气道收缩比、喉道马赫数、进气道内压缩激波结构的性质都对隔离段入口的气流畸变水平有影响,进而对隔离段的性能产生直接影响。关于进气道隔离段耦合的研究强调,在低飞行马赫数范围,当希望发生亚声速加热时,亚声速扩压、燃烧产生很大的压升,隔离段必须能够容纳下游的高反压;在更高速度开始超声速加热模态时,仍然需要一部分隔离段作为燃料喷注器的衔接部件,并在进气道喉道附近产生当地的亚声速流动区域;在高超声速时,进气道喉道处的气流以很高的超声速流动,隔离段就不再需要了。据此,文献[16]的作者认为,设计宽速域运行双模态冲压发动机的挑战是提供合理的隔离段,使发动机在低速能够运行,在高超声速

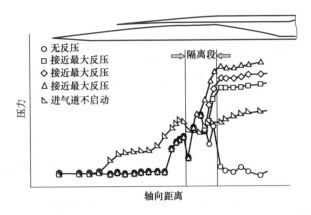

图 1-20 进气道-隔离段沿程压力分布随下游反压的变化[16]

又不损失冲压发动机的性能。

图 1-21 是 2004 年文献[5]描述的双模态冲压发动机概念。注意到图中更清晰地表达了物理现象特征与工作模态之间的关系,图中将双模态冲压发动机的运行过程划分为 3 个阶段,前两个阶段称为双模态,最后一个阶段称为"纯超声速模态",这种划分与文献[15]是一致的。图 1-21(a) 被作者称为双模态的亚声速模态,其中的主要物理现象包括外罩前缘激波在内进气道段的反射、隔离段入口的超声速条件、隔离段内的燃烧区前激波串("λ"型激波串或正激波串)、"λ"型激波串与壁面之间的分离边界层、燃烧组分向燃料喷注器上游的扩散(红色部分)、燃烧室加热过程中气流保持亚声速条件、在燃烧室尾部的热力喉道、通过热力喉道后气流过渡到超声速。图 1-21(b) 被作者称为双模态的超声速模态,图中表述的物理现象包括外罩前缘激波在内进气道段和隔离段前部的反射、隔离段入口的超声速条件、隔离段内的燃烧区前斜激波串(与亚声速模态相比,激波串前锋移动到下游,进入到隔离段内部)、斜激波串与壁面之间的分离边界层(与亚声速模态相比,边界层分离程度减弱)、燃烧组分向燃料喷注器上游的扩散(红色部分)、燃烧室加热过程中气流保持超声速条件(不再出现热力喉道)、在喷管中继续以超声速膨胀。图 1-21(c) 被作者称为纯超声速模态,图中表述的物理过程已经非常简单,来自于外罩前缘的激波在壁面反射,贯穿了整个内流道,隔离段内不再有预压缩激波串和分离的边界层,仍然存在燃烧组分向燃料喷注器上游的扩散(红色部分)、燃烧室加热过程中气流保持超声速条件(不再出现热力喉道)、在喷管中继续以超声速膨胀。

图 1-22 是 2008 年文献[17]描述的双模态冲压发动机概念,注意到图中只有亚声速(Ram)和超声速(Scram)两种模态的称谓(回归了"Dual-Mode"术语之"2"的本意),而超声速模态有初期和后期之分。在亚声速模态,图 1-22(a),主要物理现象与图 1-21(a) 没有特别的区别,只是没有标出外罩前缘激波的反

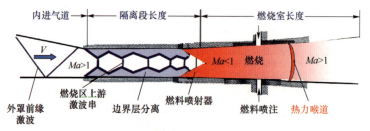

(a) 双模态的亚声速模态(Ma_0=3~6)

(b) 双模态的超声速模态(Ma_0=6~7⁺)

(c) 纯超声速模态(Ma_0>7⁺)

图1-21 文献[5]描述的双模态冲压发动机物理现象(2004)

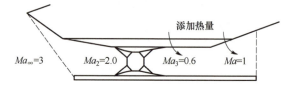

(a) Ram模态，强PCST，燃烧室内无分离，壅塞

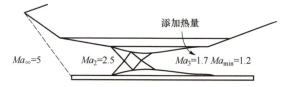

(b) Scram模态初期，弱PCST，燃烧室内有分离，无壅塞

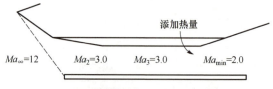

(c) Scram模态后期，无PCST，无壅塞

图1-22 2008年描述的双模态冲压发动机[17]

PCST—预压缩激波串(Pre-Compression Shock Train)

或燃烧区前激波串(Pre-Combustion Shock Train)。

射,以术语"壅塞"表达热力喉道,对于燃烧室的亚声速加热模态补充了"燃烧室内无分离"的信息。对于超声速模态的初期,图1-22(b)补充了燃烧室加热过程为超声速时"燃烧室内有分离"的信息;在超声速模态初期,图中标示燃烧室内最低马赫数已经超声速,而自由流马赫数只有5。在超声速模态后期,图1-22(c)标示,当自由流马赫数为12时,燃烧室内最低马赫数也只有2(燃烧加热之后还保持马赫数为2的超声速条件)。如果将图1-22(b)中标识的飞行马赫数5理解为超声速模态初期的开始,则该信息与文献[11](Billig)的描述是一致的。

1.5 关于双模态冲压发动机运行机制的新理解

根据文献描述的对双模态冲压发动机运行机制的理解,还不能形成关于双模态冲压发动机运行过程的闭环认识。对于建立符合实际的工作过程物理模型,并使之具有比较广泛的适用性(例如,对于设计、自由射流式实验、直连式实验都能够具有指导意义),还有若干疑问需要解决。例如,进气道的形式可能是多种多样的,建模是否应考虑把进气道包括在内? 如何回避传统一维分析中遇到的过正激波奇点问题? 如果将进气道与隔离段分开考虑,隔离段的入口又如何确定? 为解决这些问题,需要进一步深入地、系统地理解双模态冲压发动机的运行过程。

1.5.1 从进气道的观点看反压诱导激波串

在超声速进气道研究中,常用限流的方法模拟下游部件或燃烧产生的反压,进而研究进气道性能随限流度的变化,获得超声速进气道工作曲线[7,18]。

早期缺乏流动显示手段,特别是高速流动显示手段,对反压作用下进气道及扩压段的流场结构认识有限。随着CFD技术和流动显示技术的发展,获得了越来越多关于流动结构随下游扰动强度的变化情况。图1-23[19]是一个高超声速进气道的内流道(或称为隔离段)流场在反压作用下的变化情况。

从图1-23中可以看到,在无反压时,隔离段内分布着从进气道入口段流动结构反射的激波,可以称为背景激波。随着反压的出现(实际上要达到一定的程度),在所给出流道范围的中部出现反压诱导的激波串结构。如果反压是由下游燃烧造成的,反压诱导激波串就是燃烧区前激波串;如果反压是由于下游限流(无燃烧)造成的,反压诱导激波串就是预压缩激波串。预压缩激波串、燃烧区前激波串本质上是反压诱导激波结构。

反压诱导激波串的前锋激波(参考图1-23)总是起源于某两个背景激波之间的壁面上(在实验中用高速纹影观察到这种现象),次前锋激波(起源于前锋

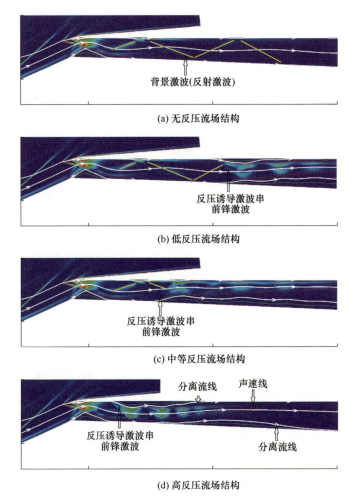

图 1 - 23 反压诱导激波串随反压增高向上游运动

激波对面的壁面)与前锋激波可能会分跨在某个背景激波的两侧。由于前锋激波位于某个背景激波上游,其强度一定大于次前锋激波,由于过前锋激波和次前锋激波的压升不一致,造成两侧壁面上边界层分离区尺寸的差异,在某些情况下会看到明显的不对称激波串结构,参考图 1 - 23(c)、(d)。随着反压的增加,反压诱导激波串的前锋激波向上游移动,整个激波串向上游移动,激波串强度增大,由声速线(图中的红色细线)包围的区域(伪激波区域)长度缩短,下游尾随着伪激波区域的亚声速区扩大到上游。由于背景激波结构是反射激波结构,在反压诱导激波串向上游运动的过程中,前锋激波与次前锋激波必须随着反压的增加,分别跨越两侧壁面上的背景激波,所以前锋激波与次前锋激波在跨越背景激波时需要交换其角色,前锋激波位置从一侧壁面换到另一侧壁面,两侧壁面边界层内气流的能量也相应发生变化。随着前锋激波位置在两侧壁面的交换,激波串结构拖着混合段的尾巴也在流道内上下摆动。

反压诱导激波串这种随反压的变化而移动并调节其强度的过程,与亚声速燃烧室冲压发动机的超声速进气道喉道 – 扩压器系统内的反压诱导激波串的行为是一致的,机制和作用也是一致的。当下游反压足够高时,反压诱导激波串使气流从超声速过渡到亚声速,相当于声速喉道的作用,可以理解为"气动喉道"。当然,像亚声速燃烧室冲压发动机一样,这个"气动喉道"的出现,是与下游的某种声速喉道相匹配的,换句话说,下游必须存在某种声速喉道使气流完成从亚声速到超声速的过渡。当下游不出现某种形式的声速喉道时,上游也不会出现"气动喉道",即激波串虽然存在,但不能使气流完成从超声速到亚声速的过渡。在超声速燃烧室冲压发动机(双模态冲压发动机)中,下游的"某种"喉道就是"热力壅塞喉道"。

1.5.2 从加热管流的观点看反压诱导激波串的形成

站在进气道的角度,反压诱导激波串随反压增加向上游运动并调节其强度的过程,被认为是隔离段容纳下游燃烧反压的结果。

站在燃烧室的角度,以复杂加热管流理论分析,给定某个超声速入口条件时,在等面积管中存在一个极限加热量(在扩张型管内加热,与等面积管加热有相似的极限加热量现象),达到极限加热量时,在给定的加热管出口达到壅塞条件(平均马赫数为 1)。按照管内流动关系:

$$\dot{m} = \sqrt{\frac{\gamma}{RT_0}} pMaA\left(1 + \frac{\gamma-1}{2}Ma^2\right)\bigg|_{\text{in}} = \sqrt{\frac{\gamma}{RT_0}} pMaA\left(1 + \frac{\gamma-1}{2}Ma^2\right)\bigg|_{\text{e}}$$

$$\frac{A_e}{A_{\text{in}}} = \sqrt{\frac{\gamma_{\text{in}}}{\gamma_e}}\sqrt{\frac{R_e}{R_{\text{in}}}}\sqrt{\frac{T_{0e}}{T_{0\text{in}}}}\frac{p_{\text{in}}}{p_e}\frac{Ma_{\text{in}}\left(1 + \frac{\gamma-1}{2}Ma_{\text{in}}^2\right)}{Ma_e\left(1 + \frac{\gamma-1}{2}Ma_e^2\right)} \qquad (1-20)$$

如果给定入口条件 Ma_{in}、管道几何条件(面积比),出口条件 $Ma_e=1$ 对应一个极限(临界)加热比 $(T_{0e}/T_{0\text{in}})_{\text{cr}}$。

如果加热比超过这个临界值,压比将增大,如果既要保持出口的壅塞条件($Ma_e=1$)还要保持入口条件不变,按照式(1-20),若要流动能够连续,可以使面积比变大,也就是在等面积燃烧室后接扩张燃烧室(或者直接增大扩张度)。如果允许改变入口条件,则应通过改变入口条件使式(1-20)右侧的最后一项变小(不可能使 $Ma_e<1$,声速是加热达到的最小马赫数条件),只能减小入口马赫数 Ma_{in},按照图 1-4,如果在超声速范围减小入口马赫数,意味着允许的极限加热量更小,所以只能减小到亚声速条件,才能允许实现更大的加热比。也就是

说,给定一个燃烧室的几何条件和入口条件,当燃烧释热超过某个极限值,将破坏入口条件,使入口条件向能够容纳更多热量的方向变化,也就是使加热之前的气流变为亚声速条件,这种由超声速入口条件转变为亚声速条件的变化,必须通过"声速喉道"实现,即通过正激波串的流场结构实现。

在含进气道的完整流道中,当几何条件确定,若反压诱导的激波串结构向上游移动,则激波串入口的马赫数增大,如果经激波串后气流能够变为亚声速,则正激波强度增大、波后马赫数降低,而在更低的入口马赫数条件下,气流可以吸纳更多加热量。所以,当下游加热量增加、反压增大,反压诱导的激波串结构向上游移动,进而能够容纳更高的压比。

保持入口条件或改变入口条件,与两个量的关系有关,这两个量是燃料热值和某个条件下气流达到壅塞可以吸收的热量。如果燃料热值大于气流达到壅塞可以吸收的热量,燃烧组织得足够好、释热量足够大,就需要改变入口条件;与气流达到壅塞可以吸收的热量相比,燃料热值大得越多,入口条件将改变得越多,即获得更低的亚声速入口条件;或者,当达到极限加热量后(达到壅塞),使多余的热量在扩张更大的燃烧室中添加,这正是在等面积燃烧室后采用扩张型燃烧室的理论依据。如果燃料热值小于气流达到壅塞可以吸收的热量,气流就不会达到壅塞条件,就不需要改变入口条件。

由式(1−18)看出,在某个条件下气流达到壅塞可以吸收的热量,与入口条件、面积变化、摩擦的综合作用相关,如果使面积扩张,可以弥补摩擦、加热造成的向壅塞方向发展的倾向,进而增加气流可接受的热量;如果给定热量(给定燃料当量比)和几何条件,就相应确定了实现出口壅塞的入口条件。这就是以往认识到的激波串结构随燃烧室几何参数、加热量、飞行马赫数、进气道收缩比而变化的原因。

1.5.3　双模态冲压发动机的其他称谓

从历史文献中,对超声速燃烧室冲压发动机(参考图1−8)的称谓比较混乱,英语文献上的称谓是"Supersonic Combustion Ramjet",简称"Scramjet"。对于这种冲压发动机的双模态运行,早期分为"Dual – Mode Ramjet""Dual – Mode Scramjet"以及"Pure Scramjet",后来又将"Pure Scramjet"称为"Dual – Mode Scramjet"的后期。很多文献将"Dual – Mode Ramjet"简称为"Ramjet"模态,与亚声速燃烧室冲压发动机(参考图1−8)的用词是一样的,尽管将亚声速燃烧室冲压发动机称为"Conventional Ramjet"能够与超声速燃烧室冲压发动机的亚声速模态相区别,但用于组合循环发动机时,这些称谓似乎就彻底乱套了[20]。

从图1−8的两种冲压发动机的结构组成看,两者的区别很清楚,即是采用亚声速燃烧室还是采用超声速燃烧室,以及是否采用收扩型尾喷管。亚声速燃烧室冲压发动机(Ramjet)因采用了两个几何喉道而获得亚声速燃烧室的工作条件。超声速燃烧室冲压发动机(Supersonic Combustor Ramjet,Scramjet)采用简单扩张型尾喷管,在燃烧室入口获得亚声速条件还是超声速条件,要看下游加热是否能够获得热力壅塞喉道;当燃烧室中存在热量壅塞喉道时,上游的反压诱导激波串的强度就相当于一道正激波的功能,其中存在一个"气动声速喉道",气流经"气动声速喉道"减速到亚声速,再从"热力壅塞喉道"加速,向超声速过渡,然后才能从简单扩张型尾喷管加速到超声速的出口条件。从双模态冲压发动机物理现象的演变来看,"双模态冲压"指是否在燃烧室入口获得亚声速条件(当然是截面上气流的平均参数),至于在燃烧室入口气流平均参数为超声速时,上游是否形成明显的反压诱导激波串、燃烧室中是否会因为热量添加而造成局部边界层增厚或分离,已经不是"双模态"术语中"模态"一词所指的含义。

所以,从结构方面区分,两者的称谓应该是"亚声速燃烧室冲压发动机"和"超声速燃烧室冲压发动机"。超声速燃烧室冲压发动机因其特殊的结构形式,能够形成双模态的运行变换,或者说,只有采用超声速燃烧室才能实现双模态的运行,所以,双模态冲压发动机也就是超声速燃烧室冲压发动机。由于双模态冲压发动机能够用于高超声速飞行,所以也称为高超声速冲压发动机。

由于双模态冲压发动机的两个模态,实际上,分别是在入口为亚声速或超声速的气流条件下组织燃烧、实现热量添加的工作过程,所以,为避免歧义,本书借鉴文献[9]的术语,分别称之为"亚声速加热模态"和"超声速加热模态"。

1.6 双模态冲压发动机运行机制小结

双模态冲压发动机由进气道、隔离段、等面积–扩张型超声速燃烧室、扩张型尾喷管组成(图1-13),整个发动机流道中没有几何喉道。相对于亚声速燃烧室冲压发动机的结构,其燃烧室称为超声速燃烧室,故该发动机也称为超声速燃烧室冲压发动机。由于用于高超声速飞行,所以也称为高超声速冲压发动机。

在下游无燃烧(无反压)作用时,隔离段内只有来自于进气道入口的反射波系(背景波系)。当下游有反压作用时,于隔离段的下游开始,生成反压诱导激波串(燃烧区前激波串,预压缩激波串),随着下游反压的增加,反压诱导激波串的前锋向上游运动,激波串强度增加,激波串下游截面的平均马赫数减小。反压增加到一定程度,反压诱导激波串的强度等价于正激波,其下游截面的平均速度变为亚声速,反压诱导激波串的作用相当于"声速喉道"的作用,使气流完成从超声速到亚声速的过渡;这个反压的阈值,实际上意味着下游生成了某种损失喉道,在双模态的亚声速加热模式中即热力喉道,热力喉道与隔离段内反压诱导激波串的气动喉道功能是成对出现的,气动喉道使气流从超声速过渡到亚声速,热力喉道使气流从亚声速过渡到超声速。

是否出现热力喉道(发生热壅塞),取决于加热段入口条件、添加的热量、流道的扩张度以及流道阻力特性的综合作用,在给定加热段入口气流条件、几何条件、流道阻力特性时,气流达到壅塞所能够吸纳的热量称为极限加热量。如果添加的热量超过这个极限(下游形成热力喉道),加热段入口条件必须向使气流吸纳更多热量的方向变化(向更低的亚声速方向变化),而且必须匹配下游的热力喉道而生成上游的气动喉道(生成有气动喉道功能的反压诱导激波串);下游热量越多,反压诱导激波串强度越大,使其下游马赫数降得更低,以匹配下游更多热量添加的需求,表观效果是经过激波串的压升增大。如果下游燃烧释放的热量不超过极限加热量,虽然燃烧引起的压升也会诱导出上游激波串结构,但气流过激波串后不会减速到亚声速,激波串没有"气动喉道"功能。

所以,超声速燃烧室冲压发动机由于没有几何喉道,通过隔离段内反压诱导激波串的强度匹配下游燃烧产生的压升,调节燃烧室入口条件,使之与下游释热量相匹配,进而实现双模态的运行。在低速或高当量比时,燃烧释热形成热力壅塞,隔离段内激波串强度增大,使进入燃烧室的气流达到亚声速,燃烧室内的加热过程在亚声速条件下完成,即亚声速加热工作模式(或亚声速加热模态);在高速或低当量比时,燃烧释热不能形成热力壅塞,隔离段内激波串强度减小(在直连式实验条件下可以消失),使进入燃烧室的气流维持在超声速,燃烧室内的加热过程在超声速条件下完成,即超声速加热工作模式(或超声速加热模态)。

第 2 章　燃烧室特征马赫数与双模态冲压发动机等效热力过程物理模型

2.1　双模态热力过程路径

按照第 1 章描述的双模态冲压发动机工作循环的概念,采用超声速燃烧室的双模态冲压发动机热力工作过程分为亚声速加热过程和超声速加热过程。可在热力循环 $T—S$ 图上分别描述出来。

双模态冲压发动机由进气道、隔离段、燃烧室、尾喷管组成,为方便分析,按照图 2 - 1 的约定,标记各典型截面。

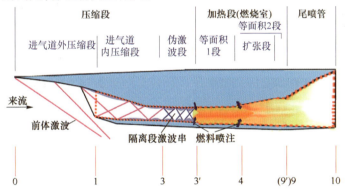

图 2 - 1　双模态冲压发动机典型截面约定

在进气道和隔离段中气流被压缩而减速,在隔离段中某个截面(如图 2 - 1 的中截面 1 - 3 之间的某个截面 2)保持着超声速条件;燃料在燃烧室中燃烧,气流被加热,压力升高,压力的升高幅度与燃烧释热量正相关;压力的升高被边界层中的亚声速部分所感受,并向上游传播这种感应,引起上游边界层的增厚或分离,在增厚或分离边界层的声速线之上的超声速部分生成反压诱导激波串(或燃烧区上游激波串);在反压诱导激波串中,气流继续减速,进而获得燃烧释热影响下的燃烧室入口条件,燃烧室工作在上述反馈后提供的入口条件下。根据复杂加热管流理论,在给定的这个燃烧室入口条件下,燃料释热量(扣除壁面热损失)、燃烧室壁面摩擦(包括置于气流中的燃烧组织部件的阻力)、燃料的添加量、燃烧室面积变化的综合作用,决定气流在尾喷管入口获得的条件;当然,这个反馈后形成的燃烧室入口条件,也是这些因素综合作用后的结果。所以,双模态冲压发动机的热力工作过程,是这些因素综合作用的结果;经反馈形成的上下游部件的衔接条件和关系,称为发动机的热力工作过程路径(简称为热力过程路径)。

图2-2用 T—S 过程曲线汇总了双模态冲压发动机可能产生的热力工作过程路径,其中图2-2(a)是亚声速加热模态可能产生的热力工作过程路径,图2-2(b)是超声速加热模态可能产生的热力工作过程路径。

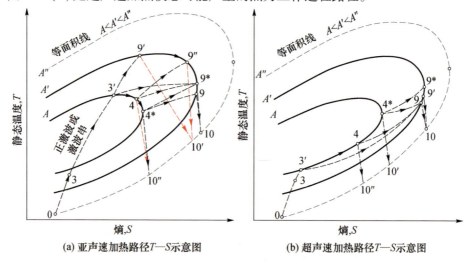

(a) 亚声速加热路径 T—S 示意图 (b) 超声速加热路径 T—S 示意图

图2-2 双模态冲压发动机中可能存在的加热路径
(红色线代表采用收扩型尾喷管)

亚声速加热模态有11种可能的路径(结合图2-1):

a. 路径0—3—3′—9*—10,经过进气道第一步压缩的气流保持超声速状态(3),在隔离段内经过反压诱导激波串实现类似正激波压缩的效果达到3′,获得亚声速气流条件(3′也可以是继正激波串之后还使用了亚声速扩压器的结果);之后在扩张型管道中加热,马赫数增大(但保持亚声速状态 $Ma<1$),直到在出口达到壅塞(9*,$Ma=1$);气流以声速条件进入尾喷管膨胀、加速,以超声速排出(10)。

b. 路径0—3—3′—9′—10′:经过进气道第一步压缩的气流保持超声速状态(3),经隔离段内正激波串(或再经亚声速扩压后)获得亚声速气流条件(3′);在扩张段加热但未获得壅塞条件(9′,$Ma<1$);气流以亚声速条件进入尾喷管,在收扩型尾喷管内膨胀、加速,以超声速条件排出(10′)。

该路径出现在燃料热值不足以使给定燃烧室壅塞的情况下,如果没有采用收扩型尾喷管合适的喉道面积来匹配燃烧室内的加热量,这条路径就是非物理的。因为,对于超声速燃烧室的双模态运行,如果没有足够的加热量使下游产生壅塞(第二声速喉道),在上游隔离段也不会形成正激波串(第一声速喉道)。所以,这条路径实际上是亚声速燃烧室冲压发动机的工作路径。

对于超声速燃烧室冲压发动机,这时应采用等面积燃烧室或扩张度更小的燃烧室,形成 a 路径,否则就浪费了燃烧室的容积。

c. 路径 0—3—3′—9′—9″—10′:经过进气道第一步压缩的气流保持超声速状态(3),经隔离段内正激波串(或再经亚声速扩压后)获得亚声速气流条件(3′);先在扩张段加热但未获得壅塞条件($9'$,$Ma<1$),之后在一个等面积段中加热到出口但仍未获得壅塞条件($9''$,$Ma<1$);气流以亚声速条件进入尾喷管,在收扩型尾喷管内膨胀、加速,以超声速排出(10′)。这条路径实际上也是亚声速燃烧室冲压发动机的工作路径。

d. 路径 0—3—3′—4—10″:经过进气道、隔离段内正激波串(或再经后续亚声速扩压)获得亚声速气流条件(3′)后;在等面积燃烧室加热,马赫数增大(但保持亚声速状态 $Ma<1$),在出口未获得壅塞条件(4 截面,$Ma=1$);气流以亚声速条件进入尾喷管,在收扩型尾喷管内膨胀、加速,以超声速排出(10″)。这条路径实际上也是亚声速燃烧室冲压发动机的工作路径。

e. 路径 0—3—3′—4—9″—10′:经过进气道、隔离段内正激波串(或后续亚声速扩压)获得亚声速气流条件(3′);在等面积燃烧室加热,马赫数增大(保持亚声速状态 $Ma<1$),但未获得壅塞条件(4 截面,$Ma=1$);在扩张燃烧室继续加热,马赫数降低但仍未达到壅塞条件($9''$,$Ma<1$);气流以亚声速条件进入尾喷管,在收扩型尾喷管内加速膨胀,以超声速排出(10″)。这条路径实际上也是亚声速燃烧室冲压发动机的工作路径。

f. 路径 0—3—3′—4—9*—10:经过进气道、隔离段内正激波串(或后续亚声速扩压)获得亚声速气流条件(3′);在等面积燃烧室加热,马赫数增大(保持亚声速条件 $Ma<1$),但未获得壅塞条件(4 截面,$Ma=1$);在扩张燃烧室继续加热,在出口截面获得壅塞条件(9^*,$Ma=1$);气流以声速条件进入尾喷管,在尾喷管膨胀,以超声速排出(10)。

但在等面积燃烧室不获得壅塞条件,反而到下游的扩张型燃烧室内形成壅塞条件,物理上是不合理的。这条路径即使能够实现,也是浪费燃烧室容积的路径。应该首先在等面积燃烧室添加更多热量,获得壅塞条件,再在燃烧室扩张段内添加剩余的热量,可以减小燃烧室容积。所以,这条路径是非物理路径。

g. 路径 0—3—3′—4—9″—9*—10:经过进气道、隔离段内正激波串(或后续亚声速扩压)获得亚声速气流条件(3′);在等面积燃烧室加热,马赫数增大(保持亚声速条件 $Ma<1$),但未获得壅塞条件(4 截面,$Ma<1$);在扩张燃烧室

继续加热,马赫数降低($9''$,保持亚声速条件 $Ma<1$),继续在扩张燃烧室加热,在出口截面获得壅塞条件(9^*,$Ma=1$);气流以声速条件进入尾喷管,在尾喷管膨胀,以超声速排出(10)。

这条路径的性质与 f 路径相同,是非物理路径。

h. 路径0—3—3′—4*—10″:经过进气道、隔离段内正激波串(或后续亚声速扩压)获得亚声速气流条件(3′);在等面积燃烧室加热,马赫数增大($Ma<1$),直到在出口截面获得壅塞条件(4^*,$Ma=1$);气流以声速条件进入尾喷管,在尾喷管膨胀,以超声速排出(10″)。

i. 路径0—3—3′—4*—9*—10:经过进气道、隔离段内正激波串(或后续亚声速扩压)获得亚声速气流条件(3′);在等面积燃烧室加热,获得壅塞条件(4^*,$Ma=1$);继续在扩张燃烧室加热,保持壅塞条件($Ma=1$),直到在出口也获得壅塞条件(9^*);气流以声速条件进入尾喷管,在尾喷管膨胀,以超声速排出(10)。

j. 路径0—3—3′—4*—9—10:经过进气道、隔离段内正激波串(或后续亚声速扩压)获得亚声速气流条件(3′);在等面积燃烧室加热,获得壅塞条件(4^*,$Ma=1$);继续在扩张的燃烧室内加热,但 $Ma>1$,直到出口截面未获得壅塞条件(9);气流以超声速条件进入尾喷管,在尾喷管膨胀,以超声速排出(10)。

与路径 i 相比,这条路径也是浪费了燃烧室容积的路径。在更小扩张度下,从 4^* 保持壅塞条件过渡到 9^*,可以增加燃烧室热容量(当然,如果从降低热容量、减小热防护难度的角度,也可以采用这条路径)。

k. 路径0—3—3′—4*—9—9*—10:经过进气道、隔离段内正激波串(或后续亚声速扩压)获得亚声速气流条件(3′);在等面积燃烧室加热,获得壅塞条件(4^*,$Ma=1$);继续在扩张的燃烧室内加热,但未获得壅塞条件(9);继续在扩张燃烧室加热,在出口获得壅塞条件(9^*);气流以声速条件进入尾喷管,在尾喷管膨胀,以超声速排出(10)。这条路径的性质与路径 j 相同。

超声速加热模态有9种可能的路径:

a. 路径0—3′—9—10:经过进气道压缩,气流保持在超声速条件(3′);之后在扩张型燃烧室内加热,沿途直到燃烧室出口均保持超声速(9);燃气以超声速条件进入尾喷管,在尾喷管膨胀、加速,以更高的超声速排出(10)。

但该路径浪费了燃烧室容积。如果根据燃料热值情况,直接设置等面积燃烧室,或采用扩张比更小的燃烧室,在燃烧室出口获得壅塞条件,可以减小燃烧室体积、增加燃烧室的热容量。

b. 路径0—3′—4—10″:经过进气道压缩,气流保持在超声速条件(3′);之后在等面积燃烧室内加热,直至燃烧室出口均保持超声速的流动条件(4);燃气以超声速条件进入尾喷管,在尾喷管膨胀、加速,以更高的超声速排出(10)。

该路径发生在燃料热值不足以使等面积燃烧室发生壅塞的情况下。

c. 路径0—3′—4—9—10：经过进气道压缩的气流保持超声速状态(3′)；首先在等面积燃烧室段内加热、减速但保持超声速状态(4)；在扩张燃烧室段内加热但保持超声速状态(9)；燃气以超声速条件进入尾喷管，在尾喷管膨胀，以更高的超声速排出(10)。

这也是浪费燃烧室容积的路径。如果先用足够大的热量，使等面积燃烧室壅塞，再在声速或超声速条件下以更小的扩张比加热，将燃料释放的热量用完，可以减小燃烧室容积、增加燃烧室热容量。

d. 路径0—3′—4—9—9*—10：经过进气道压缩的气流保持超声速状态(3′)；首先在等面积燃烧室段内加热、减速但保持超声速状态(4)；在扩张燃烧室段内加热但保持超声速状态(9)；在等面积燃烧室继续加热，获得壅塞条件(9*)；燃气以声速条件进入尾喷管，在尾喷管膨胀、加速，以超声速排出(10)。

这条路径与路径c的性质是相同的，从燃烧室容积方面考虑，也是不合算的路径。

e. 路径0—3′—4—9—9′—10：经过进气道压缩的气流保持超声速状态(3′)；首先在等面积燃烧室段内加热、减速但保持超声速状态(4)；在扩张燃烧室段内加热但保持超声速状态(9)；在等面积燃烧室继续加热，但在出口不能获得声速条件(9′)；燃气以超声速进入尾喷管加速。

这条路径与路径c的性质是相同的，也是不合算的路径。

f. 路径0—3′—4*—10′：经过进气道压缩的气流保持超声速状态(3′)；在等面积燃烧室段内加热、减速，在等面积燃烧室出口获得壅塞条件(4*)；燃气以声速条件进入尾喷管，在尾喷管膨胀、加速，以超声速排出(10′)。

g. 路径0—3′—4*—9*—10：经过进气道压缩的气流保持超声速状态(3′)；首先在等面积燃烧室段内加热到壅塞(4*, $Ma=1$)；然后在扩张燃烧室内加热并维持$Ma=1$的状态，直至在出口保持声速条件(9*)；燃气以声速的初始状态进入尾喷管膨胀、加速，在尾喷管出口以超声速排放(10)。

h. 路径0—3′—4*—9—10：经过进气道压缩的气流保持超声速状态(3′)；首先在等面积燃烧室段内加热到壅塞(4*, $Ma=1$)；然后在扩张燃烧室内加热且维持$Ma>1$的状态，直至燃烧室出口仍保持超声速状态(9)；燃气以超声速的初始状态进入尾喷管膨胀、加速，在尾喷管出口以超声速排出(10)。

与路径g相比，这条路径是不合算的路径。

i. 路径0—3′—4*—9—9*—10：经过进气道压缩的气流保持超声速状态(3′)；首先在等面积燃烧室段内加热、减速，获得壅塞条件(4*)；在扩张燃烧室段内继续加热但保持超声速状态(9)；在等面积燃烧室继续加热，获得壅塞条件(9*)；燃气以声速条件进入尾喷管，在尾喷管膨胀，以超声速排出(10)。

与路径g相比，这条路径是不合算的路径。

上述各路径包括了各种可能性,包括在等面积燃烧室加热、在扩张型燃烧室加热、在等面积接扩张的燃烧室中加热、在等面积接扩张再接等面积的燃烧室中加热,以及在燃烧室各段出口是否获得壅塞条件。如果所有燃料到指定路径的出口时(9 截面)刚好释放完所含热量,则该路径上燃料使用效率(或燃烧效率)最大;如果每段燃烧室内都能够添加最大可能的热量,则容积效率最大。从充分利用燃料热值、减小燃烧室容积的角度看,亚声速加热模态合理的加热路径有 3 种(a、h、i),在需要降低热防护难度的条件下,j 路径也可以考虑接受;超声速加热模态合理的加热路径有 3 种(a、f、g)。

在实际条件下,也许不能实现上述最合理路径。例如,受到燃烧组织技术水平的影响,或受到高马赫数条件下高温离解效应的影响,在实现某种路径时燃料未必释放完所含热值,或者燃料热值能够充分释放,但燃烧室容积效率没有发挥到最大。或者反过来讲,实现某种路径或不实现某种路径,是燃烧组织的结果。只有当通过合理的燃烧组织技术,能够使燃料完全释放其热值、充分发挥燃烧室容积效率、并实现了某个推力最大的特定路径时,相应的发动机就在最小容积(也意味着最小结构重量)条件下获得了最大的经济性能和推力性能。所以,在对双模态冲压发动机工作过程进行物理建模时,应考虑到所有可能的情况。

从上述 T—S 图路径分析可以看出,双模态冲压发动机的亚声速加热模式可能用到 4 种燃烧室 - 喷管构型:

(1)隔离段的亚声速条件后接等面积燃烧室,获得壅塞出口条件或超声速条件,接扩张型喷管;

(2)隔离段的亚声速条件后的燃烧室含等面积段和扩张段,在燃烧室出口获得壅塞条件或超声速条件,后接扩张型喷管(在超声速燃烧室冲压发动机中不考虑收扩喷管);

(3)隔离段的亚声速条件后,燃烧室含等面积段、扩张段和第二等面积段,在燃烧室出口获得壅塞条件或超声速条件,后接扩张型喷管;

(4)隔离段的亚声速条件后,燃烧室含扩张段和等面积段,在燃烧室出口获得壅塞条件或超声速条件,后接扩张型喷管。

典型超声速加热模式可能用到 4 种燃烧室 - 喷管构型:

(1)隔离段的超声速条件后接等面积燃烧室,获得壅塞出口条件或超声速条件,接扩张型喷管;

(2)隔离段的超声速条件后,燃烧室含等面积段和扩张段,在燃烧室出口获得壅塞条件或超声速条件,后接扩张型喷管(在超声速燃烧室冲压发动机中不考虑收扩喷管);

(3)隔离段的超声速条件后,燃烧室含等面积段、扩张段和第二等面积段,在燃烧室出口获得壅塞条件或超声速条件,后接扩张型喷管;

（4）隔离段的超声速条件后,燃烧室含扩张段和等面积段,在燃烧室出口获得壅塞条件或超声速条件,后接扩张型喷管。

其中,第三种构型包含了其他 3 种,即某一段或两段的长度为零。从降低燃烧组织难度的角度考虑,通常不会直接在隔离段后直接采用扩张的燃烧室。

2.2　决定热力过程和发动机推进效率的关键因素

2.2.1　决定发动机总效率的决定性因素——总压恢复

冲压发动机的推力性能与发动机的总效率之间存在以下关系[2]：

$$\eta_0 = \frac{F u_0}{\dot{m}_f H_u} \tag{2-1}$$

式中：F 为冲压发动机的推力。

为达到说明问题的目的,本节只做定性分析,以设计点为例,分析的结果具有代表性。在设计点,进气道捕获面积与尾喷管出口面积相等,不需要考虑溢流阻力,则

$$F = J_{尾喷管出口} - J_{捕获流入口} = (\dot{m}_0 + \dot{m}_f) u_{10} - \dot{m}_0 u_0 + (p_{10} - p_0) A_{10}$$

式中：下标 0、10 分别代表发动机进气道入口截面和喷管出口截面（参考图 2-1）；u_0 为进气道捕获流管未扰流的速度；$\dot{m}_f$ 为燃料的质量流量；H_u 为单位质量燃料的热值。

式（2-1）表明,发动机总效率越高,由燃料热量转化的推力功越多,发动机推力越大。

如果燃料当量比为 1、燃烧效率为 1、喷管内为等熵流动（喷管的总压恢复为 1）且出口完全膨胀（$p_{10} = p_0$）,则冲压发动机的总效率可表示为

$$\eta_0 = \frac{F u_0}{\dot{m}_f H_u} = \frac{\dot{m}_{10} u_{10} - \dot{m}_0 u_0}{\dot{m}_0 f} \frac{u_0}{H_u} = \frac{u_0}{f H_u} \left[(1+f) Ma_{10} \sqrt{\gamma_{10} R_{10} T_{10}} - Ma_0 \sqrt{\gamma_0 R_0 T_0} \right] \tag{2-2}$$

式中：f 为燃料与空气的流量比（油气比）。

将 $p_{10} = p_0$ 条件写为总压形式,得

$$\frac{p_{t10}}{\left(1 + \frac{\gamma_{10} - 1}{2} Ma_{10}^2\right)^{\frac{\gamma_{10}}{\gamma_{10}-1}}} = \frac{p_{t0}}{\left(1 + \frac{\gamma_0 - 1}{2} Ma_0^2\right)^{\frac{\gamma_0}{\gamma_0 - 1}}} \tag{2-3}$$

式中：$p_{t10} = \sigma \cdot p_{t0}$,$\sigma$ 为发动机总的总压恢复,$\sigma = \sigma_{inlet} \cdot \sigma_{combustor}$,所以式（2-3）

可写为

$$1 + \frac{\gamma_{10} - 1}{2} Ma_{10}^2 = \sigma^{\frac{\gamma_{10} - 1}{\gamma_{10}}} \left[1 + \frac{\gamma_0 - 1}{2} Ma_0^2 \right] \qquad (2-4)$$

将式(2-4)代入式(2-2),得

$$\eta_0 = \frac{u_0}{fH_u} \left[(1+f) \sqrt{ \left\{ \sigma^{\frac{\gamma_{10} - 1}{\gamma_{10}}} \left[1 + \frac{\gamma_0 - 1}{2} Ma_0^2 \right]^{\frac{\gamma_0}{\gamma_0 - 1} \cdot \frac{\gamma_{10} - 1}{\gamma_{10}}} - 1 \right\} \frac{2}{\gamma_{10} - 1} } \sqrt{\gamma_{10} R_{10} T_0 \theta} - u_0 \right]$$

$$(2-5)$$

式中:$\theta = T_{10}/T_0$ 为冲压发动机的加热比,对于给定的飞行速度和燃料流量,加热比 θ 基本是确定的(与总压恢复有一定关系)。式(2-5)说明,发动机的总效率与总压恢复 σ 是一一对应的。

由上述分析得到一个重要结论:发动机在实现加热比 θ 的加热过程中所能够实现的总压恢复是制约冲压发动机总效率 η_0 的决定因素。

2.2.2　决定发动机热力过程和总压恢复的决定性因素

在理想气体一维定常复杂加热管流中,受各因素(扣除壁面热损失的净加热、添质、摩擦、面积变化)的影响,总压变化可以表示为[21]

$$\frac{\mathrm{d}p_t}{p_t} = 0 \cdot \frac{\mathrm{d}A}{A} - \frac{\gamma \cdot Ma^2}{2} \cdot \left[\left(\frac{4C_f \cdot \mathrm{d}x}{\Theta} \right) + \frac{2 \cdot \delta D}{\gamma PA \cdot Ma^2} \right] -$$

$$\frac{\gamma \cdot Ma^2}{2} \cdot \frac{\mathrm{d}T_t}{T_t} - \gamma \cdot Ma^2 (1-y) \frac{\mathrm{d}\dot{m}}{\dot{m}} \qquad (2-6)$$

式中:Θ 为水力直径;δD 为广义彻体力,代表除重力以外的其他彻体力(重力的影响被忽略),以及夹带质点引发的阻力;$y = v_{ix}/v$ 是质量添加过程中射流速度的流向分量与主流速度的比值。

针对式(2-6),在双模态过程的入口(截面3)和出口(截面9)之间积分,得

$$\int_3^9 \frac{\mathrm{d}p_t}{p_t} = \int_8^9 - \frac{\gamma \cdot Ma^2}{2} \left\{ \left[\left(\frac{4C_f \cdot \mathrm{d}x}{\Theta} \right) + \frac{2\delta D}{\gamma PA \cdot Ma^2} \right] + \frac{\mathrm{d}T_t}{T_t} + 2(1-y) \frac{\mathrm{d}\dot{m}}{\dot{m}} \right\}$$

$$(2-7)$$

忽略掉广义彻体力 δD 的影响,有

$$\ln \left(\frac{p_{t9}}{p_{t3}} \right) = \int_3^9 - \frac{\gamma \cdot Ma^2}{2} \left[\frac{4C_f \cdot \mathrm{d}x}{\Theta} + \frac{\mathrm{d}T_t}{T_t} + 2(1-y) \frac{\mathrm{d}\dot{m}}{\dot{m}} \right] \qquad (2-8)$$

式中:p_{t9}/p_{t3} 为燃烧室总压恢复 σ_{com}。

式(2-8)可改写为

$$\sigma_{\text{com}} = e^{\int_3^9 -\frac{\gamma \cdot Ma^2}{2}\left[\frac{4C_f \cdot \mathrm{d}x}{\Theta} + \frac{\mathrm{d}T_t}{T_t} + 2(1-y)\frac{\dot{m}}{\dot{m}}\right]} = e^{\int_3^9 -\frac{\gamma \cdot Ma^2}{2}\frac{4C_f \cdot \mathrm{d}x}{\Theta}} \cdot e^{\int_3^9 -\frac{\gamma \cdot Ma^2}{2}\frac{\mathrm{d}T_t}{T_t}} \cdot e^{\int_3^9 -\frac{\gamma \cdot Ma^2}{2}2(1-y)\frac{\dot{m}}{\dot{m}}}$$

$$(2-9)$$

式(2-9)中,表达摩擦力作用、添质、加热过程的每一项中,都有马赫数的影响因子,所以,流道中的马赫数分布直接影响发动机性能。

由马赫数变化还可推导出其他参数变化[21]:

$$\frac{\mathrm{d}Ma}{Ma} = -\frac{\psi}{1-Ma^2} \cdot \frac{\mathrm{d}A}{A} + \frac{\gamma \cdot Ma^2 \psi}{2(1-Ma^2)} \cdot \left[\left(\frac{4C_f \cdot \mathrm{d}x}{\Theta}\right) + \frac{2 \cdot \delta D}{\gamma PA \cdot Ma^2}\right]$$

$$+ \frac{(1 + \gamma \cdot Ma^2)\psi}{2(1-Ma^2)} \cdot \frac{\mathrm{d}T_t}{T_t} + \frac{\psi\left[(1 + \gamma \cdot Ma^2) - y\gamma \cdot Ma^2\right]}{1-Ma^2}\frac{\mathrm{d}\dot{m}}{\dot{m}}$$

$$(2-10)$$

$$\frac{\mathrm{d}T}{T} = \frac{(\gamma-1)Ma^2}{1-Ma^2} \cdot \frac{\mathrm{d}A}{A} - \frac{\gamma(\gamma-1)Ma^4}{2(1-Ma^2)} \cdot \left[\left(\frac{4C_f \cdot \mathrm{d}x}{\Theta}\right) + \frac{2 \cdot \delta D}{\gamma PAMa^2}\right]$$

$$+ \frac{(1 - \gamma \cdot Ma^2)}{1-Ma^2} \cdot \frac{\mathrm{d}T_t}{T_t} - \frac{(\gamma-1)Ma^2\left[(1 + \gamma \cdot Ma^2) - y\gamma \cdot Ma^2\right]}{1-Ma^2}\frac{\mathrm{d}\dot{m}}{\dot{m}}$$

$$(2-11)$$

$$\frac{\mathrm{d}p}{p} = \frac{\gamma \cdot Ma^2}{1-Ma^2} \cdot \frac{\mathrm{d}A}{A} - \frac{\gamma \cdot Ma^2\left[1 + (\gamma-1)Ma^2\right]}{2(1-Ma^2)} \cdot \left[\left(\frac{4C_f \cdot \mathrm{d}x}{\Theta}\right) + \frac{2 \cdot \delta D}{\gamma PA \cdot Ma^2}\right]$$

$$- \frac{\gamma \cdot Ma^2 \psi}{1-Ma^2} \cdot \frac{\mathrm{d}T_t}{T_t} - \frac{\gamma \cdot Ma^2\left[2\psi(1-y)+y\right]}{1-Ma^2}\frac{\mathrm{d}\dot{m}}{\dot{m}} \qquad (2-12)$$

式中:$\psi = 1 + \frac{\gamma-1}{2}Ma^2$。

由式(2-10)可获得面积与总温的变化关系(质量变化与总温变化相关,而流向尺度的增大 $\mathrm{d}x$ 与面积变化 $\mathrm{d}A$ 相关),即马赫数分布代表着面积与热量匹配规律的热力工作过程。将该关系代入式(2-11)和式(2-12),便可求得其余参数。所以,在给定入口参数的情况下,只要给定流道内的马赫数分布,也就给定了一个热力工作过程,并可以唯一确定其他流场参数的分布,包括总压恢复性能。

在实际的冲压发动机燃烧室中存在燃烧产物的离解,实际冲压发动机的尾喷管内也不是等熵流动,这些因素都对发动机总压恢复产生影响。燃烧室中燃烧产物的离解使燃料的化学能不能全部转化为热能,即气流获得的总温将低于上述理想情况,根据式(2-6),气流总温的下降(气流的总加热比下降),进而影响发动机的总压恢复。而离解产生的热损失与静温和静压相关,静温和静压又都与马赫数直接相关。也就是说,冲压发动机工作过程的总压损失取决于工作过程沿程的气流马赫数分布。

由上述分析得到一个重要结论:发动机工作时,流道内的马赫数分布实际上决定着发动机热力过程的总压恢复性能。

考虑到2.2.1节的结论,可以推论:发动机工作时,流道内的马赫数分布实际上决定着发动机的总效率。

2.3　燃烧室特征马赫数与等效热力过程概念

2.3.1　流道型式对加热过程总压损失的影响

从2.1节的分析得知,在超声速燃烧室中实现双模态的工作过程,可以有多种路径,每一种路径都有无数的可能性,每一个可能性对应着一个马赫数的分布和相应的总压恢复性能,也就对应着一个发动机的性能。要唯一确定发动机在什么条件下能够获得最好性能,还需要缩小分析的范围。

(1) 与马赫数相关的总压损失。2.2节定性分析得到的结论是,流道内的马赫数分布实际上决定着发动机热力过程的总压恢复性能。对于进一步的分析,需要了解流道内的马赫数分布与某个热力过程的总压恢复之间到底存在怎样的关系。

在式(2-9)中,右侧第一项是摩擦力导致的总压恢复,第二项是热量添加导致的总压恢复,第三项是质量添加导致的总压恢复:

$$\sigma_{\text{com-friction}} = \exp\left(\int_3^9 -\frac{\gamma Ma^2}{2}\frac{4C_f}{\Theta}dx\right) \qquad (2-13)$$

$$\sigma_{\text{com-heating}} = \exp\left(\int_3^9 -\frac{\gamma Ma^2}{2}\frac{dT_t}{T_t}\right) \qquad (2-14)$$

$$\sigma_{\text{mass-adding}} = \exp\left(\int_3^9 -\frac{\gamma Ma^2}{2}2(1-y)\frac{d\dot{m}}{\dot{m}}\right) \qquad (2-15)$$

可以看到,壁面摩擦、加热和添质过程造成的总压损失均与沿程气流的马赫数直接相关,这些指数函数中均含有 $\gamma Ma^2/2$。若以 $\gamma Ma^2/2$ 为纵轴,分别以 $4C_f x/\Theta$、$\ln(T_t/T_{t3})$、$2(1-y)\ln(\dot{m}/\dot{m}_3)$ 为横轴绘制出某个流道内沿程的参数变化曲线,那么,在 $\gamma Ma^2/2$—$4C_f x/\Theta$ 图、$\gamma Ma^2/2$—$\ln(T_t/T_{t3})$ 图以及 $\gamma Ma^2/2$—$2(1-y)$ $\ln(\dot{m}/\dot{m}_3)$ 图中的曲线下的面积就分别是各指数项中积分的结果,曲线下的面积越大,该单一因素作用的总压恢复越小。所以,该曲线可称为损失曲线。

（2）流道型式对加热过程损失的影响。式（2-13）～式（2-15）表明，在任何一个由摩擦、热量添加、质量添加单独因素作用的管流过程（或发动机热力过程）中，马赫数的变化方向对总压恢复的影响方向是相同的（例如，在一段等面积管道内给气流加热，若管道长径比相同，无论是只有摩擦、只有加热或只有添质的流动，管道内气流马赫数越高，各因素作用导致的总压恢复越小）。当 3 个因素同时作用时，获得的总压恢复只是各因素独立作用结果的乘积。所以，在讨论发动机某种热力过程受马赫数影响导致的总压恢复变化趋势时，可以分析一种主导因素的作用效果，其结论也适用于另外两种因素。

以一个实例证实关于存在主导因素的问题。文献[9]公布了两个圆截面燃烧室的一套直连式实验数据，含一维分析结果。其中一个实验件由扩张型隔离段、燃烧室的支板/凹槽段和燃烧室的等面积段 3 个部分组成，两段燃烧室的长径比约为 3.66 和 4.73。以整个燃烧室为分析对象，对其中一套数据（燃料垂直于气流喷射）进行分析，取壁面摩擦力系数为 0.004，3 种因素导致的总压恢复数据见如表 2-1 所列。

表 2-1　3 种因素对典型超声速冲压燃烧室总压损失的影响

Ma_f	摩擦力项 $\int_3^9 \dfrac{4C_f \cdot dx}{\Theta}$	加热项 $\int_3^9 \dfrac{dT_t}{T_t}$	添质项 $\int_3^9 2(1-y)\dfrac{d\dot{m}}{\dot{m}}$
4		1.1410	
5	0.1342	0.9002	0.137（煤油）
6		0.7031	
7		0.5539	

从表 2-1 的数据看出，对于该超声速冲压燃烧室，对总压损失影响最大的是热量添加过程，其余两者影响较小，并且基本相当；尤其在飞行马赫数较小时，随着加热比的增大，加热产生的总压损失所占的比重增大。

由于热量添加是 3 种因素中对总压恢复影响最大的因素，即主导因素，所以，本节以加热导致的总压恢复分析为例，说明流道型式对加热过程总压恢复的影响。

根据复杂加热管流理论，管道流动中壁面摩擦、加热和添质均等价于面积收缩的作用，使气流的马赫数向声速变化，对过程中马赫数发展趋势的影响方向一致；面积扩张则使气流马赫数向远离声速的方向变化，无论壁面摩擦、加热和添质中的任何因素与之共同作用。所以，对于考虑面积变化的情况，同样可以热量添加这个主导因素的分析，获得也适用于其他两种因素的定性结论。

如果只考虑面积变化和加热的作用，则式（2-10）变为

$$\frac{dMa}{Ma} = -\frac{\psi}{1-Ma^2} \cdot \frac{dA}{A} + \frac{(1+\gamma \cdot Ma^2)\psi}{2(1-Ma^2)} \cdot \frac{dT_t}{T_t} \qquad (2-16)$$

可以看到,在超声速来流条件下,如果管道是等面积的,那么热量添加过程使得气流的马赫数降低;如果在添加热量的同时增大流道面积,管道出口的气流马赫数将高于等面积管道中添加相同热量时的出口气流马赫数,流道面积增大得越多,出口气流马赫数增加得也越多。如果匹配好释热率和面积扩张率之间的关系,可以使加热过程中的气流马赫数保持不变。

在亚声速来流条件下,情况则相反。如果管道是等面积的,那么热量添加过程使得气流的马赫数增加;如果在添加热量的同时增大流道面积,管道出口的气流马赫数将低于等面积管道中添加相同热量时的出口气流马赫数,流道面积增大得越多,出口气流马赫数降低得也越多。同理,如果匹配好释热率和面积扩张率之间的关系,可以使加热过程中的气流马赫数保持不变。

将式(2-16)变形,得到 Ma^2—T_t/T_{t3} 曲线的斜率:

$$\frac{\mathrm{d}(Ma^2)}{\mathrm{d}(T_t/T_{t3})} = \frac{\psi Ma^2}{1-Ma^2}\left(-2\frac{\mathrm{d}A}{A}\bigg/\frac{\mathrm{d}T_t}{T_{t3}} + (1+\gamma Ma^2)\frac{T_{t3}}{T_t}\right)$$

$$= \frac{\psi Ma^2 T_{t3}}{1-Ma^2}\left(-\frac{2}{A}\frac{\mathrm{d}A}{\mathrm{d}T_t} + \frac{1+\gamma Ma^2}{T_t}\right)$$

$$= \frac{\psi Ma^2 T_{t3}}{1-Ma^2}f(A,T_t) \tag{2-17}$$

式中:T_{t3} 为加热过程初始态的总温;

$$f(A,T_t) = -\frac{2}{A}\frac{\mathrm{d}A}{\mathrm{d}T_t} + \frac{1+\gamma Ma^2}{T_t} \tag{2-18}$$

Ma^2—T_t/T_{t3} 曲线的斜率有 4 种情况,参考图 2-3。对于双模态燃烧室的亚声速加热模态,$(1-Ma^2)>0$,对应图 2-3 中横坐标的正方向部分;对于双模态燃烧室的超声速加热模态,$(1-Ma^2)<0$,对应图 2-3 中横坐标的负方向部分。

在亚声速加热模态,当 $\mathrm{d}A=0$ 时,$f(A,T_t)>0$ 且为最大值;由于双模态燃烧室 $\mathrm{d}A\geqslant 0$、$\mathrm{d}T_t>0$,则 $\mathrm{d}A$ 越大,$f(A,T_t)$ 逐渐减小甚至可以变为负值。也就是说,由于燃烧室面积的扩张,Ma^2—T_t/T_{t3} 曲线的斜率可以从最大的正值逐渐减小,甚至变为负值。或者说,在亚声速加热模态,在扩张燃烧室中加热时,$\gamma Ma^2/2$—$\ln(T_t/T_{t3})$ 线位于等面积燃烧室的下方,如图 2-4 所示。即在亚声速来流条件下,等面积流道中气流马赫数始终大于扩张流道,给定流道内加热比时,等面积流道的总压损失要大于扩张流道的总压损失,两者的差即图形 $A'B'C'$ 的面积;面积扩张程度越大,热力过程曲线的斜率可能由正值变为负值,并且绝对值越来越大,所以,图形 $A'B'C'$ 的面积越大,热力过程的总压损失越小。

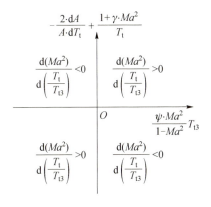

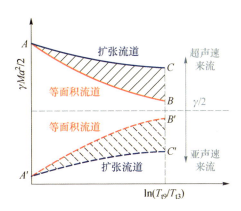

图 2 - 3　Ma^2—T_t/T_{t3} 斜率变化关系　　图 2 - 4　两种流道单纯加热过程的损失

在双模态燃烧室的超声速加热模态，$1 - Ma^2 < 0$，对应图 2 - 3 横坐标的负方向。当 $dA = 0$ 时，$f(A, T_t) > 0$ 且为最大值。由于双模态燃烧室 $dA \geq 0$、$dT_t > 0$，则 dA 越大，$f(A, T_t)$ 逐渐减小甚至可以变为负值。也就是说，由于燃烧室面积的扩张，Ma^2—T_t/T_{t3} 曲线的斜率可以从最小的负值逐渐增大，甚至变为正值。或者说，在超声速加热模态，在扩张燃烧室中加热，$\gamma Ma^2/2$—$\ln(T_t/T_{t3})$ 线总是位于等面积燃烧室的上方，见图 2 - 4。因此，在超声速加热模态时，扩张流道中的气流马赫数始终大于等面积流道，当流道内加热比相同时，等面积流道的总压损失要小于扩张流道的总压损失，两者的差值为图形 ABC 的面积。流道的扩张程度越大，热力过程曲线的斜率可以由负值变化为正值（且绝对值越来越大），图形 ABC 的面积也逐渐增大，热力过程的总压损失越大。

重要结论：
　　在亚声速加热模态，给定入口条件和加热比，等面积流道的总压损失大于扩张流道的总压损失；在超声速加热模态，给定入口条件和加热比，等面积流道的总压损失小于扩张流道的总压损失。

前面已经分析过，摩擦与添质的作用与单纯加热过程的作用效果一致。图 2 - 5 给出了等面积流道和扩张型流道中入口气流状态相同、流道长径比相同、加热比/添质的量相同（加热量小于等于等面积流道的极限加热量）条件下的 $\gamma \cdot Ma^2/2 - 2(1 - y)\ln(\dot{m}/\dot{m}_3)$、$\gamma \cdot Ma^2/2 - 4C_f x/\Theta$ 曲线相对位置示意图。可以看到，在亚声速加热模态下，在扩张流道内，摩擦与添质过程的总压损失小于等面积流道；在超声速加热模态下，在扩张流道内，摩擦与添质过程的总压损失大于等面积流道。

重要结论：

　　在亚声速加热模态,给定入口条件和过程条件(相同的加热比、质量添加量、流道长径比),等面积流道的总压损失大于扩张流道的总压损失;在超声速加热模态,给定入口条件和过程条件(相同的加热比、质量添加量、流道长径比),等面积流道的总压损失小于扩张流道的总压损失。

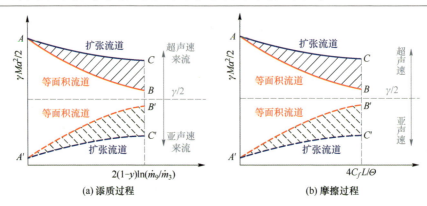

图 2-5　两种流道中添质与摩擦过程的相对损失

　　所以,在添加相同热量条件下,若以热力工作循环的总压恢复为判别条件,在超声速加热模态下,等面积流道优于扩张流道;在亚声速加热模态下,扩张流道优于等面积流道。

　　根据本节的分析,在 T—S 图所有可能的路径中,应优选超声速加热模态中的 0—3—3′—4—9、0—3—3′—4*—9*、0—3—3′—4*—9 路径和亚声速加热模态中 0—3—3′—9′—9*、0—3—3′—9* 路径。

2.3.2　亚声速模态热力喉道实现方式对总压损失的影响

　　前面的讨论已经得到一个结论,即对于超声速加热模态,采用等面积接扩张燃烧室,使出口气流的马赫数大于等于 1 时,可以直接进入扩张型喷管。但对于亚声速模态,需要一个热力壅塞喉道,使气流完成由亚声速到超声速的过渡,然后才能将气流引入扩张型的超声速喷管。热力壅塞喉道是面积与释热规律相互匹配的结果,在实现热力壅塞时采用不同的面积/释热匹配规律可能会产生不同的加热损失。

　　从一个相同的亚声速入流状态点,既可以在一段扩张的流道内加热实现热力喉道(在出口达到热壅塞状态),也可以在等面积流道内加热实现热力喉道。参考图 2-6,如果从某亚声速入口状态 A 点(包括几何状态和气流参数状态)开始,采用扩张流道,以加热比 T_{t9}/T_{t3} 可实现壅塞(在图 2-6 上为 B 点),那么以

相同的 A 点状态采用等面积流道加热到壅塞,实现的加热比 T'_{t9}/T_{t3}(在图 2 - 6 上为 B' 点)小于扩张流道实现的加热比 T_{t9}/T_{t3},如果要达到加热比 T_{t9}/T_{t3},还需通过一段扩张流道添加剩余的热量(从 B' 点到 B 点的过程)。根据 2.3.1 节的结论,当实现 T'_{t9}/T_{t3} 的加热量时,采用等面积流道的损失已经大于采用扩张流道的损失,即使添加剩余热量的扩张流道损失相同($B'—B''—B$ 的过程),总的损失也大于单独采用扩张流道的损失。从图中可以看到,过程 $A—B'—B$ 的过程损失大于过程 $A—B$ 的损失,两者的差值为面积 $AB'B$。也可以先从 A 点扩压(不加热)到适当的条件 A'(图 2 - 6 示意的是无损失扩亚过程),再以 A' 点为初始条件,在等面积流道中添加热量,实现加热比 T_{t9}/T_{t3} 和出口壅塞条件 B,从图中可以看到,该过程的损失小于单独采用扩张流道加热的损失。另一条路径是 $A—A''—B$,A'' 的几何条件与 A' 相同,即先在扩张流道取等马赫数加热过程,再进行等面积管道的加热,直至壅塞条件 B,可以看到,这个过程的损失小于过程 $A—B'—B$ 的损失、大于过程 $A—A'—B$ 的损失。

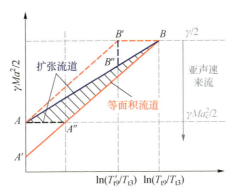

图 2 - 6　热壅塞过程加热示意图

根据以上分析得到一个重要结论:

在亚声速加热模态,为实现给定加热比过程的热力喉道,应在合理扩压后的等面积流道内实现,这种实现方式具有最小的总压损失。

该过程对应图 2 - 2(a) 中的 0—3—3'—9'—9* 路径(但在 3'—9' 段不加热、只扩压)。

2.3.3　扩张段马赫数分布对总压损失的影响

对于所添加燃料的总热值大于等面积流道极限加热量的情况,多余的热量需要在扩张流道中添加。流道扩张的程度将影响其中气流的过程状态(沿程的马赫数分布),或者说实现的是不同的热力过程。要想让发动机实现最佳效率,需要采用能够实现最大总压恢复的热力匹配过程。

　　根据式（2-10），壁面摩擦、加热以及添质过程，在亚声速加热条件下都将降低气流的马赫数，在超声速加热条件下都将增加气流的马赫数，而面积的扩张则起到相反的作用，通过面积扩张率与上述因素合理匹配，从理论上讲，可以获得任何希望实现的结果，即可以令气流的沿程马赫数增加、降低或保持不变。图 2-7 分别按照沿程马赫数增加、降低和保持不变的规律，给出了超声速加热模态、扩张管道加热流动的 $\gamma Ma^2/2$—$\ln(T_t/T_{t3})$ 曲线示意图。

　　在超声速加热模态，如果等面积段出口还未达到壅塞，即在 A 点马赫数大于1，那么在从 A 点到扩张段出口的流道内，可以实现马赫数增加（AB）、减小至壅塞条件（AD）和等马赫数（AC）的加热过程，其中马赫数减小并壅塞的路径曲线 AD 与横轴之间的面积最小，过程 i—A—D 的总压恢复最大。如果在等面积段出口达到了壅塞，即 A' 点马赫数等于1，则可以实现马赫数增加（$A'B'$）和保持不变（$A'D$）的加热过程，其中，等马赫数加热路径 $A'D$ 与横轴之间的面积最小，过程 i—A—A'—D 过程的总压恢复最大。

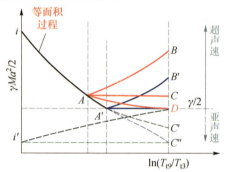

图 2-7　超声速加热模态 $\gamma Ma^2/2$—$\ln(T_t/T_{t3})$ 的变化
（彩色曲线表示扩张流道内的过程，黑色曲线表示等面积过程）

　　在上述两类过程中，对比从等面积流道入口到扩张流道出口的总加热路径损失，可以看到，i—A—A'—D 过程曲线下的面积最小（或总压恢复最大），意味着应先在等面积段内加热到壅塞（iA'）、在扩张段内维持等马赫数加热过程（A' D），这是超声速加热模态下的最优过程，对应图 2-2（b）中的 0—3—4*—9* 路径。

　　上述超声速加热模态的分析中不考虑从 A' 减速到亚声速 C' 的可能性。因为，如果允许在过程中存在亚声速过程，就必须考虑采用几何喉道。这条路径的损失远大于先扩压、再在扩张流道加热至壅塞的过程（下游产生热力壅塞喉道、上游入口为亚声速条件的过程，参考 2.3.2 节的分析，图中 i'—C''—D 的过程代表有几何喉道的传统亚声速燃烧室冲压发动机加热过程）。另外，也有因为某种原因（如高飞行马赫数时控制离解损失的需要）不允许亚声速过程存在的情况,这时根本就不需要考虑这条路径。

2.3.4 燃烧室特征马赫数与等效热力过程

前面分析了给定入口状态和加热比定量约束的亚声速加热模态和超声速加热模态的最优过程路径。在实际双模态冲压发动机中,面临很多实际问题,所以建模分析不能只考虑最佳热力过程路径。例如,在很高飞行马赫数时,燃料提供的热量可以小于等面积燃烧室的极限加热量,不能实现壅塞条件;或者考虑离解损失不应采用等面积燃烧室获得壅塞条件。在较低的速度条件下,入口温度可能不利于燃烧,需要较早喷入燃料、适当延长混气驻留时间和感应时间,或者需要减小扩张比(如采用等面积段)以维持燃烧建立的高压高温条件,等等。所以,在亚声速加热模态下,一般会先采用一个等面积段燃烧室,减小燃烧组织的难度,之后接扩张段的燃烧室,实现燃料热量的充分释放。由于燃烧组织的结果往往不能随心所欲,可能会形成多种加热路径,如图 2-2(a)中的路径 0—3—3′—4*—9*、路径 0—3—3′—4′—9″—9* 等。其他因素,如壁面热损失、燃气离解等效应的影响,也能造成经非最优路径实现给定加热比、或用最优路径不能充分利用燃料能量的情况。所以,为实现定量分析、达到寻找受限条件下最优路径的目的,在建模时必须对其他所有可能实现的路径做出描述。

针对通常使用的等面积-扩张型燃烧室(对于亚声速加热模态还需要接第二等面积段),将图 2-2 描述的实现两种模态可能经历的路径,分别在 $\gamma Ma^2/2 - \ln(T_t/T_{t3})$ 关系图中表述出来,如图 2-8 所示。图中各点的数字标识与图 2-2 典型截面标记相同,图 2-8 中的各路径具有相同的入口状态 3 并在燃烧室出口实现相同的加热比,其中 3—4* 代表在等面积管道中加热到壅塞的热力过程;3—3′代表激波串过程;3′—4* 代表激波串之后的气流在等面积管道内加热到壅塞;3′—9′—9* 代表激波串出口的气流被扩压到 9′,然后在等面积管道内被加热到 9*,在热量刚好完全添加时实现热壅塞。按照 2.3.3 节中的分析,在给定入口状态和加热比的条件下,超声速加热模态的最小损失路径是 T—S 图中的 3—4*—9* 路径,从图 2-8 中也可以看出,该路径下的面积最小;亚声速加热模态的最小损失路径是 T—S 图中的 3—9′—9* 路径,从图 2-8 中也可以看出,该路径下的面积最小。

在 2.3 节中,对 $\gamma Ma^2/2 - \ln(T_t/T_{t3})$ 曲线的分析表明,在超声速加热模态,等面积流道内热力过程曲线的斜率为负,并且是所有超声速加热模态曲线簇($dA \geq 0$)中下降最快的,所有从 3 点出发的超声速加热模态的热力过程曲线都不可能落在 3—4* 的下方。在亚声速加热模态,等面积流道内的热力过程曲线的斜率为正,并且是所有亚声速加热模态曲线簇($dA \geq 0$)中上升最快的,所有从

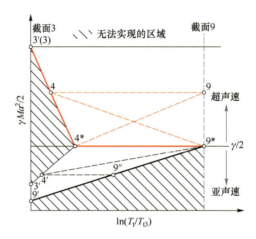

图 2-8 对应图 2-2 路径的 $\gamma Ma^2/2$—$\ln(T_t/T_{t3})$ 关系描述

（实线为等面积过程:3—4*,4*—9*,3′—4*,9′—9*;虚线为 dA>0 的过程）

3′点出发的亚声速加热模态的热力过程曲线都不可能落在 3′—4* 的上方。所以,图形 3—3′—4* 内的区域为 dA≥0 条件下不可能实现的区域。

对于亚声速加热模态的热壅塞实现过程(dA≥0),9′—9* 是所有热壅塞过程中最底部的曲线,或者说 9′的条件是特定的,以 9′点的参数条件确定等面积燃烧室,才能在给定加热比条件下实现壅塞。如果某点落在 9′—9* 曲线的下方,即过度扩压,必然不能在给定的加热比条件下实现等面积流道内的热壅塞,必须在加热的同时收缩流道面积才能实现气流壅塞。所以 9′—9* 曲线下方的区域也是 dA≥0 不可能实现的区域。在实际燃烧室中实现的任意热力过程,必然位于图 2-8 标示出的可实现范围内,其热力过程曲线与横轴之间的面积小于 $(\gamma Ma_3^2/2) \cdot \ln(T_{t9}/T_{t3})$ 的面积、大于曲线 9′—9* 与横轴之间面积。

在图 2-8 中,4—9、4*—9*、4′—9″ 都是扩张流道内的等马赫数加热过程,这些过程都是一种特殊过程,用模型描述很容易实现(等面积 + 等马赫数或等面积 + 等马赫数 + 等面积)。但实际情况是,实现出来的过程可能千差万别,如图 2-9 中的蓝色曲线,蓝色曲线可以有无数条,代表着一族从相同入口条件出发的变马赫数加热过程,从图中还可以看到,蓝色曲线的损失可以与某个特殊加热过程相同(等面积 + 扩张流道内的等马赫数加热过程)。由于这一族变马赫数加热过程与这个特殊过程的入口条件相同、实现的加热量相同、过程的损失相同,意味着经这些过程后发动机获得的性能也相同。

于是,从确定性能的角度看,这一族变马赫数过程都可以用这个特殊的过程替代,而其中扩张段等马赫数过程中的"马赫数"具备区分热力过程损失的唯一性,所以,

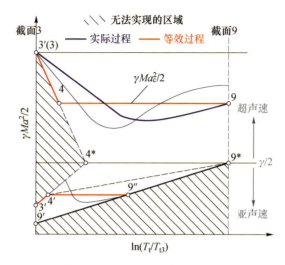

图 2 - 9　燃烧室特征马赫数与等效热力过程示意图

> 定义：
>
> 　　扩张型燃烧室中特殊的等马赫数过程中的"马赫数"，定义为双模态冲压发动机燃烧室加热过程的"特征马赫数"，简称为双模态过程的"燃烧室特征马赫数"，这个特殊的加热过程称为这些变马赫数加热过程的"等效热力过程"。

　　等效热力过程是以燃烧室特征马赫数表征的，在这些特殊的等效热力过程中，准确包含了超声速燃烧室加热模态的最佳过程。

　　双模态冲压发动机等效热力过程的燃烧室特征马赫数从高向低的变化过程，可以代表从超声速加热模态向亚声速加热模态的过渡；反之可以代表从亚声速加热模态向超声速加热模态的过渡。在做性能影响参数分析时（"橡皮发动机"性能对比分析），使燃烧室特征马赫数从高向低扫描（或反向扫描），就覆盖了所有"橡皮发动机"的方案。

　　所以，以燃烧室特征马赫数来区分双模态冲压发动机的热力工作过程，能够覆盖所有可能出现的情况。

2.4　燃烧室特征马赫数表征的等效热力过程物理模型

2.4.1　等效热力过程物理模型

　　根据2.3节对超声速和亚声速加热模态下热力过程与总压损失关系的分析结果，可建立图2-10所示的双模态燃烧室等效热力过程模型。

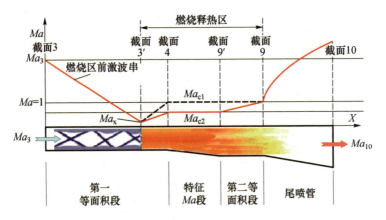

(a) 双模态燃烧室亚声速加热模态

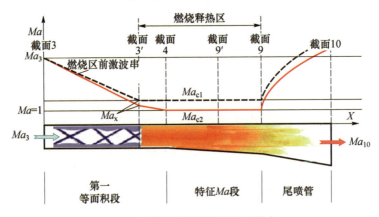

(b) 双模态燃烧室超声速加热模态

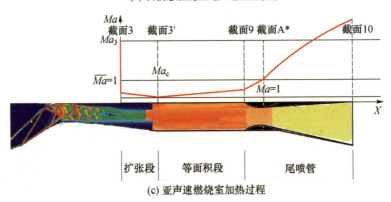

(c) 亚声速燃烧室加热过程

图 2-10 典型的双模态冲压和亚声速燃烧室冲压发动机热力过程模型

在亚声速加热模型中,图 2-10(a),燃烧室由第一等面积段、扩张段和第二等面积段组成,第一等面积段的一部分是隔离段,隔离段内的燃烧反压诱导激波串(燃烧区前激波串)起扩压的作用,将气流减速到亚声速,提供 3′ 的条件(特例是提供 9 条件),加热起始点的马赫数不一定等于特征马赫数;在等面积段的另一部分中加热,使气流达到特征马赫数 Ma_c,对应图 2-9 中的 3′—4 过程(特例是 3′—4*);在扩张段加热,保持特征马赫数为 Ma_c,对应图 2-9 中的 4′—9″过程(特例是 4*—9*);继续在第二等面积段加热,获得壅塞条件,对应图 2-9 中的 9″—9* 过程(特例是该段长度为零)。当第一等面积段的扩压过程结束,提供 9′条件,实现 3′—9′—9* 的最优过程时,等价于扩张段长度为零,特征马赫数为 9′ 的条件。

在超声速加热模型中,图 2-10(b),燃烧室也由第一等面积段、扩张段和第二等面积段组成,第一等面积段的一部分是隔离段,隔离段内的燃烧反压诱导激波串(燃烧区前激波串)起扩压的作用,气流马赫数下降,释热起始点的马赫数为超声速,但不一定等于特征马赫数;等面积段的末端部分是等面积加热段,加热使得气流马赫数达到特征马赫数 Ma_c,对应图 2-9 中的 3—4 过程,气流保持超声速,或者获得特例过程 3—4*,气流达到声速条件;在扩张段加热,保持特征马赫数为 Ma_c,对应图 2-9 中的 4—9 过程(特例是 4*—9*);第二等面积段长度为零(实际燃烧室中可以存在第二等面积段,但不实施加热,就等价于本模型)。当特征马赫数为 1 时,即为图 2-9 中的最优加热路径 0—3—4*—9*。

参照双模态热力过程特征马赫数的定义,也针对亚声速燃烧室冲压发动机建立了等效热力过程物理模型,见图 2-10(c)。超声速进气道的扩压器将气流减速到低亚声速条件,燃烧发生在等面积燃烧室中,在等面积管内给气流加热,使气流略有加速,在尾喷管入口截面完成加热过程,在尾喷管的亚声速段气流加速,在尾喷管喉道处气流为声速条件,在尾喷管的超声速段内气流继续加速,在尾喷管出口以超声速排出。

2.4.2　反压诱导激波串物理模型

从图 2-10 可以看到,在以燃烧室特征马赫数为表征的双模态冲压发动机等效热力过程模型中,气流从入口的超声速条件,经燃烧区前激波串(或伪激波过程),过渡到燃烧区入口的条件。所以,等效热力过程物理模型中包括对燃烧区前激波串的描述和燃烧区加热过程的描述。

在 1.4 节中介绍过,在双模态冲压发动机运行过程中,隔离段内存在两组激波结构,一组是发动机外罩前缘激波的反射激波结构(背景激波结构),另一组是下游限流作用形成的反压诱导激波串,限流的物理机制可以是燃烧或几何喉道。隔离段背景激波结构自上游向下游发展,反压诱导激波串自下游向上游发展,反压诱导激波串前锋激波起始位置即反压诱导边界层生长的前缘位置(有些条件下是边界层分离区的上游干扰位置),反压诱导激波串前锋激波上游的背景激波结构不受影响。反压诱导激波串及其下游的混合段(或耗散段),统称为伪激波段,在此区域内,壁面压力呈单调上升的分布曲线,在极限反压条件下,伪激波段末端之后的压力达到一个平台,该平台压力与增压曲线起始压力的比值等价于一道正激波的增压值。隔离段内自下游向上游发展的伪激波结构的特性与双模态过程演变的进程相对应。

描述伪激波段特性常用的简化模型是 Crocco 拟正激波激波串流动结构及无波模型[22](图 2-11)和 Ikui T 的扩散模型[23,24](图 2-12)。

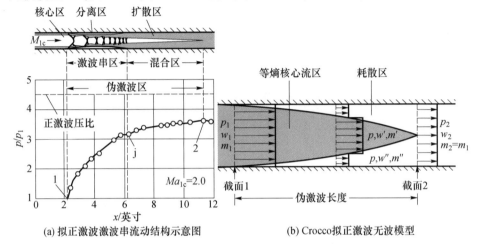

(a) 拟正激波激波串流动结构示意图   (b) Crocco拟正激波无波模型

图 2-11 Crocco 拟正激波激波串流动结构及无波模型示意图

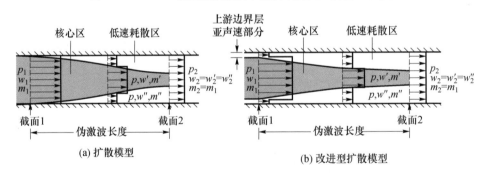

(a) 扩散模型   (b) 改进型扩散模型

图 2-12 文献[23]的扩散激波串模型

在 Crocco 拟正激波无波模型中(图 2-11),激波串的核心区主要由斜激波构成,气流通过斜激波时的熵增(总压损失)较小,所以该模型假设伪激波段的熵增主要来自于激波与壁面附近强湍流区相干扰的耗散过程。由于该模型将核心流描述成一个等熵过程(无波),所以核心流区马赫数也是不变的;虽然在核心流与壁面之间描述了一个耗散区,但该模型假设耗散区内的速度很低、气流与壁面之间产生的摩擦力很小,所以该模型还忽略了壁面摩擦力的影响。

　　Ikui T 的扩散模型[23]对 Crocco 拟正激波无波模型做了两点改进：一是补充了对核心流熵增过程的描述（图 2 - 12(a)），即核心流速度变化、总压衰减速率对伪激波段压力分布的影响；二是改进了对耗散区的描述，根据入口马赫数为 1.5 ~ 4 的实验数据，拟合了伪激波段核心流速与耗散区速度的相互影响和变化关系，拟合了伪激波长度与当地两股流动速度及“声速截面”速度特征的关系。Ikui T 在改进型扩散模型中，更精细地描述了入口边界层条件的影响，将伪激波段起始截面的流动划分为超声速核心流区和亚声速附面层区两部分，还补充了对壁面摩擦的描述（图 2 - 12(b)）[24]。

　　Crocco 拟正激波无波模型和 Ikui T 的扩散模型都假设气流在伪激波段是附着的，没有考虑分离区的影响。当存在分离区时，分离区内局部流动反向，摩擦力的方向也反向，如果分离区范围很大，不考虑分离区的模型可能会带来一定误差。这种误差对燃烧室特征马赫数及其实现条件的影响有多大，在没有获得数据之前，无法确定，所以，需要补充描述伪激波段的分离区结构主要特征。

　　文献[12]总结了超声速入流条件下管流激波串结构随条件变化的研究结果，包括极限反压作用下的流场结构（图 2 - 13）。当入口马赫数为 1.0 ~ 1.2 时，流动以正激波结构匹配反压作用，在正激波结构下游的壁面生成薄边界层。当入流马赫数为 1.2 ~ 1.3 时，流动以弯曲激波结构匹配反压作用，在弯曲激波结构下游生成的壁面边界层增厚，但厚度仍比较薄。当入口马赫数为 1.3 ~ 1.5 时，流动以根部分叉的近正激波结构匹配反压作用，在分叉激波结构下游生成的壁面边界层显著增厚，激波根部下方的边界层开始分离。当气流马赫数大于 1.5 以后，在反压作用下出现激波串结构，附面层占据了流道截面的很大一部分，在伪激波段初始阶段，边界层是分离的，在分离点附近，形成“λ”型激波结构，激波的分叉发展到核心流区（斜激波占据大部分截面），在再附点之前以根部分叉的弱正激波结构为主；在伪激波段尾部，核心流马赫数显著降低，激波串

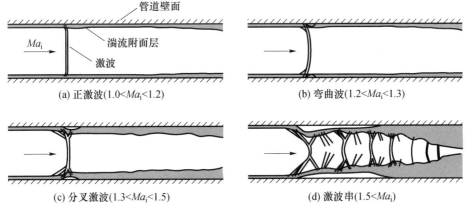

(a) 正激波(1.0<Ma_i<1.2)　　　　　　(b) 弯曲波(1.2<Ma_i<1.3)

(c) 分叉激波(1.3<Ma_i<1.5)　　　　　　(d) 激波串(1.5<Ma_i)

图 2 - 13　极限反压作用下伪激波段激波串结构随入流马赫数的变化

由若干弱的正激波组成。

当入流马赫数持续增大,伪激波段的初始部分将演变为典型的斜激波相交结构,下游部分保持上述 λ 形激波结构和弱正激波结构。

根据对伪激波段主要流动结构特征的认识,陈军在其博士论文中[29]提出一个包括边界层分离区域的三流管模型,参考图 2 – 14。

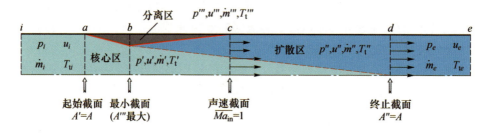

图 2 – 14 伪激波段的三流管模型

伪激波段在流动方向上有 4 个关键截面:截面 a 是激波串的起始截面,此处的核心流面积等于流道面积、核心流马赫数即为当地截面平均马赫数,该截面的参数由入口条件给定。截面 b 是分离区侵占流道最多的截面,同时也是耗散区的起始位置,在截面 a 和截面 b 之间,由于分离区内无流量通过,核心流马赫数即为截面质量平均马赫数,核心区与分离区面积之和为流道总面积(几何面积)。截面 c 是分离边界层再附点,即分离区结束的位置,在 b 和 c 之间,核心区、分离区、扩散区面积之和等于流管几何面积,但截面平均参数还是核心区与扩散区的流量平均值。截面 d 是伪激波段的出口截面,耗散区面积等于流道几何面积,在 c 和 d 之间,只有核心区和扩散区两个部分。可以假设,在每个截面(沿法向)上没有压力梯度,即各流管静压相等($p = p' = p'' = p'''$)。该模型的主要任务是确定 a—c、c—d 段的长度、沿程的总压、静压、马赫数分布,为图 2 – 10 模型的样本全覆盖定量分析提供相应的 3 或 3′ 截面条件(图 2 – 8)。

1. 伪激波段核心流速度沿流向的分布

可按照 Ikui T 扩散模型推荐的关系式计算:

$$\frac{\mathrm{d}u'}{\mathrm{d}x} = -cu' \tag{2 – 19}$$

$$\frac{\mathrm{d}u'}{\mathrm{d}x} + B\frac{\mathrm{d}u''}{\mathrm{d}x} = 0 \tag{2 – 20}$$

式中:c 为经验系数;B 由边界条件给定。

伪激波段长度 L_p 根据实验数据拟合为经验关系:

$$\frac{L_p}{D} = \frac{2}{c}\mathrm{arcsinh}\left(\frac{w_1 - w_2}{2w^*}\right) \tag{2 – 21}$$

式中：D 为流道高度或直径；$c = 0.114$；w_1, w_2, w^* 分别为伪激波段起始截面、终止截面和声速截面的 Crocco 数，有

$$w = \frac{u}{u_{\max}} = \frac{u}{\sqrt{2c_p T_t}} \tag{2-22}$$

如果需要考虑壁面热损失，则补充能量守恒方程

$$\mathrm{d}\left(h(T) + u^2/2 \right) = \mathrm{d}Q_w \tag{2-23}$$

2. 截面 b 的核心流马赫数

联立质量和动量关系：

$$\dot{m}_i = p' Ma' A' \sqrt{\frac{\gamma'}{R'T'_t}\left(1 + \frac{\gamma'-1}{2} Ma'^2 \right)} \tag{2-24}$$

$$\dot{J}_i = \dot{J}'_b + \dot{J}'''_b = pA + p \cdot A' \cdot \gamma' \cdot Ma'^2 + f_{a\to b} \tag{2-25}$$

忽略分离区内壁面摩擦力，得

$$\frac{A}{A'_b} = \gamma' Ma'^2 \left(\frac{\dot{J}_i}{\dot{m}_i} \sqrt{\left(\frac{1}{Ma'^2} + \frac{\gamma'-1}{2} \right) \Big/ (\gamma' R' T'_t)} - 1 \right) \tag{2-26}$$

当 M'_b 的取值使得式（2-26）右端有最大值时，即为 b 截面处的气流参数。

3. 截面 c

联立质量和动量关系：

$$\dot{m}_c = p_c \cdot Ma'_c \cdot A'_c \sqrt{\frac{\gamma'_c}{R'_c T'_c}} + p_c \cdot Ma''_c \cdot A''_c \sqrt{\frac{\gamma''_c}{R''_c T''_c}} \tag{2-27}$$

$$\dot{J}_c = p_c A'_c (1 + \gamma'_c \cdot Ma'^2_c) + p_c A''_c (1 + \gamma''_c \cdot Ma''^2_c) \tag{2-28}$$

其中 $J_c = J_i$。

两流管的质量平均马赫数为

$$\overline{Ma}_{\dot{m}} = \frac{\dot{m}'_c \cdot Ma'_c + \dot{m}''_c \cdot Ma''_c}{\dot{m}'_c + \dot{m}''_c} \tag{2-29}$$

式（2-27）、式（2-28）相除消去 p_c，得

$$\left(A'_c (1 + \gamma'_c \cdot Ma'^2_c) + A''_c (1 + \gamma''_c \cdot Ma''^2_c) \right) \frac{\dot{m}_c}{\dot{J}_c} = Ma'_c \cdot A'_c \sqrt{\frac{\gamma'_c}{R'_c T'_c}} + Ma''_c \cdot A''_c \sqrt{\frac{\gamma''_c}{R''_c T''_c}}$$

$$\tag{2-30}$$

$$A_c'\left((1 + \gamma_c' \cdot Ma_c'^2)\frac{\dot{m}_c}{\dot{J}_c} - Ma_c'\sqrt{\frac{\gamma_c'}{R_c'T_c'}}\right) = A_c''\left(Ma_c''\sqrt{\frac{\gamma_c''}{R_c''T_c''}} - (1 + \gamma_c'' \cdot Ma_c''^2)\frac{\dot{m}_c}{\dot{J}_c}\right)$$

$$(2-31)$$

式(2 – 27)、式(2 – 29)相除消去p_c,得

$$A_c'\left(\frac{Ma_c'^2}{\overline{Ma}_m} - Ma_c'\right)\sqrt{\frac{\gamma_c'}{R_c'T_c'}} = A_c''\left(Ma_c'' - \frac{Ma_c''^2}{\overline{Ma}_m}\right)\sqrt{\frac{\gamma_c''}{R_c''T_c''}} \qquad (2-32)$$

式(2 – 30)、式(2 – 32)相除消去核心流面积A_c'和耗散区面积A_c'',得

$$\frac{\left(\dfrac{Ma_c'^2}{\overline{Ma}_m} - Ma_c'\right)\sqrt{\dfrac{\gamma_c'}{R_c'T_c'}}}{(1 + \gamma_c' \cdot Ma_c'^2)\dfrac{\dot{m}_c}{\dot{J}_c} - Ma_c'\sqrt{\dfrac{\gamma_c'}{R_c'T_c'}}} = \frac{\left(\dfrac{Ma_c''^2}{\overline{Ma}_m} - Ma_c''\right)\sqrt{\dfrac{\gamma_c''}{R_c''T_c''}}}{(1 + \gamma_c'' \cdot Ma_c''^2)\dfrac{\dot{m}_c}{\dot{J}_c} - Ma_c''\sqrt{\dfrac{\gamma_c''}{R_c''T_c''}}}$$

$$(2-33)$$

即

$$\frac{\left(\dfrac{Ma_c'^2}{\overline{Ma}_m} - Ma_c'\right)\sqrt{\gamma_c'}}{(1 + \gamma_c' \cdot Ma_c'^2)\dfrac{\dot{m}_c}{\dot{J}_c}\sqrt{R_c'T_c'} - Ma_c'\sqrt{\gamma_c'}} = \frac{\left(\dfrac{Ma_c''^2}{\overline{Ma}_m} - Ma_c''\right)\sqrt{\gamma_c''}}{(1 + \gamma_c'' \cdot Ma_c''^2)\dfrac{\dot{m}_c}{\dot{J}_c}\sqrt{R_c''T_c''} - Ma_c''\sqrt{\gamma_c''}}$$

$$(2-34)$$

联立式(2 – 19)、式(2 – 33)即可解出Ma_c'和Ma_c'',再带入式(2 – 32)中即可求出A_c'、A_c'',利用式(2 – 27)可得c点的压力p_c,从而求出全部未知量。

4. 截面d

需确定的未知量为d点的马赫数和静压,联立质量守恒方程和动量方程就可以求得d点参数。

$$\dot{m}_i = p''Ma''A''\sqrt{\frac{\gamma''}{R''T_t''}\left(1 + \frac{\gamma'' - 1}{2}Ma''^2\right)} \qquad (2-35)$$

$$J_d'' = p''A''(1 + \gamma''Ma''^2) + f_{c \to d} \qquad (2-36)$$

式(2 – 36)的摩擦力项可由c截面到d截面之间积分得到。

高温条件下混合气体各组元的热力学参数由Janaf表的数据拟合公式计算。

根据以上关系式,可以求出伪激波段内任何截面上各流管的气流参数。图2 – 15所示为三流管模型获得的极限压比随入口马赫数的变化,图中给出了

与实验数据[24]及正激波关系式(芯流面积法、扩散模型)结果的对比,可以看到,三流管模型的结果在高入流马赫数时与实验数据符合性更好。在高入口马赫数条件下,更完善地描述伪激波段的流动结构特征可能是必要的。

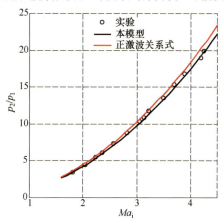

图 2 – 15   伪激波段极限压比随入口马赫数的变化

在获得每个截面各流管的流动参数之后,采用保证质量流量守恒、动量守恒以及能量守恒的平均方法,对三流管激波串模型出口气流参数进行一维平均,为加热过程提供入口条件。

2.5   加热段的流动控制方程

以燃烧室中的一个长度为 Δx 的小段为微控制体,见图 2 – 16。微控制体入口为 i 截面,出口为 e 截面;在该控制体边界上,给予质量为 $\Delta \dot{m}_{fuel}$ 的燃料,这部分燃料在控制体内发生燃烧,释放出 $\Delta \dot{Q}_{fuel}$ 的热量;经由控制体壁面换热而损失的热量为 $\Delta \dot{Q}_w$;壁面摩擦力使微控制体内流体产生的动量损失为 $\Delta \dot{S}_{wet} \tau_w$,壁面压力使微控制体内流体动量产生的变化为 $p_{i \to e} \Delta A_{i \to e}$。

1.   连续方程

$$\rho_i u_i A_i + \Delta \dot{m}_{fuel} = \rho_e u_e A_e \qquad (2-37)$$

式中:$\Delta \dot{m}_{fuel}$ 为气态燃料质量流量,当燃料为液态煤油时,是煤油蒸气的流量,不考虑煤油蒸发之前的体积和质量。

$$u = Ma \sqrt{\gamma R T}$$

2.   动量方程

$$\rho_i A_i u_i^2 + p_i A_i - \Delta \dot{S}_{wet} \tau_w + p_{i \to e} \Delta A_{i \to e} + J_{fuel} = \rho_e A_e u_e^2 + p_e A_e \qquad (2-38)$$

式中:湿面积 $\Delta S_{wet} = \Delta x \cdot 4A/D$,$\Delta x = L_{com}/N$,$A$ 为截面流通面积,D 为截面的水

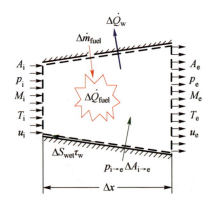

图 2 - 16　准一维流动控制体

力学直径;壁面剪切应力 $\tau_w = C_f \rho u^2 / 2$, C_f 为壁面摩擦因数;J_{fuel} 为燃料喷注产生的动量。

摩擦力和壁面压力对于动量的贡献,采用微控制体入口和出口的平均参数计算,即

$$\Delta S_{wet} \tau_w = \frac{\Delta x}{2} \cdot \left(C_f \cdot \frac{\rho_i u_i^2}{2} \cdot \frac{4A_i}{D_i} + C_f \cdot \frac{\rho_e u_e^2}{2} \cdot \frac{4A_e}{D_e} \right) \quad (2-39)$$

$$p_{i \to e} \Delta A_{i \to e} = \frac{p_i + p_e}{2} \cdot (A_e - A_i) \quad (2-40)$$

C_f 通常采用参考温度法推算。可压缩平板附面层壁面摩擦因数是当地雷诺数、普朗特数、主流马赫数、壁温与主流静温比值的函数,参考温度法通过引入参考温度(参考温度与主流马赫数、壁温与主流静温比值相关)的方式,对不可压缩流当地壁面摩擦因数做了可压缩修正[25],采用参考温度下的气流参数以及边界层发展的距离或者当地附面层动量厚度计算当地雷诺数。

在双模态冲压发动机燃烧室内,由于上游激波边界层干扰的历史效应、燃料释热反压对附面层的重塑[26]以及火焰稳定器/燃料喷注器造成的附面层"中断",无法建立当地气流参数与当地附面层动量厚度关系的经验关系。实际上,在一维方法中,燃烧室内部件产生的阻力也可以等效为摩擦阻力,常常根据经验,将摩擦因数设置为合理的常数。文献[2,27,28]推荐的壁面摩擦因数取值范围为 0.002 ~ 0.005,并且证明对气流马赫数不敏感。

3. 能量方程

$$\rho_i u_i A_i (h_i(T_i) + u_i^2/2) + \Delta \dot{Q}_{fuel} - \Delta \dot{Q}_w = \rho_e u_e A_e (h_e(T_e) + u_e^2/2) \quad (2-41)$$

式中:$\Delta \dot{Q}_{fuel}$ 为燃料释热;$\Delta \dot{Q}_w$ 为壁面热损失。

燃料释热项 $\Delta \dot{Q}_{fuel}$ 由燃料燃烧产生,飞行速度较低时,燃烧产物的总温较低,可以不考虑离解对释热量的影响;飞行速度较高时,燃烧产物总温很高,燃气中的离解反应对释热量的影响,需考虑燃烧产物的离解效应。各种情况下,化学反应的处理方法详见文献[29]。

式(2-41)中的壁面热损失项 $\Delta \dot{Q}_w$ 为

$$\Delta \dot{Q}_w = \frac{q_{wi} + q_{we}}{2} \cdot L_{wg} \cdot \Delta x \tag{2-42}$$

式中,L_{wg} 为截面润湿周长;q_{wi} 和 q_{we} 分别是微控制体入口处和出口处的壁面热流率,可由实验数据获得,也可采用文献[27]推荐的方法计算:

$$q_w = \frac{C_f \cdot c_p \cdot u \cdot \rho \cdot (T_{aw} - T_w)}{2 \cdot Pr^{2/3}} \tag{2-43}$$

式中:Pr 为普朗特数,取值 0.71;T_w 为壁面温度;T_{aw} 为绝热壁面温度,有

$$T_{aw} = T \cdot \left[1 + (Pr^*)^{\frac{1}{3}} \cdot \frac{(\gamma-1)}{2} \cdot Ma^2 \right] \tag{2-44}$$

式中:Pr^* 为参考温度下的普朗特数,取值 0.71;Ma 根据混合气体的质量平均速度、质量平均温度以及比热容比计算。

4. 状态方程

燃烧加热段气体为热完全气体,满足状态方程:

$$\rho = \frac{p}{RT} \tag{2-45}$$

2.6　求解过程

由于考虑气体的组分和热力学参数的变化,需迭代求解。求解燃烧室流场时,将燃烧室划分为 N 个节段,从双模态过程的入口至尾喷管出口按节段顺序依次求解(根据第 i 个节段的条件求解第 $i+1$ 个节段的气流参数)。在求解第 $i+1$ 个节段时,存在以下不同的处理方式。

2.6.1　等面积燃烧室的加热过程

根据双模态燃烧室简化模型,等面积燃烧室的出口马赫数是已知的。等面积燃烧室的功能是在给定的入口条件下,依靠添加热量的方式,在壁面摩擦、热交换的共同作用下,使经过其中的气流在该段出口获得给定马赫数(特征马赫数)。

图 2-17 所示为等面积燃烧室加热过程的求解过程。先假设一个燃烧效

率,根据该燃烧效率计算出口气流参数,如果在等面积以及给定出口马赫数的条件下满足质量守恒,则求解完成,否则修改燃烧效率,继续求解的迭代过程。若在超声速加热模态下,解出的等面积段出口马赫数高于入口马赫数时,或者在亚声速加热模态下,解出的等面积段出口马赫数低于入口马赫数时,属于非物理解,这时设定等面积段内不加热,使气流直接进入扩张段。

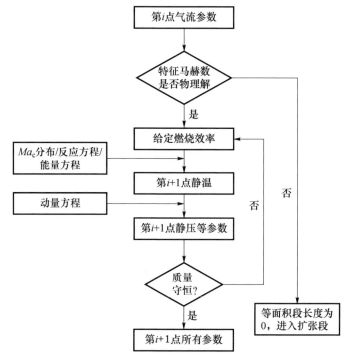

图 2－17　等面积燃烧室求解流程图

2.6.2　扩张型燃烧室的加热过程

由于本方法规定在扩张型燃烧室内,加热过程是等马赫数过程,而扩张型燃烧室的入口参数由等面积燃烧室出口截面参数给定,于是,扩张型燃烧室的求解过程就是给定燃烧效率,由 i 点参数迭代计算第 $i+1$ 点气流参数和横截面积。求解过程如图 2－18 所示。

2.6.3　无加热扩张型流道的流动

亚声速燃烧室的扩张段以及两种发动机的尾喷管都属于这种情况,这时只要根据求解出的前一节段的出口的面积或者马赫数,求解出其他参数即可,求解过程如图 2－19 所示。

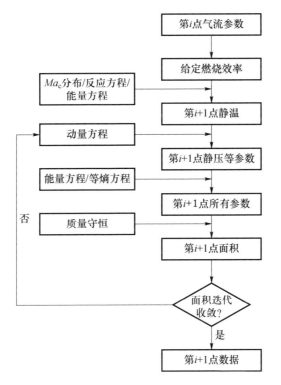

图 2-18　扩张型燃烧室求解流程图

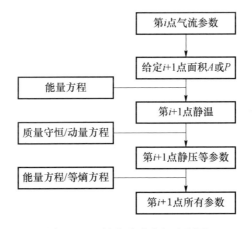

图 2-19　扩张流道求解流程图

2.7　小结

在热力循环 T—S 图上,实现双模态冲压发动机的亚声速加热过程和超声速加热过程的路径很多,可以由等面积燃烧室、等面积接扩张燃烧室、扩张段接等面积燃烧室、等面积接扩张段再接等面积燃烧室几种燃烧室形式,在亚声速加热模态,壅塞位置可以在等面积段出口、扩张段出口或燃烧室出口。从燃烧室热容量角度看,存在最佳路径。

在实现加热比 θ 的过程中所能够实现的总压恢复是制约冲压发动机总效率 η_0 的决定因素。冲压发动机工作时,流道内的马赫数分布实际上决定着发动机热力过程的总压恢复性能,也就决定着发动机的总效率。

壁面摩擦、加热和添质过程造成的总压损失均与沿程气流的马赫数直接相关,3 种因素独立作用过程的损失可以分别用 $\gamma Ma^2/2 - 4C_f x/\Theta$ 图、$\gamma Ma^2/2 - \ln(T_t/T_{t3})$ 图以及 $\gamma Ma^2/2 - 2(1-y)\ln(\dot{m}/\dot{m}_3)$ 图表达,过程曲线下的面积越大,该单一因素作用的总压恢复越小,这些曲线称为过程的损失曲线。

从损失曲线分析,得到一些重要结论。在添加相同热量条件下,以热力工作循环的总压恢复为判别条件,在超声速加热模态下,等面积流道优于扩张流道;当等面积燃烧室不能接受全部热量时,应先在等面积段内加热到壅塞、在扩张段内维持等马赫数加热过程,最优过程是在利用全部热量的前提下在燃烧室出口获得壅塞条件。在亚声速加热模态,最优过程是在合理扩压后的等面积流道内实现给定的加热比并在出口实现壅塞。

为方便建模,采用"等面积 + 等马赫数 + 等面积"的物理模型,可以代表一族具有相同损失的变马赫数热力过程,其中的等马赫数过程中的"马赫数"定义为双模态冲压发动机燃烧室加热过程的"特征马赫数",简称为双模态过程的"燃烧室特征马赫数","等面积 + 等马赫数 + 等面积"这个特殊的加热过程称为这些变马赫数加热过程的"等效热力过程"。在这些特殊的等效热力过程中,准确包含了超声速燃烧室加热模态的最佳过程。

以燃烧室特征马赫数来区分双模态冲压发动机的热力工作过程,能够覆盖所有可能出现的"橡皮发动机"方案和其中可能实现的热力过程。根据等效的概念可以建立双模态冲压发动机亚声速加热模态和超声速加热模态的物理模型(图 2 - 10)。

第 3 章 碳氢燃料双模态发动机（*Ma*2 ~ 7）等效热力过程与性能关系

本章给出的结果是在某个物理流道条件下（流道湿面积与内流道入口迎风面积的比值为 74）、取平均摩擦因数 0.004、不考虑壁面热损失条件下获得的，考虑这些取值影响时，并不影响本章给出的总体规律，但定量数据受到一些影响。关于壁面摩擦因数取值的影响、壁面热损失的影响以及一些实际情况的处理，请参考第 5 章。

本章采用的方法经过实验验证和精度分析，详细情况请参考文献[28]。

3.1 等效热力过程分析

3.1.1 等效热力过程分析收获的信息

在 2.2 节中证明了，发动机在实现加热比 θ 的过程中所实现的总压恢复是制约冲压发动机总效率 η_0 的决定因素，发动机工作时流道内的马赫数分布实际上决定着发动机热力过程的总压恢复性能，即决定着发动机的总效率。

将式（2-1）改写为

$$\eta_0 = \frac{F u_0}{\dot{m}_f H_u} \propto I_{sp,f} \qquad (3-1)$$

式（3-1）表明，发动机总效率与燃料比冲成正比关系。

在 2.4 节中定义了燃烧室特征马赫数和双模态发动机等效热力过程的概念，以燃烧室特征马赫数区分等效热力过程（双模态冲压发动机具有相同损失的热力过程族），建模分析时使燃烧室特征马赫数从高向低的变化，可以覆盖燃烧室工作可能出现的所有情况（所有可能出现的任意过程），其中也包括最佳热力过程路径。

按照第 2 章给出的双模态冲压发动机等效热力过程模型，给定入口条件（入口截面马赫数、总压、总温）和特征马赫数，就可获得该特征马赫数过程的损失特性、加热总量与热量分布特性、燃烧室需用扩张比、过程的燃料比冲性能。

给定相同的入口条件,给定不同特征马赫数,就可获得不同等效热力过程族的性能及产生这个等效过程的其他条件。将特征马赫数作为横坐标,将过程的其他物理量作为纵坐标,绘制出各物理量随特征马赫数的变化曲线,从这些曲线中可以获得对发动机设计非常有价值的信息。

例如,图 3-1 所示为热力过程分析获得的一些信息。图 3-1(a)是燃烧室各段的加热量(释热分布),从中可获得各段加热量的信息,如果想让发动机以特征马赫数 0.5 的热力过程工作,在第一等面积段只能添加很少的燃料(热量),在扩张段需添加一半多的热量,在第二等面积段添加剩余的热量。如果想让发动机以特征马赫数 1 的过程工作,则不需要在第二等面积段添加热量。

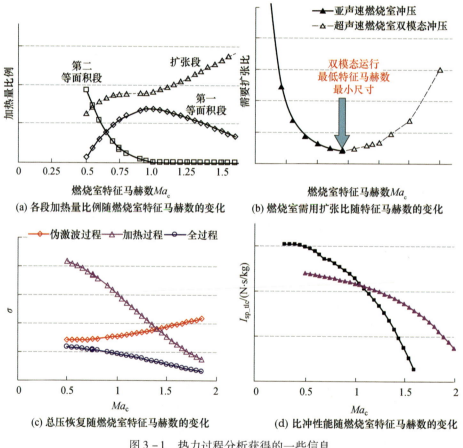

(a) 各段加热量比例随燃烧室特征马赫数的变化
(b) 燃烧室需用扩张比随特征马赫数的变化
(c) 总压恢复随燃烧室特征马赫数的变化
(d) 比冲性能随燃烧室特征马赫数的变化

图 3-1　热力过程分析获得的一些信息

又例如,图 3-1(b)是燃烧室需用扩张比(燃烧室最大横截面积与燃烧室入口截面面积的比值),超声速燃烧室的需用扩张比随着特征马赫数的减小而减小,当特征马赫数减小到燃料燃烧所能获得的最低特征马赫数时,需用扩张比最小。如果想获得最小截面燃烧室,就必须使发动机以最小特征马赫数的热力过程工作,这时,就必须按照图 3 - 1(a)相应特征马赫数过程的热量分配要求,设计燃烧室中的燃烧组织方案。

还可以获得图 3 - 1(c)的燃烧室工作过程总压恢复、图 3 - 1(d)的燃料比冲性能随特征马赫数的变化,从图中可查到所设计的热力过程能够期望的发动机性能。

对于每一个入口条件,改变燃烧室特征马赫数,使燃料热量完全添加,获得每一个过程的总压恢复、热量分配、燃烧室需用扩张比、燃料比冲性能,这个过程称为双模态冲压发动机的等效热力过程分析,被分析的每一个燃烧室特征马赫数过程,就是一个确定了某些技术产生的“橡皮发动机”方案。从获得的特征马赫数(热力过程)与性能等特性的关系中,查找最佳性能(或可接受性能)对应的热力过程条件,结合其他要求(参考第 5 章),就可得到合理的(或最佳的)发动机设计方案。

3.1.2　3 种比冲性能

在本书给出的等效热力过程分析结果中,包括 3 种比冲性能,读者可以根据需要参考使用。

在发动机研究中,比冲性能是最重要的基本性能,反映发动机工作的效率和经济性,比冲越大、耗油量越小,即[27]

$$\mathrm{sfc} = \frac{3600a}{H_u} \frac{Ma_0}{\eta_0} \propto \frac{1}{I_{\mathrm{sp,f}}} \tag{3-2}$$

当给定燃料的量,比冲越大,获得的推力也越大。完成某种飞行任务需要发动机有多种任务状态,即燃料供应的多种当量比工况,如果每一种当量比工况下发动机都能以最大比冲方式工作,就能够在提供需用推力的同时产生最小耗油量;如果飞行器的载油量一定,耗油量的降低意味着飞行器可实现的航程增大。

由于现代飞行器的发动机大多与飞行器高度一体化,在确定发动机性能时需要划定一个发动机的“管辖范围”。从有利于发动机的研究和技术发展角度看,给发动机划分的管辖范围应该宽一些,应将发动机与飞行器的结合部件都包括在内,便于理解发动机与飞行器衔接部分的耦合影响,便于正确处理衔接(耦合)问题,便于发动机研发者与飞行器研发者产生共同语言。但从发动机服务于飞行器推进的功能和飞行器研发的需求看,发动机管辖范围的划分应考虑若干方面的应用便利性:一是应考虑便于飞行器设计采用,即符合物理一体化流道中的物理实际,而所考虑的物理实际还应利于提高数据精度;二是应考虑实验获取高精度数据的实际可行性。一方面,所有分析、模拟获得的数据必须经过实验验证,如果界面划分不利于在实验中获取高精度数据,就谈不上对分析结果的验证,或者验证过程会相当困难;另一方面,对于发动机来说,其燃烧性能,定型时还是要靠实验结果说话,如果界面划分不利于在实验中获取高精度数据,将来飞行器设计在采用发动机性能数据时会遇到非常大的麻烦。

双模态冲压发动机用于可重复使用天地往返运输系统时,飞行器的尺度可能会达到百米量级,内流道部分占飞行器总长的 1/5 ~ 1/6[30-32]。当用于其他小型飞行器时,内流道部分占飞行器总长的比例更大,长 30m 左右的飞行器上内流道长度占据 1/2 份额[20]。

在原理研究阶段,采用小尺度模型冲压发动机,实验时可以将全流道发动机模型(含完整的进气道、隔离段、燃烧室和尾喷管,并且尺寸比例正确)全部置于风洞的有效气流中(自由射流实验,参考图 3 - 2),采集全流道发动机的各种数据[33]。这种实验方法被认为是最可靠、最完善的,但将这种实验方式用于大型飞行器的全尺寸双模态冲压发动机实验,显然是不可能的。

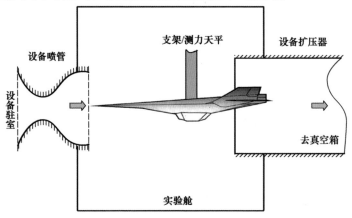

图 3 - 2　自由射流实验方式示意图

较大的燃烧室实验通常采用直连设备[9],设备喷管只提供燃烧室入口(或上游某处)的气流条件,见图 1 - 14。视模型尺寸,也有采用半自由射流实验方式的,即设备喷管提供的不是远前方未扰条件,而是飞行器外压缩面某个位置上的气流条件,模型只保留部分进气道外压缩部分,参考图 3 - 3。

有文献证明,直连式实验、半自由射流实验做出的燃烧实验结果,都与自由射流实验结果差别显著[34,35](当然它们二者也不相同),因而怀疑是否必须采用自由射流实验方式。目前能够认识到的问题是,燃烧组织与燃烧室入口气流的参数剖面关系很大,气流的低能、低速区被用于维持燃烧的化学反应,半自由射流实验、直连式实验方式,都不能正确模拟燃烧室入口的气流参数剖面,特别是边界层内的参数剖面及边界层状态,所以,当在 3 种不同实验中采用相同的燃烧组织策略时,在相同的区域内(如设计所假设的燃烧区)反应物浓度、反应速率等重要因素均不相同,于是不能获得相同的燃烧效果,获得的性能自然也不一

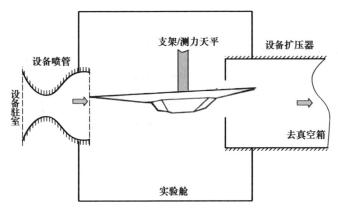

图 3 - 3　半自由射流实验方式示意图

致。可以肯定的是,对于可重复使用天地往返飞行器的双模态发动机,必须利用直连式设备做充分的地面实验,弄清楚如何在直连式实验中获得与自由射流实验一致的燃烧组织结果,或者说搞清楚直连式实验结果如何利用,还是一项复杂、艰巨的任务。

实际上,采用什么设备进行什么类型的实验、如何组织实验,取决于实验数据如何处理和使用;而实验数据的处理和使用方法,又服务于系统设计的需要。从发动机技术研发本身考虑,只要能够对比方案的优劣,采用哪一种指标体系都可以。但发动机技术研发归根结底是要服务于飞行器推进的,发动机提供的性能指标必须便于飞行器设计采用,所以需要站在飞行器任务的角度,对各种发动机方案的优劣进行对比、评价。从这个意义上讲,就不能随便定义发动机的性能指标,发动机在技术研发过程中采用的性能指标实际上涉及双模态冲压发动机与飞行器系统的计力体系问题,或者说涉及两个系统的划界问题。而两个系统的划界,影响着发动机技术研发实验与分析的方法。例如,文献[36]从便于飞行器设计采用、便于获取高精度实验数据的角度,建议了一种计力体系,以及在这个体系下解决大型飞行器的双模态冲压发动机设计面临的数据精度问题可能采用的实验方法,由于篇幅限制,其中没有深入探讨各种类型实验的用途、数据采用的修正等问题。当然,本书主题也不允许展开讨论这个问题,只能给出发动机专业常用的 3 种比冲性能,明确其条件。读者可以根据各自的任务目的或界面体系,借鉴参考。

1. 全流道比冲

本书中的全流道推力,指进气道工作在设计工况时(外压缩波系贴口、无溢流阻力的情况,参看图 3 - 4),尾喷管出口截面与捕获流管未扰截面总冲量的差值,相当于统计了从外压缩波系起始点(入流截面)到尾喷管出口截面固壁上的力。全流道比冲性能即单位燃料流量产生的全流道推力,下标为" - qld"。本书

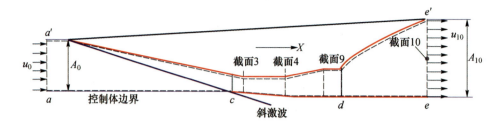

图 3 - 4 进气道处于设计工况的受力控制体

在双模态冲压发动机热力过程分析中,均假设尾喷管是理想的,即尾喷管内的流动状态是等熵的,在尾喷管出口气流恰好达到完全膨胀状态(在尾喷管出口,气流的静压与飞行环境静压相等),所以,有

$$I_{\mathrm{sp,f-qld}} = \frac{J_{10} - J_0}{\dot{m}_{\mathrm{f}}} = \frac{(\dot{m}_{10}u_{10} + p_{10}A_{10}) - (\dot{m}_0u_0 + p_0A_0)}{\dot{m}_{\mathrm{f}}}$$

$$= \frac{\dot{m}_{10}u_{10} - \dot{m}_0u_0 + p_0(A_{10} - A_0)}{\dot{m}_{\mathrm{f}}} \tag{3-3}$$

2. 内推力比冲

本书中的内推力指尾喷管出口截面与内流道入口下游某截面的总冲量差值,相当于统计了从激波串入口截面到尾喷管出口截面固壁上的力。内推力比冲性能即单位燃料流量产生的内推力,下标" - ntl"。对于内推力比冲,只要求进气道处于正常工作状态(非不启动状态),不一定要求进气道工作在设计状态,进气道可以工作在设计工况、亚额定工况或超额定工况,当然也可以工作在某种攻角状态下,参考图 3 - 5。

$$I_{\mathrm{sp,f-ntl}} = \frac{J_{10} - J_3}{\dot{m}_{\mathrm{f}}} = \frac{(\dot{m}_{10}u_{10} + p_{10}A_{10}) - (\dot{m}_3u_3 + p_3A_3)}{\dot{m}_{\mathrm{f}}} \tag{3-4}$$

3. 推力增量比冲

推力增量指发动机热工况(某个当量比工况)与冷工况(无燃烧、冷通流状态)条件下的推力差值,有时也称发动机冷热态的推力差。推力增量比冲即单位燃料流量产生的推力增量,下标" - tlc"。

由于是发动机冷热态的推力差值,所以进气道可以工作在任何非不启动状态,即可以工作在设计工况、亚额定工况或超额定工况,也可以工作在某种攻角状态。另外,只要发动机冷、热态工况下进气道外压缩部分的流动结构不变,推力差比冲就与所选节段的入口位置无关。所以,推力差比冲既可以反映截面 0 至截面 10 的的冷热态全流道力差(但进气道可以工作在任何正常状态)

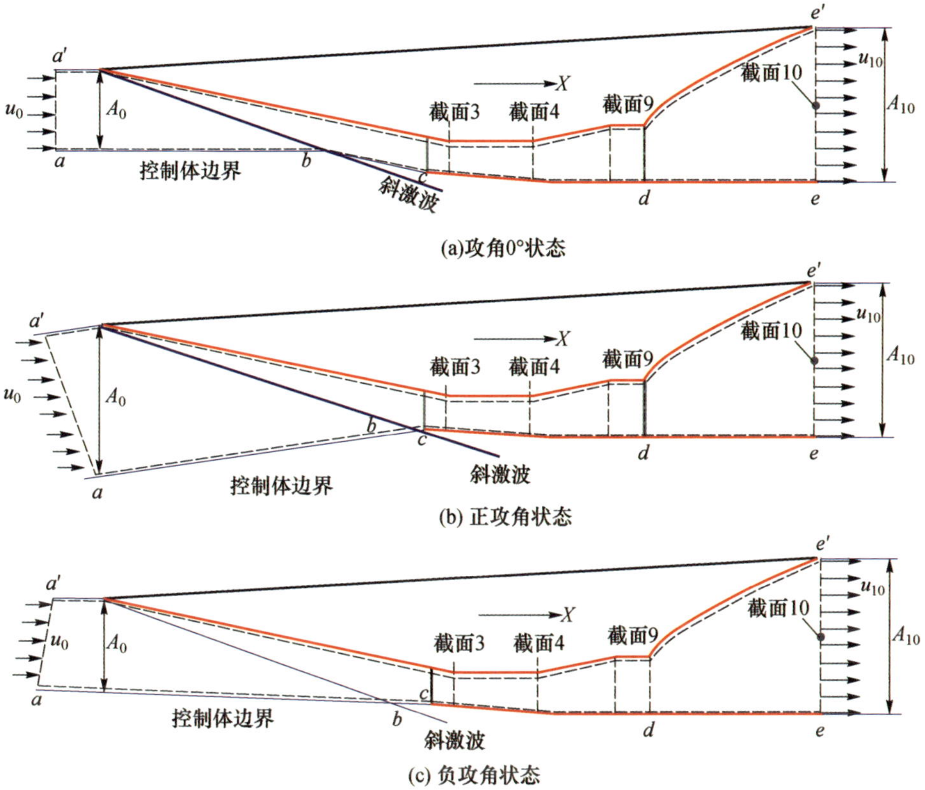

(a)攻角0°状态

(b) 正攻角状态

(c) 负攻角状态

图 3 – 5 进气道处于任意正常工况的受力控制体(亚额定工况)

产生的比冲性能,也可以反映截面 3 至截面 10 的冷热态内推力之差产生的比冲性能。

$$I_{\mathrm{sp,f-tlc}} = \frac{(J_{10} - J_3)_{\mathrm{hot}} - (J_{10} - J_3)_{\mathrm{cold}}}{\dot{m}_{\mathrm{f}}} = \frac{(J_{10} - J_0)_{\mathrm{hot}} - (J_{10} - J_0)_{\mathrm{cold}}}{\dot{m}_{\mathrm{f}}} \quad (3-5)$$

3.2 化学当量条件下的等效热力过程与性能关系

随着飞行速度的增加,气动阻力增大,但发动机的性能在减小(参考图 1 – 9),飞行器能否获得巡航能力或足够的加速能力,首先要看发动机的最大推力是否足够,而发动机的最大推力是在燃料的化学当量(燃料当量比为 1)条件下获得的。本节针对此条件,分析碳氢燃料超声速燃烧室冲压发动机在飞行马赫数 2 ~ 7 范围的双模态热力过程与性能的关系。为了方便对比双模态运行物理过程(从反压诱导激波串开始到加热过程结束)的损失情况,假设飞行马赫数 4 ~ 7 时入口截面的总压恢复均为 0.5,相应的入口截面马赫数随飞行马赫数的增加而增大,如表 3 - 1 所列。

对于飞行马赫数 4 ~ 7,只给出超声速燃烧室双模态运行的等效热力过程分析结果;对于飞行马赫数 2、3,同时给出超声速燃烧室双模态运行和亚声速燃烧室等效热力过程分析的结果。

表 3 - 1　入口条件

飞行马赫数 Ma_f	2	3	4	5	6	7
入口马赫数 Ma_3	1.3	1.8	2.4	2.7	3.0	3.5
入口截面总压恢复 σ_3	0.9	0.7	0.5	0.5	0.5	0.5

3.2.1　燃烧效率与加热比

图 3 - 6 所示为特征马赫数与可实现的燃烧效率的关系。在给定飞行马赫数时(给定双模态过程的入口条件时),在超声速燃烧室双模态运行的亚声速加热模态,获得的燃烧效率变化趋势与超声速加热模态相反。在亚声速加热模态,随着燃烧室特征马赫数的降低,可实现的燃烧效率略有增加。在超声速加热模态,燃烧室特征马赫数增加使可实现的燃烧效率增大,高飞行马赫数增加幅度相当大,这是离解效应的典型特征。

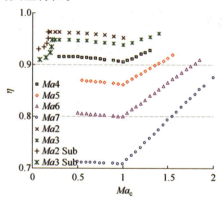

图 3 - 6　特征马赫数与燃烧效率的关系
(Sub 表示亚声速燃烧室冲压发动机)

在超声速燃烧室的亚声速加热模态,气流在燃烧室出口达到热壅塞状态,当地静温和静压取决于当地的总温和总压;燃烧室特征马赫数增大,加热过程的总压恢复降低(参考 3.2.2 节),燃烧室出口的静压减小,离解反应向吸热方向移动。所以在亚声速加热模态,燃烧效率随特征马赫数的增大而减小。在超声速加热模态,燃烧室出口马赫数等于特征马赫数,特征马赫数增加即燃烧室出口马赫数增大,当地静温急剧下降,静温减小使离解反应向释热方向移动的幅度更大,相比之下,静压减小使离解向吸热方向移动的幅度很小,总的效果是燃气释放的热量更多,燃烧效率更高。

在相同的燃烧室特征马赫数条件下,无论是亚声速加热模态还是超声速加热模态,随着飞行马赫数的增大,入流空气的总温增加,燃烧室内的静温也增加,燃气的离解更加严重,燃烧效率也越低。

在亚声速燃烧室各热力过程中,随着特征马赫数的增加,燃烧效率增大,这也是离解效应的表现。与超声速燃烧室的双模态过程相比,亚声速燃烧室中气流马赫数更低、温度较高,离解效应较大,能够实现的燃烧效率相对较低。亚声速燃烧室工作过程始于低亚声速条件(特征马赫数为低亚声速),在等面积燃烧室中,气流经加热过程而加速,但最多只能加速到声速。能够通过加热加速到声速条件的亚声速燃烧室,已经无需收扩喷管的几何喉道,可以直接经扩张喷管加速到超声速,实际上已经与超声速燃烧室的几何特征一致,所以在这个特征马赫数条件下,两模型的燃烧效率也重合。

图3-7所示为各特征马赫数过程实现的加热量,其变化特征与燃烧效率一致。

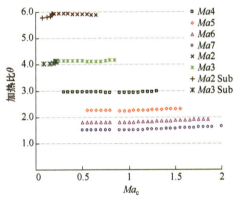

图3-7　特征马赫数与加热比的关系
(Sub 表示亚声速燃烧室冲压发动机)

图3-8所示为飞行马赫数4~7时离解效应对加热比的影响,即与理想加热比(无离解效应、燃烧效率为1)的差距。超声速燃烧室在亚声速加热模态,对于给定的入口条件,因离解效应损失的加热比随特征马赫数的增加略有减小,在特征马赫数1时差别最大;由于变化量很小,可以认为基本不受特征马赫数的影响;但离解导致的加热比降低幅度随着飞行马赫数的增大而增大。在超声速加热模态时,随着特征马赫数的增加,实现的加热比向理想加热比靠近,加热比的增大速度随特征马赫数呈近似线性关系;飞行马赫数越高,加热比增大的速度越快,也就是说,高飞行马赫数条件下用超声速加热模态,可以提高燃料热值的利用率,进而有可能提高发动机性能。

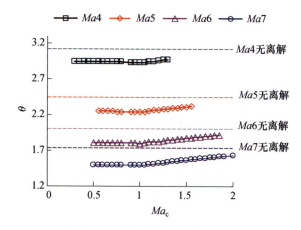

图 3 - 8　离解效应损失的加热比

3.2.2　总压恢复

超声速燃烧室在双模态运行中,其过程包括激波串(或伪激波)流动过程和燃烧加热流动过程两个组成部分。图 3 - 9 ~ 图 3 - 11 分别给出了加热过程、激波串(或伪激波)过程以及全过程的总压恢复随特征马赫数的变化情况。

图 3 - 9 所示为加热过程总压恢复与特征马赫数的关系,在获得这些曲线时,考虑了壁面摩擦力、加热以及添质过程。在超声速燃烧室的双模态运行过程中,加热过程总压恢复均随着特征马赫数的增大而减小,因为特征马赫数越大、气流的静温越低,添加相同热量时产生的熵增越大;在飞行马赫数 2 ~ 4 的低亚声速特征马赫数过程中($Ma_c < 0.3 ~ 0.4$),总压恢复的下降幅度很小。在相同的特征马赫数条件下,飞行马赫数越大,加热过程的总压恢复越大,加热过程的

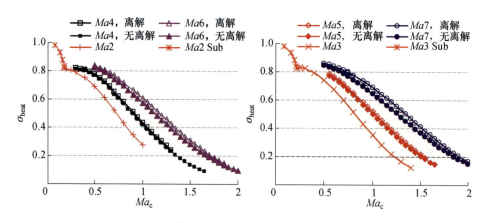

图 3 - 9　加热过程总压恢复

(Sub 表示亚声速燃烧室冲压发动机)

静温和加热比都对这个结果产生影响,随着飞行马赫数的增大,加热过程静温升高的同时加热比减小,而加热比减小的影响更大(参考图 3-8),所以加热过程的总压恢复增大。图中还给出了飞行马赫数 4~7 不考虑离解效应过程的总压恢复数据,可以看到,离解效应使总压恢复略有提高,这是离解使加热比减小的结果;飞行马赫数越高,这种差别越明显。在亚声速燃烧室中,当特征马赫数从小于 0.1 增加到 0.2 左右时,加热过程总压恢复从约 0.98 下降到约 0.82,比双模态过程的下降速率大约一倍。

图 3-10 所示为激波串(或伪激波)过程的总压恢复随特征马赫数的变化情况。在飞行马赫数 2、3 的亚声速燃烧室冲压发动机中,伪激波过程的总压恢复基本不变。超声速燃烧室的双模态运行中,飞行马赫数 2 时伪激波过程的总压恢复不随特征马赫数变化,且与亚声速燃烧室的伪激波过程总压恢复一致;飞行马赫数 3 时,特征马赫数小于 0.6 过程的伪激波过程总压恢复基本是常数,之后随特征马赫数增加、总压恢复增大;飞行马赫数 4 时,特征马赫数小于 0.5 过程的伪激波过程总压恢复基本是常数,之后随特征马赫数增加、总压恢复增大;飞行马赫数 5~7 的超声速燃烧室,伪激波过程总压恢复随特征马赫数的增大而增大。在各飞行马赫数,与亚声速加热模态过程相比,在超声速加热模态过程中,总压恢复随着特征马赫数而增大的速率更大。在给定入口条件(飞行马赫数)下,特征马赫数较低时,燃烧室入口马赫数也较低,激波串中各激波的强度较大,激波串损失较大、总压恢复较小。

图 3-11 所示为燃烧室全过程总压恢复与特征马赫数的关系。飞行马赫数 2、3 条件下,亚声速燃烧室过程的总压恢复高于超声速燃烧室双模态过程;亚声速燃烧室全过程总压恢复随特征马赫数增加下降很快。超声速燃烧室双模态运行中,特征马赫数相同时,飞行马赫数越低、全过程总压恢复越大;在给定入口条件时,燃烧室全过程总压恢复随特征马赫数的增大而减小,特征马赫数越高、总

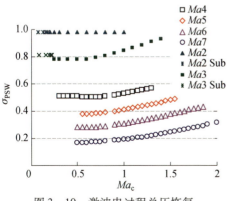

图 3-10　激波串过程总压恢复
(Sub 表示亚声速燃烧室冲压发动机)

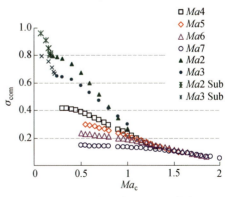

图 3-11　燃烧室全过程总压恢复
(Sub 表示亚声速燃烧室冲压发动机)

压恢复减小的速率越大；飞行马赫数越低,总压恢复随特征马赫数增加而减小的速度越快。从图 3-9 和图 3-10 可以看出,低飞行马赫数时加热过程损失随特征马赫数增加而降低的速率非常快,是导致全过程损失随特征马赫数增加而快速增大的主要原因。高飞行马赫数时,燃烧室全过程总压恢复很低,主要原因是伪激波过程损失太大。从图 3-11 可以看到,在所有飞行马赫数条件下,较低特征马赫数过程的总压损失更大。

3.2.3 比冲性能

图 3-12 所示为比冲性能与特征马赫数的关系,全流道比冲性能与内推力比冲性能随特征马赫数的变化规律一致,仅是数值上存在差别。在给定的飞行状态,尾喷管出口气流完全膨胀时,比冲性能由发动机出口的总压恢复和加热比决定。因此,总压恢复和加热比随特征马赫数变化的综合作用,决定了比冲性能随特征马赫数的变化趋势。

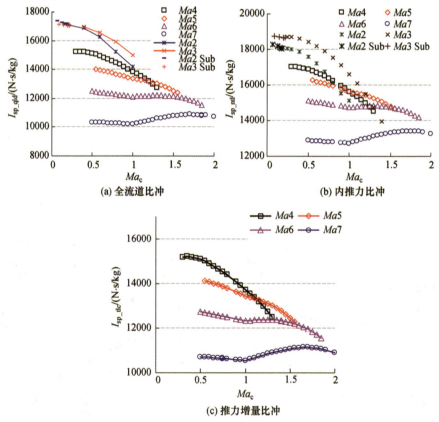

图 3-12 比冲性能与特征马赫数的关系
（Sub 表示亚声速燃烧室冲压发动机）

在飞行马赫数 2、3 的亚声速燃烧室中,比冲性能随特征马赫数增加而减小;由于特征马赫数变化范围不大(最大约为 0.2),所以比冲性能的下降也有限,飞行马赫 3 的变化更小。飞行马赫数 3 的内推力比冲性能大于飞行马赫数 2 的值。

在超声速燃烧室的亚声速加热模态,特征马赫数相同时,飞行马赫数 3 的比冲性能最高,在飞行马赫数大于 3 之后,随着飞行马赫数的增加,比冲性能下降。在飞行马赫数 2、3 时,特征马赫数大于 0.4 以后比冲性能下降速率急剧增加。

在飞行马赫数 4 条件下,低亚声速加热过程获得的比冲性能似乎是不变的,也是最大的;在特征马赫数大于 0.4 以后开始下降,且随特征马赫数的增大,下降速率急剧增加。

飞行马赫数 5、6 的亚声速加热模态,随着特征马赫数的增大,比冲性能单调下降,最大性能出现在图中给出的最低特征马赫数时(特征马赫数 0.5,燃料热值不足以继续降低特征马赫数);在超声速加热模态,飞行马赫数 5 的比冲性能下降速率更大,而飞行马赫数 6 的超声速加热模态,在特征马赫数 1~1.2 范围比冲性能保持一致。从加热比和总压恢复随特征马赫数变化的速率看,总压恢复随特征马赫数的变化幅度非常大,所以,全流道比冲更多地受总压恢复变化趋势的影响。

在飞行马赫数 7 时,在特征马赫数 1 获得最小比冲性能,在超声速加热模态,随特征马赫数增加,比冲性能增加,且速率较快(与亚声速加热模态、特征马赫数降低过程相比),在特征马赫数 1.5 附近获得最大值,比特征马赫数小于 1 的比冲增大约 2.2%;继续增加特征马赫数,比冲性能反而下降。在飞行马赫数 7 时,加热比随特征马赫数增大而增加的幅度增大,而总压恢复随特征马赫数增加而减小的幅度减小,所以全流道比冲更多地受到加热比的影响。

飞行马赫数 6、7 的比冲曲线都在特征马赫数 1 处出现拐点,飞行马赫数 6 的曲线绕特征马赫数 1 的数值点逆时针旋转后,与马赫数 7 的曲线相似。

图 3-13 所示为 3 种比冲性能的比较,内推力比冲数值最大,推力增量比冲与全流道比冲相当;在随特征马赫数变化的趋势方面,内推力比冲、推力增量几乎是一致的,全流道比冲随特征马赫数变化的幅度略大,特别是超声速加热模态的高特征马赫数过程。飞行马赫数 4~6 时,3 种比冲性能最大值都出现在最小特征马赫数过程;飞行马赫数 6、7 时在特征马赫数 1 都存在拐点,该处出现局部最低性能,两侧性能均大于该点性能;飞行马赫数 7 时,比冲的最大值出现在特征马赫数 1.7。在飞行马赫数 4 时,内推力比冲与推力增量比冲差值接近 2000N·s/kg;随着飞行马赫数的增加,内推力比冲与推力增量比冲的差值增大,均大于 2000N·s/kg。

图 3-14~图 3-16 所示为飞行马赫数 4~7 范围离解效应对 3 种比冲性能的影响,可以看到,不考虑离解效应时,3 种比冲性能在各飞行马赫数条件下都

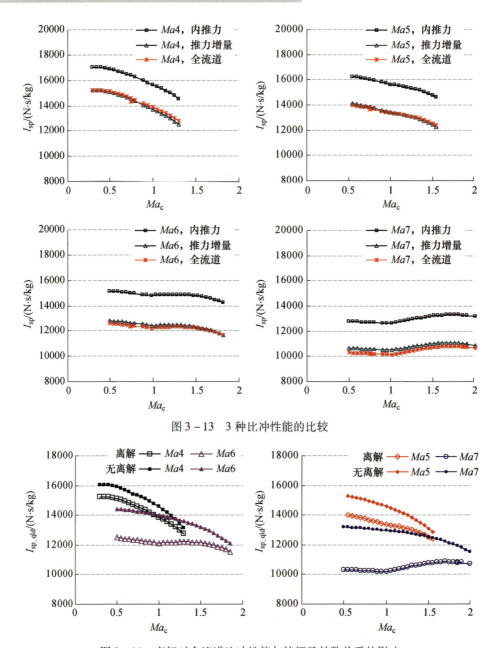

图 3 – 13 3 种比冲性能的比较

图 3 – 14 离解对全流道比冲性能与特征马赫数关系的影响

是随特征马赫数单调下降的,离解效应使高飞行马赫数的比冲性能在特征马赫数 1 时出现拐点。离解效应使比冲性能下降,飞行马赫数越高,离解效应影响越大,损失的比冲性能越多;特征马赫数越小,离解效应影响越大,损失的比冲性能越多。离解效应使 3 种比冲性能损失的量也是相同的。

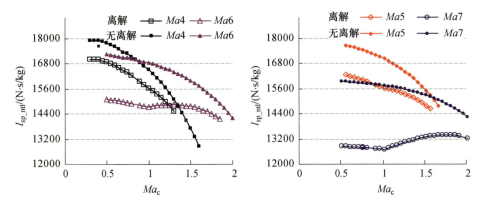

图 3 – 15   离解对内推力比冲与特征马赫数关系的影响

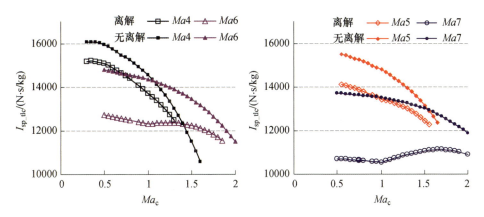

图 3 – 16   离解对推力增量比冲与特征马赫数关系的影响

3.2.4   各段加热量比例

图 3 – 17 所示为燃烧室各段加热量比例与特征马赫数的关系。

在飞行马赫数 2、3 的亚声速燃烧室中,全部热量都添加在收扩喷管上游的等面积段,随特征马赫数增加,加入的热量也增大。

在飞行马赫数 2~4 的超声速燃烧室亚声速加热模态中,低亚声速特征马赫数过程的绝大部分热量都在第二等面积段释放,第一等面积段内不添加热量;随特征马赫数增加,在扩张段加入的热量增大、在第二等面积段加入的热量减小,在某个高亚声速特征马赫数(飞行马赫数越大,这个特征马赫数越大)之后,在第一等面积段开始添加少量热量,且随特征马赫数增加而增加。在超声速加热模态中,第二等面积段内不添加热量,第一等面积段的热量开始减少,热量主要在扩张段内添加。

在飞行马赫数 5~7 的超声速燃烧室亚声速加热模态中,随特征马赫数增

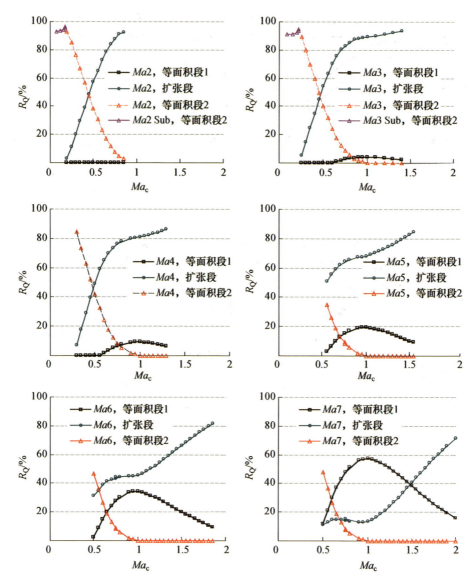

图 3 - 17　各段燃烧室加热量比例与特征马赫数关系(含离解效应)

加,在第一等面积段、扩张段添加的热量增加,在第二等面积段加入的热量减小。随着飞行马赫数的增加,在相同的特征马赫数过程,热量从扩张段向第一等面积段转移。在超声速加热模式中,第二等面积段内不添加热量,第一等面积段的热量开始减少,热量从第一等面积段向扩张段转移。

对照图 3 - 12,低特征马赫数、热量在第二等面积段添加,获得的比冲性能最好,与第 2 章分析的最佳热力过程路线相符。

在超声速燃烧室给定的入口条件下,亚声速加热模态存在一个热量全部添加所能实现的最小特征马赫数,飞行马赫数越大,最小特征马赫数也越大。在给定入口条件下,特征马赫数减小,第二等面积段内需要添加的热量逐步增加,当所有热量都能够添加到该段时,所获得的特征马赫数是对应入口条件所能够达到的最小特征马赫数;特征马赫数小于该值时,使当量比为1的燃料完全释放其热量也不能获得壅塞条件,只能通过增加几何喉道的方式使气流加速,这种燃烧室过程就变成了亚声速燃烧室工作过程。

在飞行马赫数5条件下,燃料热量不足以实现低于0.5的燃烧室特征马赫数。在亚声速加热模态,随着特征马赫数的增大,扩张段和第一等面积段内热量比例增大,第二等面积段内热量比例下降,热量主要还是添加在扩张段内。在超声速加热模态,第二等面积段内不添加热量,扩张段热量比例增大,第一等面积段内热量比例下降,与亚声速加热模态相比,扩张段内热量比例更大。对照图3-12,最好性能出现在最低特征马赫数条件下。

在飞行马赫数6条件下,随特征马赫数变化,各段热量比例的变化趋势与马赫数5相同,但量值发生变化,第一等面积段热量比例加大、扩张段热量比例减小。最好比冲性能仍出现在最低特征马赫数条件下。

在飞行马赫数7条件下,在$0.5 < Ma_c < 1.5$时,第一等面积段热量比例是最大的。在亚声速加热模态,随特征马赫数的增大,第一等面积段加热量快速增大(在特征马赫数1时达到最大值),扩张段加热量比例变化很小,第二等面积段加热量很快下降(在特征马赫数1时为已经没有热量添加)。在超声速加热模态,随特征马赫数的增大,第一等面积段加热量快速减小,扩张段加热量比例急剧增加,无需第二等面积段。对照比冲性能,在特征马赫数为$0.5 \sim 1.2$时,性能差别不大,特征马赫数1.5的最大性能只比特征马赫数0.5高2.2%。也就是说,在马赫数7时,可以用亚声速加热模态,也可用特征马赫数不太大的超声速加热模态,获得的性能相差无几。

在所有飞行马赫数条件下,第一等面积段最大热量比例均出现在特征马赫数为1时,就是说,这些最大热量比例对应着第一等面积段的壅塞状态,在给定入口条件时,该段热量添加比例不可超过该值,否则会破坏上游条件,当选定的入口截面靠近内流道入口时,很容易引发进气道的不启动。

3.2.5 燃烧室需用扩张比

图3-18所示为燃烧室需用扩张比与特征马赫数的关系。

在超声速燃烧室双模态过程中,在相同特征马赫数条件下,燃烧室需用扩张比都随飞行马赫数的增大而显著减小;在相同飞行马赫数条件下,随特征马赫数的增大,燃烧室需用扩张比都加速增大,因而各飞行马赫数对燃烧室扩张比的需

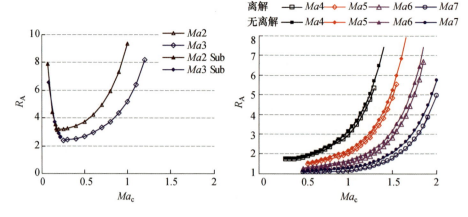

图 3-18　燃烧室需用扩张比与特征马赫数的关系

（sub 表示亚声速燃烧室冲压发动机）

求差异急剧变大,特别是在超声速加热模态,燃烧室需用扩张比甚至达到不可接受的程度(超过亚声速燃烧室冲压发动机通过几何喉道加速时所需扩张比)。在亚声速加热模态,特征马赫数降低到一定程度,需用扩张比不再变化,或达到最小值;如果要针对飞行马赫数 4～7 设计,随着特征马赫数的降低,各飞行马赫数的需用扩张比差异变得可接受,马赫数 4 时最小需用扩张比在特征马赫数 0.3～0.4 之间可减小到 1.85,性能达到最大;马赫数 7 时最小需用扩张比不到 1.1,比冲性能仅损失 2.2%(与最大性能潜力相比)。如果考虑更低飞行马赫数情况,飞行马赫数 3 最小需用扩张比在特征马赫数 0.25 时为 2.4,飞行马赫数 2 最小需用扩张比在特征马赫数 0.18 时为 3.2。

　　从这些关系获得一个重要提示,即双模态冲压发动机,若采用亚声速燃烧模态,有可能采用固定几何实现宽范围运行。在飞行马赫数较低(4、5、6)时,在最低的特征马赫数(0.5)组织燃烧,既能获得最好的发动机性能,燃烧室需用扩张比也更小,即获得最大的燃烧室热容量。在飞行达到 7 时,虽然燃气总温过高、离解效应严重,分析数据表明应提高特征马赫数以降低燃烧室内的静温,从而减弱离解效应、增大加热比、增加发动机的性能,但燃烧完成后仍使气流保持超声速(如马赫数 1.5～1.7),燃烧组织的难度是相当大的,如果仍采用特征马赫数 0.5 的燃烧过程,性能只比特征马赫数 1.5～1.7 的最大性能小 2.2%,仍然是可接受的。

3.2.6　伪激波过程出口的压比

　　图 3-19 所示为伪激波过程出口的压比与特征马赫数的关系。

　　因为特征马赫数变化量很小,在亚声速燃烧室中伪激波过程出口的压比不随特征马赫数变化。在超声速燃烧室中,伪激波过程出口的压比随特征马赫数的增大而减小,飞行马赫数越大,下降速率越大。特征马赫数相同时,飞行马赫数越大,伪激波过程出口的压比越高。飞行马赫数 3、4、5 的最低特征马赫数过程在伪激波过程出口获得的静压是环境压力的 20 余倍、30 余倍和近百倍,飞行马赫数 6 的最低特征马赫数过程在伪激波过程出口获得的静压是环境压力的两百余倍。

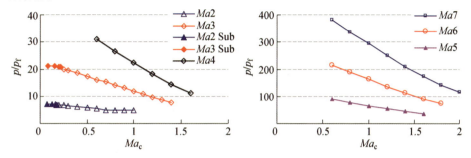

图 3 - 19   伪激波过程出口的压比与特征马赫数的关系
(sub 表示亚声速燃烧室冲压发动机)

3.3   非化学当量条件下的等效热力过程与性能关系

飞行任务一般要求发动机能够调节其推力,通常采用调节燃料当量比的方法对推力进行调节。所以,本节提供非化学当量(燃料当量比不为 1)条件下的热力过程与性能关系。仍按照表 3 - 1 的入口条件获得相关数据。

3.3.1   加热比

图 3 - 20 所示为加热比随燃料当量比、燃烧室特征马赫数的变化关系。

在低飞行马赫数条件下可实现的加热比较大,随着飞行马赫数的增大,可实现的加热比减小。受离解效应的影响,特征马赫数增大,可以实现的加热比增大,高飞行马赫数时加热比随特征马赫数增大的幅度特别显著。

在所有飞行马赫数条件下,不论采用哪种加热过程,加热比都会在某当量比条件下出现最大值,图 3 - 20 中飞行马赫数 4 ~ 7 各特征马赫数过程的加热比极大值点都位于当量比 1.05 ~ 1.1 之间。

飞行马赫数 4 的加热比极值点均出现在当量比 1.05 时,与特征马赫数无关。飞行马赫数大于 5 以后,加热比极值点呈现出与特征马赫数相关的特性。飞行马赫数 5 时,特征马赫数 0.6 的加热比极值点出现在当量比 1.1 时,而特征马赫数大于 0.6 的极值点出现在当量比 1.05 时,特征马赫数增大、加热比极值

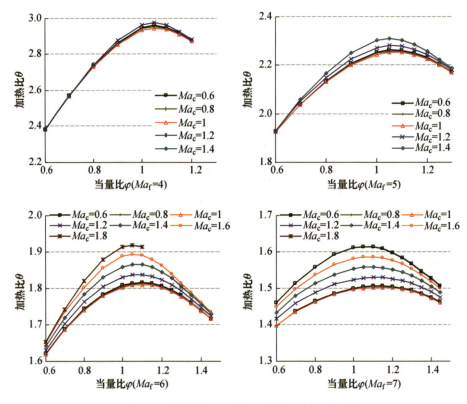

图 3-20 加热比与当量比、特征马赫数的关系

点对应的当量比减小;飞行马赫数 6 时,在特征马赫数 0.6~1.4 时,加热比极值点均出现在当量比 1.1,在特征马赫数 1.6~1.8 时,加热比极值均出现在当量比 1.05,也呈现特征马赫数增大、加热比极值点对应的当量比减小的现象。飞行马赫数 7 时,特征马赫数 1.8 以下时,加热比极值点出现在当量比 1.1,在特征马赫数为 1.8 时,极值点出现在当量比 1.05。

当量比小于 1(贫油状态)时,燃烧所含热值随当量比的增加而增大,在一定的利用率能力条件下,被利用的热量也随之增大。理论上,当量比 1 条件应该获得最大加热比,但由于离解效应,最大加热比出现在当量比略大于 1 的条件下。从获得的数据分析,在略富油的条件下,燃气的反应会释放出更多的 CO,CO 分子浓度增大,促使燃气的化学平衡态向 CO 分子浓度减少的方向(也就是离解减弱的方向)转移,这种效应在当量比略大于 1 的时候占主导地位,所以加热比随当量比的增大而增大。

在富油量比较大时(当量比继续增大),燃气中 CO_2 还原成 CO 的反应增强,吸收的热量越来越多,因离解效应减小而增加的放热速度比不上 CO_2 还原成 CO 反应吸热的速度,加热比开始随当量比的增大而逐渐下降。

加热量极大值所对应的当量比随飞行马赫数、特征马赫数的变化,也受离解程度的影响。特征马赫数为亚声速和声速时,离解效应显著,当量比略大于 1 时 CO 分子浓度增大对离解的减弱作用也强,需要在更高的当量比条件下,CO_2 还原成 CO 并吸热的速度才能大于离解减弱放热的效果。也就是说,低特征马赫数时,加热比极大值点的当量比更大。

3.3.2   总压恢复

图 3 - 21 所示为燃烧室全过程的总压恢复与当量比、特征马赫数的关系。在各飞行马赫数条件下,对于给定的特征马赫数过程,当量比增加导致总压恢复下降,低飞行马赫数、较大的燃烧室特征马赫数时,总压恢复下降的总幅值较大。随着当量比的增加,总压恢复下降的速率变慢,在当量比大于 1.1 以后则基本保持不变。

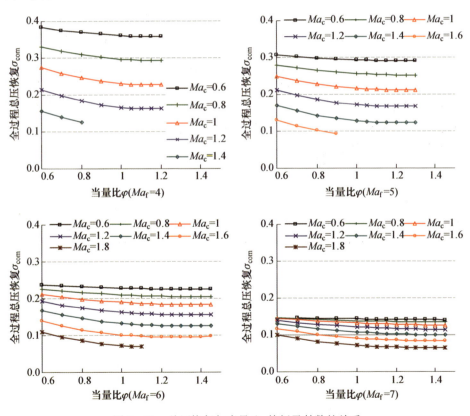

图 3 - 21   总压恢复与当量比、特征马赫数的关系

当量比大于 1.1 时,造成总压恢复继续减小的原因是燃料喷注的添质过程,在 2.3.1 节中已经证明,添质过程(燃料喷射)造成的总压损失是小量,所以在

当量比大于 1.1 以后,燃烧室总压恢复的变化微乎其微。

3.3.3 比冲和单位推力

1. 内推力比冲和单位内推力

图 3 - 22 所示为内推力比冲与当量比、特征马赫数的关系。

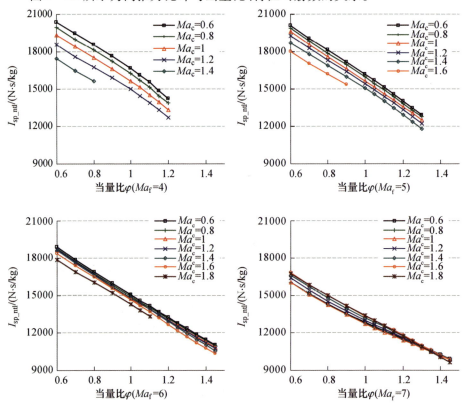

图 3 - 22　内推力比冲与当量比、特征马赫数的关系

在图中给出的飞行马赫数条件下,在各特征马赫数过程中,内推力比冲均随当量比的增大而减小;飞行马赫数越低,下降速率越大。在飞行马赫数 4 ~ 6 条件下,若当量比一定,在给出的最小特征马赫数(0.6)时内推力比冲获得最大值;在图中给出的当量比范围内,最低特征马赫数的热力工作过程均为性能最优热力工作过程。

但在飞行马赫数 7 时,燃气离解效应强烈,富燃的产物改变了离解效应的平衡位置,从而使得全流道比冲随特征马赫数变化的趋势发生了变化。从图中可以看到,当量比小于 1.1 时,内推力比冲的最大值出现在特征马赫数 1.6 ~ 1.8 的过程,最小值出现在特征马赫数 1 的过程。

图 3-23 所示为按照内推力计算的单位内推力与当量比、特征马赫数的关系。在图中给出的飞行马赫数范围,所有特征马赫数过程的单位内推力都存在一个极大值点。飞行马赫数 4 的最大单位内推力出现在当量比 1.15,与特征马赫数过程无关;飞行马赫数大于 5 以后,最大单位内推力呈现受特征马赫数过程影响的现象,在某个当量比之后,特征马赫数增大、极值点当量比减小。

在亚声速加热过程中,飞行马赫数增加,最大单位内推力对应的当量比增大。飞行马赫数 5 的的最大单位内推力出现在当量比 1.25,飞行马赫数 6 的最大单位内推力出现在当量比 1.35;飞行马赫数 7 时,受离解效应的影响,特征马赫数 0.6~1.2 各过程的最大单位内推力均出现在当量比 1.45。

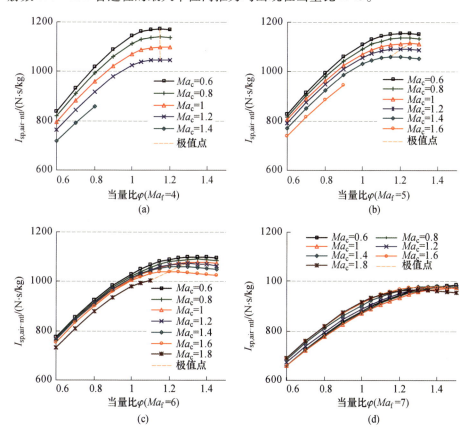

图 3-23　单位内推力与当量比、特征马赫数的关系

2. 冷热态推力差比冲和单位推力差

图 3-24 所示为推力差比冲与当量比、特征马赫数的关系,特征与全流道比冲、内推力比冲一致,推力差比冲均随当量比的增大而减小;飞行马赫数越低,下

降速率越大。在飞行马赫数 4~6 条件下,若当量比一定,在给出的最小特征马赫数(0.6)时内推力比冲获得最大值;在图中给出的当量比范围内,最低特征马赫数的热力工作过程均为性能最优热力工作过程。在飞行马赫数 7 时,推力差比冲的最大值出现在特征马赫数 1.6 的过程。

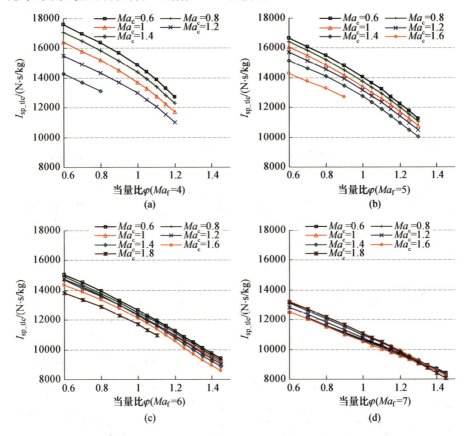

图 3 - 24　推力差比冲与当量比、特征马赫数的关系

图 3 - 25 所示为单位空气流量的推力差与当量比、特征马赫数的关系,在图中给出的飞行马赫数范围,所有特征马赫数过程的单位内推力都存在一个极大值点。飞行马赫数 4 的最大单位内推力出现在当量比 1.15,与特征马赫数过程无关;飞行马赫数大于 5 以后,最大单位内推力呈现受特征马赫数过程影响的现象,在某个当量比之后,特征马赫数增大、极值点当量比减小。

在亚声速加热过程中,飞行马赫数增加,最大单位内推力对应的当量比增大。飞行马赫数 5 的的最大单位内推力出现在当量比 1.25,飞行马赫数 6 的最大单位内推力出现在当量比 1.35;飞行马赫数 7 时,受离解效应的影响,特征马赫数 0.6~1.2 各过程的最大单位内推力均出现在当量比 1.45。

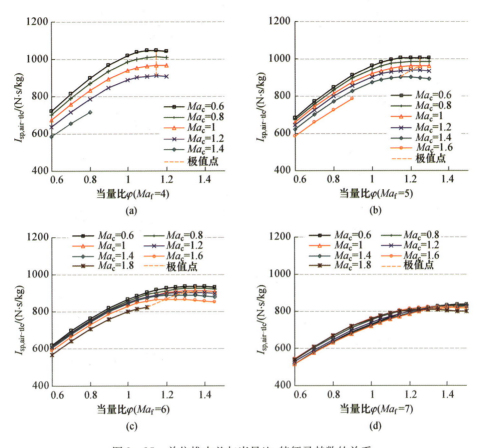

图 3 - 25   单位推力差与当量比、特征马赫数的关系

3.3.4   燃烧室需用扩张比

图 3 - 26 所示为需用扩张比与当量比、特征马赫数的关系。在所有当量比条件下,燃烧室需用扩张比均随特征马赫数的增大而增大,特征马赫数越大、增加的速率越大,飞行马赫数越小、增加的速率越大。当给定特征马赫数时,燃烧室需用扩张比随燃料当量比的增大而增大,当量比越大、增加的速率越大;马赫数 5 及其以下,在当量比大于 1.05 ~ 1.1 以后,需用扩张比基本保持不变;马赫数 6、7 时,当量比大于 1.15 以后基本保持不变。

结合 3.3.3 节的数据可知,在所有飞行马赫数、所有当量比条件下,最小特征马赫数热力工作过程不仅性能最优,同时对燃烧室需用扩张比的需求也最小。

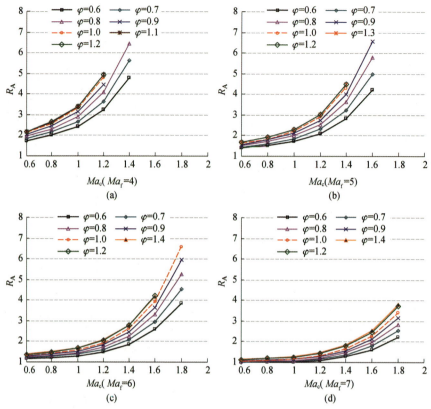

图 3-26　需用扩张比与当量比、特征马赫数的关系

3.4　入口条件对热力过程与性能关系的影响

　　双模态过程的入口气流参数由进气道提供,根据任务需求,进气道的形式多种多样,但进气道设计都追求提高流量捕获能力和总压恢复性能,由各种设计思想产生的进气道方案,获得的双模态过程入口条件也是多种多样的。进气道设计相当复杂,流场的相互干扰因素多,需要兼顾的要素多,最常见的说法是,进气道是飞行器与发动机一体化的关键部件,需要兼顾飞行器减阻与发动机性能的要求。从双模态冲压发动机的角度看,单从进气道部件考虑,无法回答任务可行性的问题,只有综合了燃烧室热力过程是否高效、与进气道是否协调、进气道的流量变化能力,才能回答发动机推力及其变化是否能够满足要求的问题。所以,进气道设计没有最优之说,只能看是否可以提供任务实现的可行性。

　　本节研究进气道入口参数的影响,提供进气道－燃烧室匹配工作条件的概念。本节分析只考虑燃料的化学恰当比条件($\varphi = 1$)。

3.4.1 总压恢复

图 3-27~图 3-30 所示为入口马赫数 Ma_3、入口总压恢复 σ_3 在一定范围变化时,燃烧室全过程总压恢复随飞行马赫数、特征马赫数的变化情况。

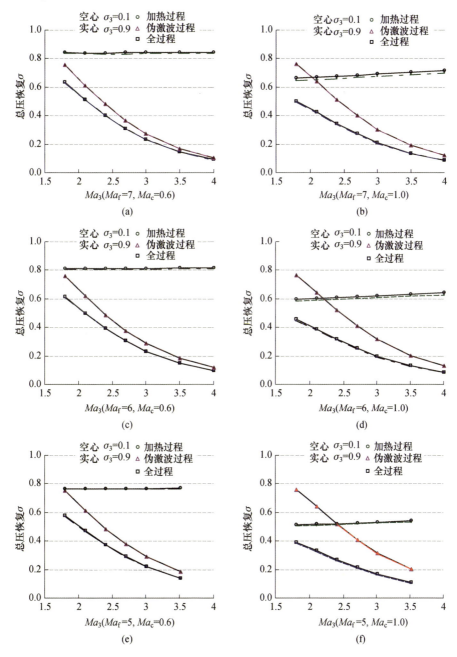

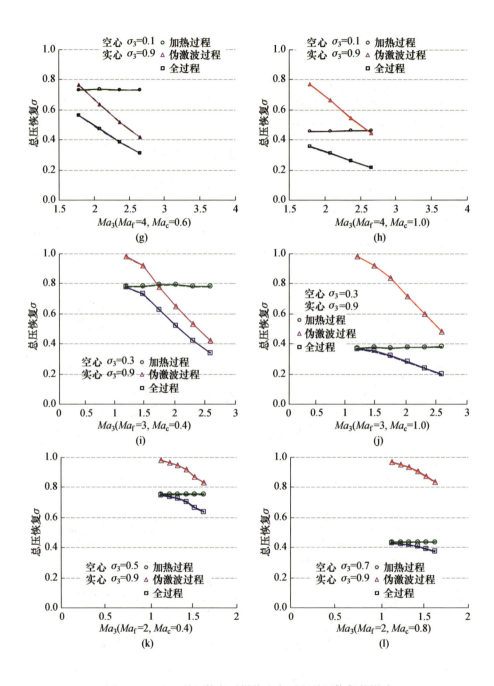

图 3-27　入口总压恢复对燃烧室各过程总压恢复的影响

图 3-27 突出入口总压恢复的影响,每个飞行马赫数都给出两个差别较大的入口总压恢复条件的数据线,虽然两个总压恢复数据相差很大(对于飞行马赫数 4~7 给出的是 $\sigma_3 = 0.1$ 和 $\sigma_3 = 0.9$,这种幅度的差异甚至是不合理的),但结果几乎重合,说明入口总压恢复条件对伪激波过程的损失没有影响,对加热过程的损失有轻微影响,在高飞行马赫数、大燃烧室特征马赫数条件下,入口总压恢复对加热过程损失的影响增大,但影响量始终很微小。入口总压恢复对燃烧室全过程总压恢复的影响是通过对加热过程的影响而产生的。

图 3-28、图 3-29 突出入口马赫数的影响,可以看到,在图中所有飞行马赫数条件下,伪激波过程总压恢复均随入口马赫数的增大而减小;相同入口条件下,伪激波过程总压损失随特征马赫数的增大而减小。图 3-27 表明,伪激波过程总压恢复与入口的总压恢复基本无关,所以图 3-28、图 3-29 证明,伪激波过程总压恢复只与其入口和出口的马赫数有关。给定需求的特征马赫数,入口马赫数对伪激波过程损失的影响非常明显,以特征马赫数 0.6 的热力过程为例,在各飞行马赫数条件下,如果入口马赫数从 1.8 增加到 3.5,伪激波过程的总压恢复从 0.75 左右下降到 0.2 左右,下降的幅度非常大。这些数据证明,降低入

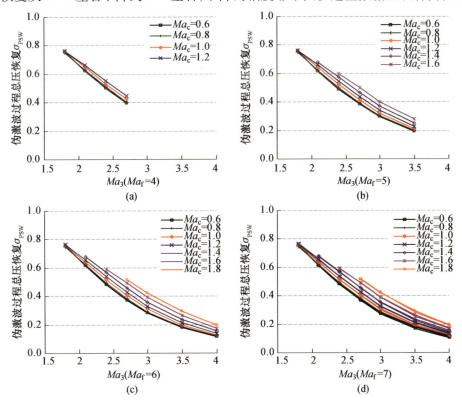

图 3-28 伪激波过程总压恢复受入口马赫数和特征马赫数的影响

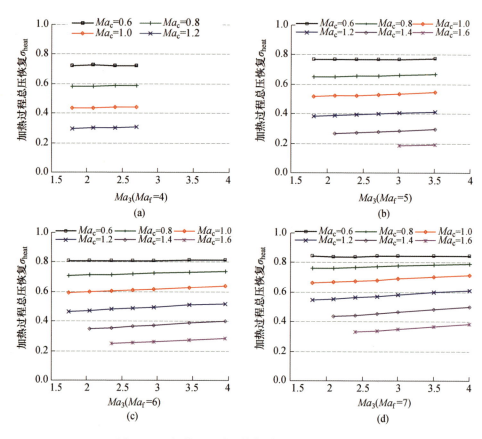

图 3 - 29　加热过程总压恢复受入口马赫数的影响

口马赫数非常必要。

　　总之,激波串压缩过程会造成较大的总压损失,损失程度受到入口气流马赫数条件的强烈影响。由此得到一个启示,即从整体性能最优的角度看,进气道设计不应只考虑进气道自身的损失,而应以进气道和燃烧区前反压诱导激波串的总损失为设计依据。

　　加热过程的总压恢复随入口马赫数的增大而略有增大,在低特征马赫数的亚声速加热条件下(如特征马赫数 0.6)可以忽略其变化。随着特征马赫数的增大,入口马赫数开始显现对加热过程损失的良性影响,高飞行马赫数的高特征马赫数超声速加热条件下影响比较大,如飞行马赫数 7、燃烧室特征马赫数 1.4 的情况,入口马赫数从 2.1 增加到 4,加热过程总压恢复从 0.43 增加到 0.5。但入口马赫数的良性影响远不能抵消特征马赫数增加的负面影响,加热过程的损失随特征马赫数的增大而增大的变化幅度相当大,如果采用大特征马赫数加热过程,从总压恢复的性能看是很不利的。

全过程总压恢复受以上两个过程的综合影响,图 3 – 30 表明,两过程综合影响的结果是随入口马赫数的增大而减小,也随特征马赫数的增加而减小;高入口马赫数时,特征马赫数的影响的差异减小,高特征马赫数时入口马赫数影响的差异减小。全过程总压恢复数据同样证明,采用高入口马赫数、高特征马赫数过程工作是不利的。图中还给出了飞行马赫数 2、3 的亚声速燃烧室的全过程总压恢复受入口马赫数、特征马赫数的影响情况,规律性与超声速燃烧室过程一致,也

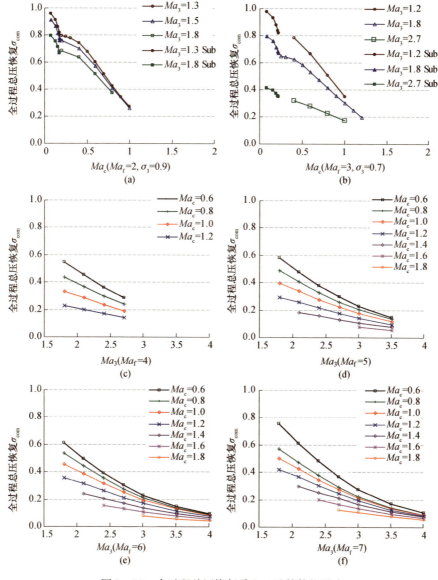

图 3 – 30　全过程总压恢复受入口马赫数的影响

随入口马赫数和特征马赫数的增加而减小,但总压恢复水平高于超声速燃烧室的亚声速加热过程,说明在低飞行马赫数条件下采用亚声速燃烧室冲压发动机更有利(如果不考虑运行范围)。

3.4.2 燃烧效率与加热比

图 3-31～图 3-36 所示为加热比与入口马赫数、总压恢复的关系。在所有飞行马赫数条件下,入口总压恢复越高,实现的加热比大大;入口马赫数越大,实现的加热比越小。对于超声速燃烧室的双模态过程,在相同入口条件下,特征

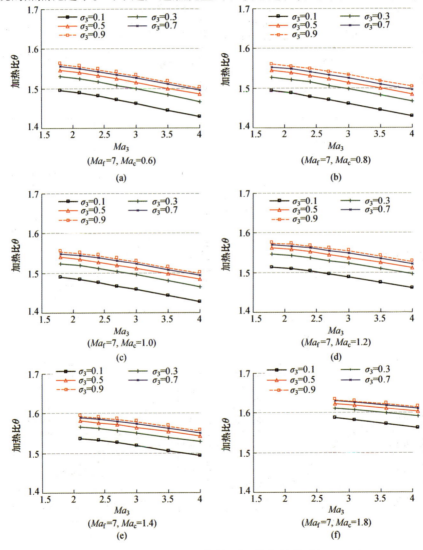

图 3-31　加热比与入口马赫数、总压恢复的关系($Ma_f = 7$)

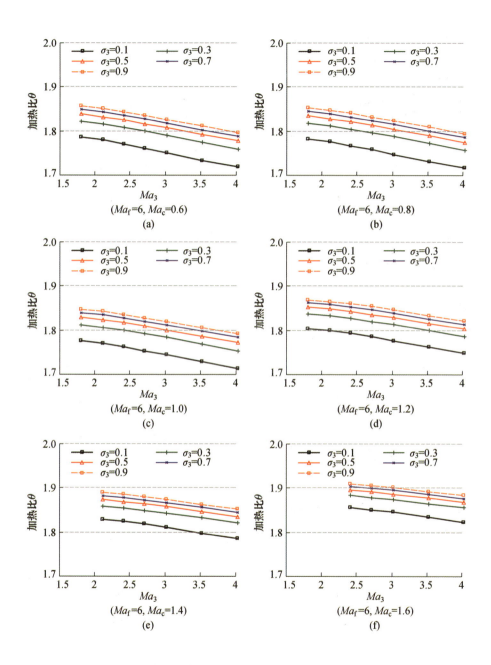

图 3 - 32 加热比与入口马赫数、总压恢复的关系(*Ma*$_\mathrm{f}$ = 6)

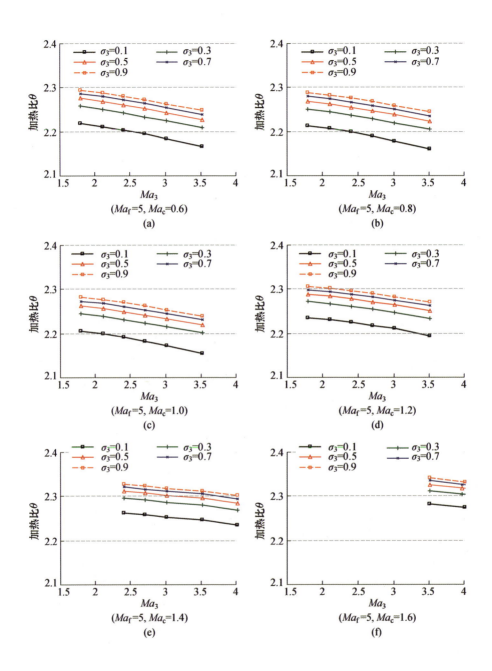

图 3-33　加热比与入口马赫数、总压恢复的关系($Ma_f = 5$)

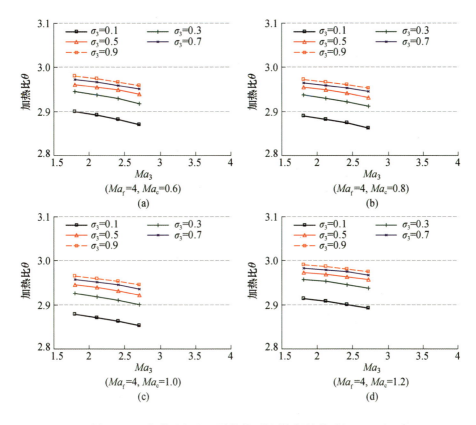

图 3 – 34 加热比与入口马赫数、总压恢复的关系($Ma_f = 4$)

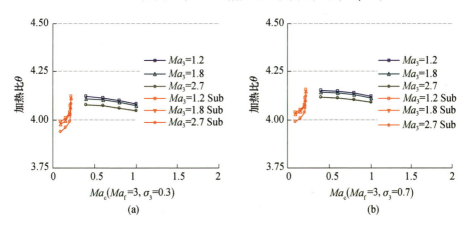

图 3 – 35 加热比与入口马赫数、总压恢复的关系($Ma_f = 3$)

马赫数 1 的过程实现的加热比最小;对于亚声速燃烧室,在相同入口条件下,最小特征马赫数过程实现的加热比最小。

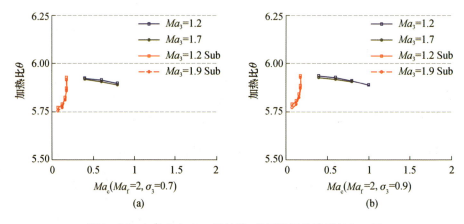

图 3 – 36　加热比与入口马赫数、总压恢复的关系($Ma_f = 2$)

入口总压恢复对可实现的加热比影响明显,高飞行马赫数时影响更显著。例如,在超声速燃烧室的亚声速加热过程中,当入口马赫数 2.5 ~ 3.0 时,总压恢复从 0.1 增加到 0.3,飞行马赫数 7、6 情况下,加热比分别增加 2.4% 、2.1% 、;飞行马赫数 5、4 情况下,当入口马赫数小于 2.5 时,加热比分别增加 1.7% 、1.6% ;入口马赫数增大,入口总压恢复提高带来的收益也略有增大。在上述入口马赫数和亚声速加热过程条件下,若总压恢复从 0.1 增加到 0.5,飞行马赫数 7、6 情况下,加热比分别增加 3.5% 、3.1% 左右,飞行马赫数 5 情况下,加热比增加 2.5% 。入口总压恢复增加到 0.5 之前,提高入口总压恢复收获的加热比量较大;之后,继续提高入口总压恢复,获得的加热比收益变得很小。

对于飞行马赫数 5 ~ 7 的超声速燃烧室,在特征马赫数 1 以下的亚声速加热过程中,入口总压恢复的影响量几乎相同;特征马赫数大于 1 的超声速加热过程,入口总压恢复的影响量随特征马赫数的增加而下降。飞行马赫数 4 时,即使在亚声速加热过程,特征马赫数也影响到入口总压恢复的作用程度,特征马赫数越小,入口总压恢复增加收获的加热比也变小。当特征马赫数对入口总压恢复的影响量有影响时,在特征马赫数 1 条件下,入口总压恢复提高带来的收益最大。

超声速燃烧室双模态过程的加热比随着入口马赫数的增大而减小,是由于入口马赫数增大时,伪激波过程损失增大,加热过程开始之前的总压、静压减小,进而引起燃气离解程度的增大,释热减少,加热比减小;加热比随入口总压恢复的增大而增大,原因也是由于静压对燃气离解程度的影响。亚声速燃烧室在低特征马赫数过程中,也存在入口马赫数的影响,入口马赫数增加导致加热比减小,同样是伪激波过程损失增大、燃烧室内总温增高、离解程度增加造成的;在特征马赫数增加到可实现的最大值时,由于加热比造成的总温升高占主导,入口马赫数的影响消失。

从上述数据可以推论,适当提高入口总压恢复是必要的。

3.4.3 比冲性能

图 3 – 37 ～ 图 3 – 42 所示为超声速燃烧室飞行马赫数 4 ~ 7 的内推力比冲与入口马赫数、总压恢复的关系。在其他条件相同时,入口总压恢复越高,获得的内推力比冲性能越大;入口马赫数越大,入口总压恢复提高性能的贡献率越

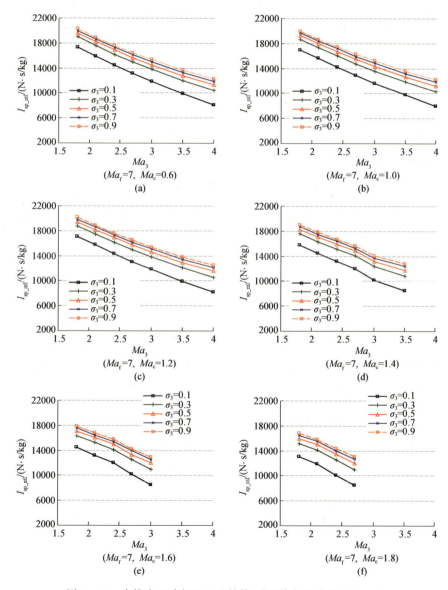

图 3 – 37　内推力比冲与入口马赫数、总压恢复的关系(Ma_f =7)

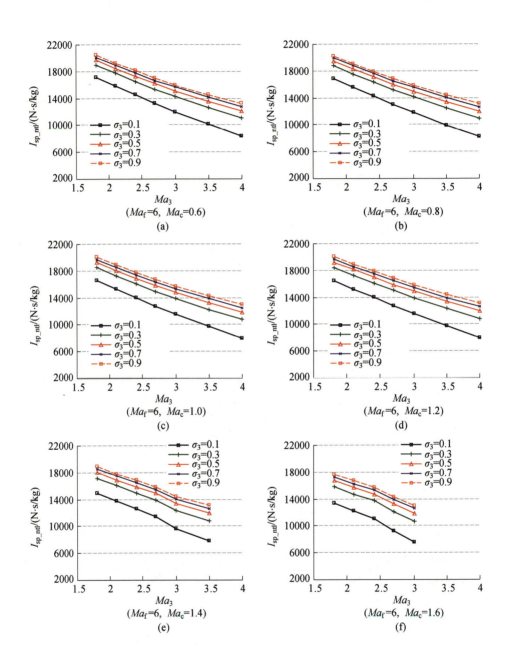

图 3 - 38　内推力比冲与入口马赫数、总压恢复的关系($Ma_f = 6$)

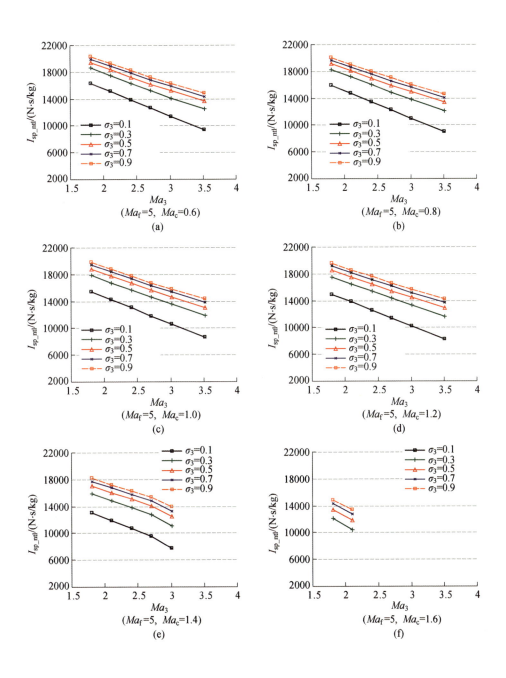

图 3 – 39　内推力比冲与入口马赫数、总压恢复的关系(Ma_f = 5)

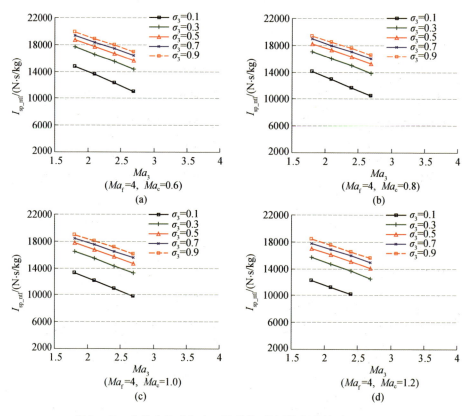

图 3-40　内推力比冲与入口马赫数、总压恢复的关系($Ma_f = 4$)

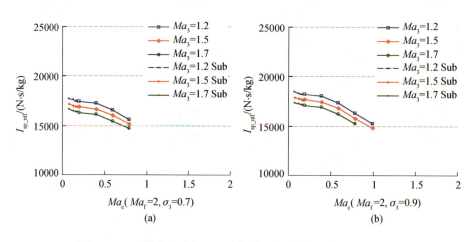

图 3-41　内推力比冲与入口马赫数、总压恢复的关系($Ma_f = 2$)

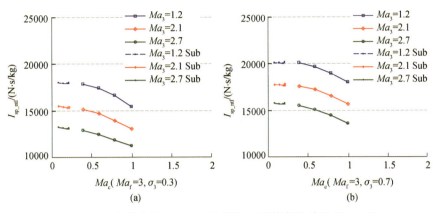

图 3-42 内推力比冲与入口马赫数、总压恢复的关系($Ma_f = 3$)

大;在飞行马赫数 7 时,特征马赫数对入口总压恢复提高性能的贡献率影响很小;飞行马赫数越低,特征马赫数开始影响入口总压恢复提高性能的贡献率,特征马赫数越大,入口总压恢复提高带来的性能改善越大。入口总压恢复在 0.5以下时,每增加 0.1 对提高性能的贡献率都比较大;入口总压恢复超过 0.5 以后,总压恢复对提高性能的贡献率变小。这些贡献率的变化,可参考图 3-43。

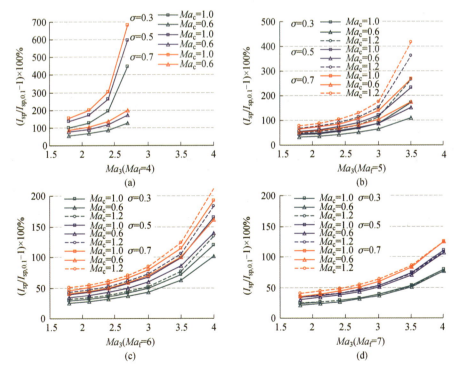

图 3-43 总压恢复对比冲性能的贡献率

在其他条件相同时,双模态过程的入口马赫数增大,发动机获得的内推力比冲性能减小;飞行马赫数增加,双模态过程入口马赫数增加的影响略有减小。

在飞行马赫数 2、3 时,与亚声速燃烧室最大性能相比,超声速燃烧室最小特征马赫数过程损失的性能与入口马赫数、入口总压恢复有关,入口马赫数越高、入口总压恢复越低,损失的性能越大。对于飞行马赫数 2,当入口马赫数 1.2 ~ 1.7、总压恢复 0.9 时,超声速燃烧室损失的性能为 4.7% ~ 6.5%,总压恢复为 0.7 时,损失的性能为 6.2% ~ 8.5%;对于飞行马赫数 3,当入口马赫数 1.2 ~ 1.7、总压恢复 0.7 时,超声速燃烧室损失的性能为 2.2% ~ 6%,总压恢复为 0.3 时,损失的性能为 4.7% ~ 15%。

图 3-44 突出了入口马赫数与入口总压恢复匹配对性能收获的影响。

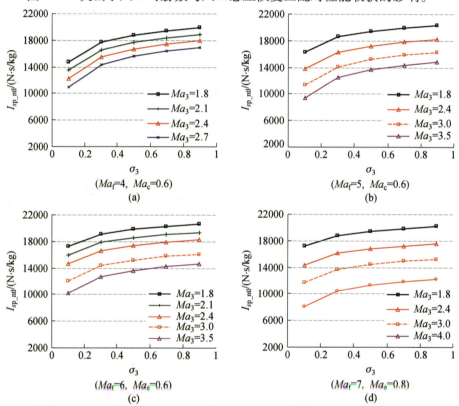

图 3-44　入口条件匹配对可期望的内推力比冲性能的影响

可以看到,较低的入口马赫数配合较高的入口总压恢复,可以获得更好的性能。较高入口马赫数配合较高的入口总压恢复,只能获得较低入口马赫数配合适当低值的入口总压恢复所获得的性能(可参考图中等性能线与各条曲线的交点),如飞行马赫数 6,如果入口马赫数为 2.4、总压恢复为 0.1,在特征马赫数

0.6 时获得比冲性能约 14000N·s/kg,与入口马赫数 3.0、总压恢复 0.3 在特征马赫数 0.6 时获得比冲性能相同,也与入口马赫数 3.5、总压恢复 0.7(很难获得这个匹配)在特征马赫数 0.6 时获得比冲性能相同。过高的入口马赫数配合高总压恢复性能,也许根本无法获得较低入口马赫数和适当总压恢复所能够获得的性能,如入口马赫数 2.4、总压恢复为 0.3 在特征马赫数 0.6 时获得比冲性能约 16000N·s/kg,而入口马赫数 3 以上的入口速度、总压恢复 0.9 的匹配都不可能获得这个性能。由此得到重要启示,进气道不一定要提供很高的总压恢复,只要参数匹配合理,可以在较低总压恢复下获得期望的发动机比冲性能。

图 3-45~图 3-48 所示为冷热态推力增量比冲随入口总压恢复、入口马赫数变化的关系,图 3-49 和图 3-50 所示为入口条件匹配对可期望的内推力比冲、全流道比冲性能的影响。这两种比冲性能随入口总压恢复、入口马赫数变化的总趋势都与推力增量比冲一致,入口参数匹配对可期望性能的影响也与推力增量比冲一致,只是数值的差别。这些数据供读者在需要时参考。

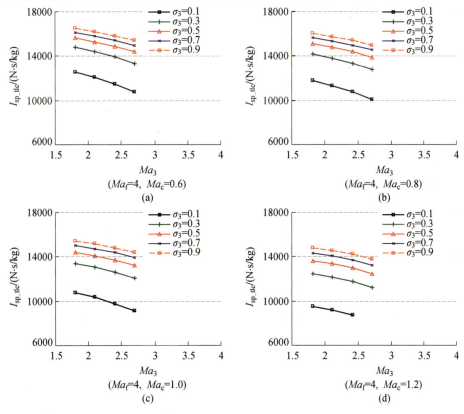

图 3-45　推力增量比冲与入口马赫数、总压恢复的关系($Ma_f = 4$)

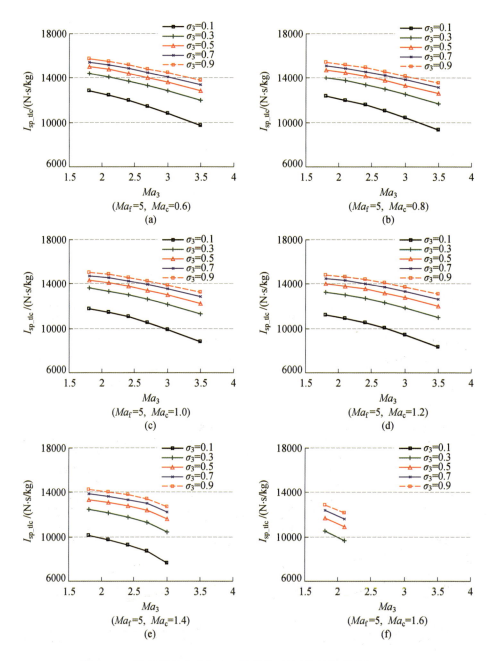

图 3-46　推力增量比冲与入口马赫数、总压恢复的关系($Ma_f=5$)

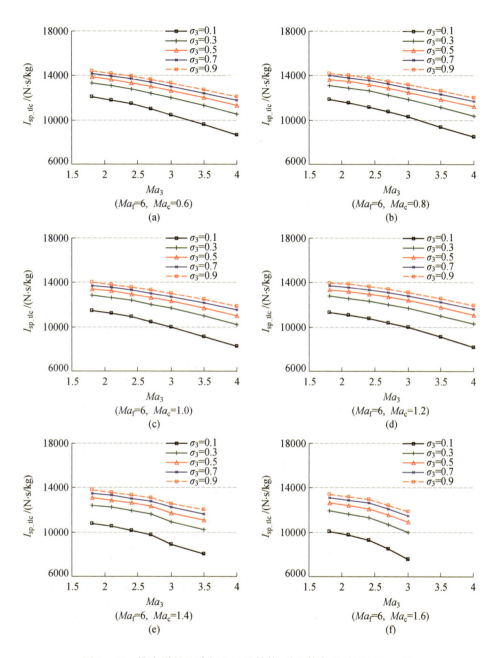

图 3 - 47 推力增量比冲与入口马赫数、总压恢复的关系($Ma_f = 6$)

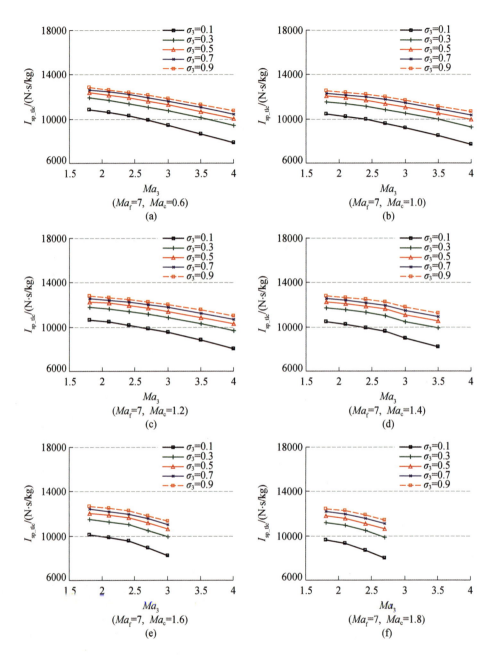

图 3-48 推力增量比冲与入口马赫数、总压恢复的关系($Ma_f = 7$)

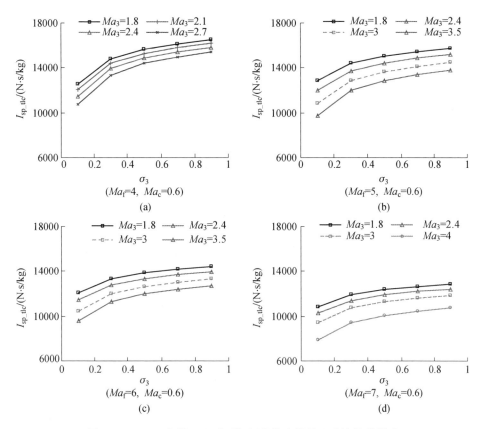

图 3 - 49   入口条件匹配对可期望的推力增量比冲性能的影响

3.4.4 燃烧室需用扩张比

图 3 - 51 所示为燃烧室需用扩张比与入口马赫数、总压恢复的关系。

对于飞行马赫数 2、3,亚声速燃烧室的需用扩张比随着双模态过程入口马赫数的增大而减小,但差别很小;入口总压恢复对需用扩张比几乎没有影响。超声速燃烧室在其低亚声速特征马赫数过程中,入口马赫数和入口总压恢复对需用扩张比几乎没有影响;特征马赫数增大,入口马赫数和入口总压恢复对需用扩张比的影响增大,而且变化幅度很大。

对于飞行马赫数 4~7 超声速燃烧室的双模态过程,随着双模态过程入口马赫数的增大,燃烧室需用扩张比减小,原因在于双模态过程入口马赫数增大时,增加了第一等面积段内能添加的热量,从而减小了扩张段内所需添加的热量,进而降低了添加相同热量时对扩张比的需求。特征马赫数越小,燃烧室需用扩张

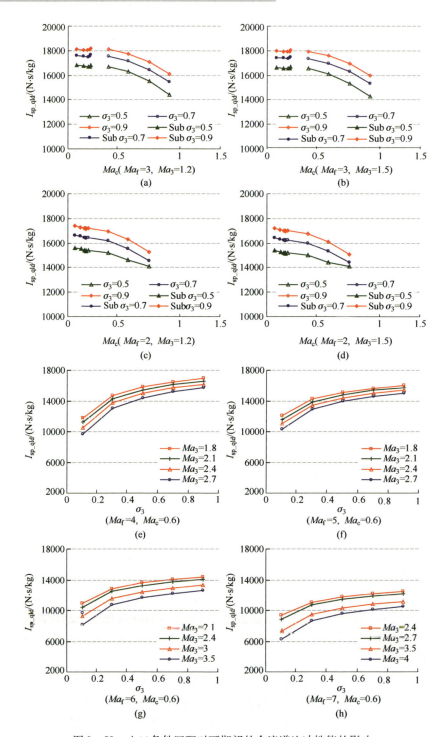

图 3-50　入口条件匹配对可期望的全流道比冲性能的影响

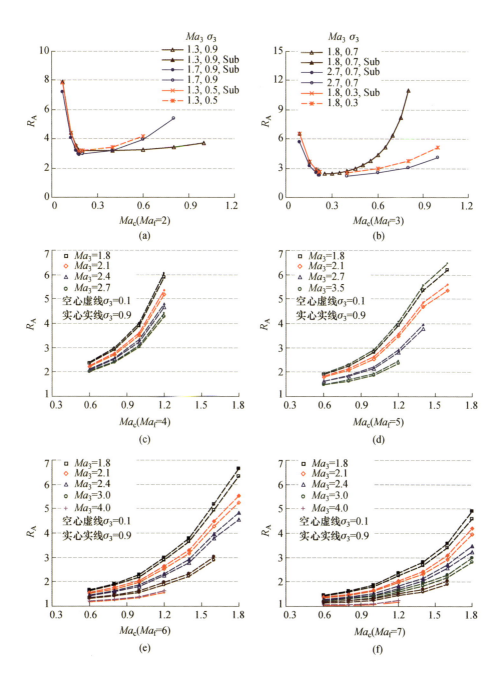

图 3 – 51 燃烧室需用扩张比与入口马赫数、总压恢复的关系

比随入口马赫数的变化越小;飞行马赫数越大,燃烧室需用扩张比随入口马赫数的变化越小。

对于飞行马赫数 4~7 超声速燃烧室的双模态过程,随着双模态过程入口总压恢复的增大,燃烧室需用扩张比略微增大,原因在于总压恢复的增大附带地略微增大了燃烧室内的加热比(参考图 3-31~图 3-34)但变化幅度非常小,几乎可以忽略。给定飞行马赫数,随特征马赫数增加,双模态过程入口总压恢复对燃烧室需用扩张比的影响增大;给定特征马赫数,随飞行马赫数增加,双模态过程入口总压恢复对燃烧室需用扩张比的影响程度几乎是一致的。

综合 3.4.1 节~3.4.3 节的信息获知,从双模态冲压发动机整体性能的角度看,选取双模态过程入口参数时,需要考虑入口参数对燃烧室需用扩张比的影响,以保证发动机能正常工作,只有发动机正常工作,才能保证获得所需性能。如果采用固定几何燃烧室,需要匹配各飞行条件下的入口参数,以保证在各飞行状态均能保证发动机的正常工作,进而获得所需性能。

3.4.5 释热分布

图 3-52 所示为燃烧室热量分配与入口马赫数、总压恢复的关系。

对于飞行马赫数 2、3、亚声速燃烧室的热量均在等面积段(相当于超声速燃烧室的第二等面积段)添加,且随特征马赫数的增加,可实现的热量添加略有增加。入口马赫数、入口总压恢复对热量分配不产生影响。

飞行马赫数 2 超声速燃烧室在其最低特征马赫数过程中,热量也在第二等面积段添加,添加量与亚声速燃烧室最高特征马赫数过程相同;随着特征马赫数的增加,在扩张段内的热量添加量增加、第二等面积段的热量添加量减少,当特征马赫数增加到 1 时,所有热量均在扩张段添加。入口马赫数、入口总压恢复对热量分配不产生影响。

飞行马赫数 3 超声速燃烧室在其最低特征马赫数过程中,热量也在第二等面积段添加,添加量与亚声速燃烧室最高特征马赫数过程相同;随着特征马赫数的增加,在扩张段内的热量添加量增加、第二等面积段的热量添加量减少,当特征马赫数增加到 1 时,所有热量均在扩张段添加。从某个特征马赫数开始(约 0.55),在第一等面积段需要添加热量,当特征马赫数增加到 1 时,第一等面积段添加的热量达到最大值,在超声速加热过程中,随特征马赫数的增加,第一等面积段需添加的热量减少。入口总压恢复对热量分配不产生影响,入口马赫数对第二等面积段添加的热量比例不产生影响,对扩张段和第一等面积段的热量比例产生影响,使扩张段的热量比例下降、第一等面积段的热量比例增加。

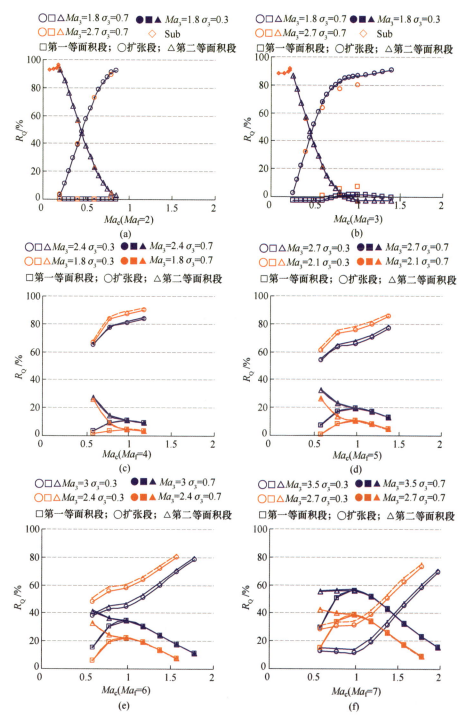

图 3 – 52　燃烧室热量分配与入口马赫数、总压恢复的关系

对于飞行马赫数 4~7 的超声速燃烧室双模态过程,随着特征马赫数的增加,在第一等面积段、扩张段内的热量添加量增加,在第二等面积段的热量添加量减少。入口总压恢复对扩张段的加热量比例略有影响,飞行马赫数越高,影响越大,但影响量始终很小;入口总压恢复对其他两段的加热量比例影响甚微。入口马赫数对各段热量比例均产生影响,入口马赫数越高,第一等面积段、第二等面积段内的加热量比例增加,扩张段内热量比例减小;特征马赫数越大,入口马赫数的影响越大,飞行马赫数越大,影响量也越大。

在亚声速加热模态,随着特征马赫数增加,热量从第二等面积段向第一等面积段和扩张段转移;在超声速加热模态,随着特征马赫数增加,热量从等面积段向扩张段转移。随着飞行马赫数的增加,热量从扩张段向两个等面积段转移。

综合 3.4.1 节~3.4.4 节的信息获知,从双模态冲压发动机整体性能的角度看,选取双模态过程入口参数时,需要考虑入口参数对燃烧室释热/面积匹配规律的影响,以保证发动机能够正常工作,只有发动机正常工作,才能获得期望的性能。如果采用固定几何燃烧室,需要匹配各飞行条件下的入口参数与燃烧室释热/面积匹配规律,以保证发动机正常工作,在各飞行状态均能获得所需性能。

3.4.6　伪激波过程出口的压比

图 3-53 所示为伪激波过程出口的压比与入口马赫数、总压恢复的关系。

无论亚声速燃烧室还是超声速燃烧室,伪激波过程出口的压力均随特征马赫数的增加而降低,随飞行马赫数的增加而急剧增大。亚声速燃烧室内马赫数低,所以在其他条件相同时,伪激波过程出口的压力比超声速燃烧室高。

伪激波过程的入口马赫数、入口总压恢复对伪激波过程出口的压比都有很大影响。入口马赫数降低、总压恢复增大,导致伪激波过程出口的压力升高;特征马赫数增加,入口马赫数和总压恢复的影响量降低;飞行马赫数增加,入口马赫数和总压恢复的影响量增大。

综合 3.4.1 节~3.4.5 节的信息获知,双模态冲压发动机要获得优良的整体性能,适当选取伪激波过程的入口参数、使燃烧室热量与面积匹配符合要求是核心设计目标,但期望的燃烧室特征马赫数过程还将在上游产生相应的增压,进气道提供的出口气流条件必须能够抵抗这个增压量。由此可以推断,进气道设计时,只要进气道提供的出口气流条件能够抵抗这个增压量,适当考虑安全裕度即可,无需追求更高的抗反压性能。

如果采用固定几何燃烧室,需要匹配各飞行条件下的伪激波入口参数、燃烧室特征马赫数过程的热量-面积匹配关系,同时,进气道还必须在各飞行状态提供适当的出口气流条件,使进气道能够在各飞行状态的燃烧室增压条件下以合理的安全裕度正常工作。

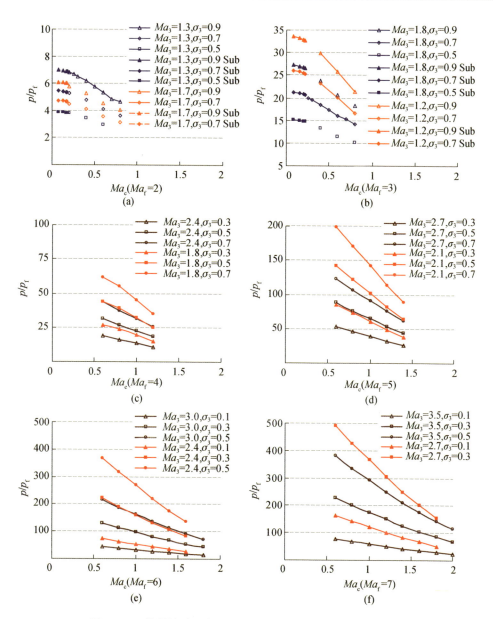

图 3-53　伪激波过程出口压比与入口马赫数、总压恢复的关系

3.5　小结

　　根据等效热力过程模型,以燃烧室特征马赫数区分具有相同损失的双模态冲压发动机热力过程族,使燃烧室特征马赫数从高向低的变化,覆盖燃烧室工作

可能出现的所有情况。

对于每一个入口条件,在燃料完全参与反应、达到化学平衡条件下,改变燃烧室特征马赫数,获得每一个过程的总压恢复、热量分配、燃烧室需用扩张比、燃料比冲性能、伪激波过程出口的增压比,这个过程称为双模态冲压发动机的等效热力过程分析,被分析的每一个燃烧室特征马赫数过程,就是一个“橡皮发动机”。从获得的特征马赫数(热力过程)与性能的关系中,查找最佳性能(或可接受性能)对应的热力过程条件,可得到合理的(或最佳的)发动机设计方案。

在本章分析的假设条件下(忽略壁面热损失,给定壁面摩擦力因数为0.004),得到以下重要结论:

亚声速燃烧室冲压发动机通常需要在尾喷管设置几何喉道,在给定入口条件和燃料当量比条件下,随着亚声速燃烧室内特征马赫数的增加,尾喷管喉道面积将变大,在某一个特征马赫数时,尾喷管喉道消失,其热力过程与超声速燃烧室冲压发动机的最低燃烧室特征马赫数过程相衔接,两者的需用扩张比也相当。

在低超声速范围(如飞行马赫数3以下),采用亚声速燃烧室可以获得更高比冲性能,但需要较大的燃烧室扩张比。如果考虑宽范围运行的要求,采用超声速燃烧室,使双模态冲压发动机工作在亚声速加热模态,将在最低特征马赫数过程获得最好比冲性能,但在飞行马赫数3以下时,这个性能低于亚声速燃烧室的比冲性能,损失的性能取决于入口条件的匹配情况,入口马赫数越高、入口总压恢复越低,损失的性能越大。当其他条件相同时,飞行马赫数3获得的比冲性能高于其他飞行马赫数。

超声速燃烧室在马赫数7以下时,给定入口条件和燃料当量比,采用最小特征马赫数热力过程(亚声速加热模态)可以获得最好比冲性能;最小特征马赫数热力过程的燃烧室需用扩张比最小。在飞行马赫数7时,最低性能出现在特征马赫数1的过程中,最大性能出现在超声速加热模态;与超声速加热模态可能产生的最大性能相比,采用最小特征马赫数过程获得的比冲性能仅有少量损失。所以,在马赫数7(含)以下,超声速燃烧室采用最小特征马赫数工作,不仅可以获得最好(或可接受)的性能,也使燃烧室横截面尺寸达到最小。

当燃料当量比减小时(小于1.2),最优工作过程仍是特征马赫数最小的亚声速加热过程,但燃烧室的需用扩张比减小;当需要减小当量比调节推力时,燃烧组织应减少下游释热量、保持上游热量分配。

双模态冲压发动机的性能是伪激波过程和燃烧过程的综合结果,伪激波过程和加热过程分别对双模态过程的入口马赫数和特征马赫数敏感,可实现的加热比对入口总压恢复敏感。在其他条件相同时,双模态过程的入口总压恢复越高,获得的内推力比冲性能越大;入口马赫数越大,入口总压恢复对提高性能的贡献率越大。燃烧室需用扩张比、热量分配比例受入口马赫数影响显著。

　　双模态过程在较低入口速度、适当的总压恢复条件下，可以期望更好的比冲性能。所以，进气道不一定要提供很高的总压恢复，只要参数匹配合理，可以在较低入口马赫数和较低总压恢复下获得期望的发动机比冲性能。但双模态过程的入口马赫数越低，燃烧室需用扩张比越大。

　　获得所需的双模态冲压发动机热力过程，需要按照该特征马赫数热力过程的需用扩张比和热量分配指示组织燃料的燃烧。改变燃烧室各段的热量分配或改变燃烧室扩张比，也将改变燃烧室等效热力过程，进而改变可期望的性能。

　　对于考虑壁面热损失以及壁面摩擦力因数为其他条件时，上述结论的规律性不变，但分界点数值将会发生变化，详见第 5 章。

　　对于每一个飞行马赫数和双模态过程的入口条件，给定燃料当量比，在使燃料热量充分释放的前提下，存在燃烧室的最低特征马赫数过程，具体数值与燃烧室壁面热损失、燃烧室总阻力情况相关，所以，本章并未给出每个条件的最低特征马赫数。

第4章　入流工质污染组分影响

4.1　燃烧室入流工质的典型污染组分

　　双模态冲压发动机地面实验设备常用的高温燃气发生器是氢气/空气燃烧补氧加热器和酒精/空气燃烧补氧加热器(以下简称氢气加热器和酒精加热器)。氢气加热器产生的实验气体中存在大量的水,酒精加热器的污染组分主要是 CO_2 和 H_2O,在同等条件下,这些组分的定压比热容与纯空气差别很大(图4-1),上述燃烧加热器提供的实验气体的热力学性质与纯空气差别显著,温度越高,差别越大,势必对超声速燃烧室冲压发动机的工作过程产生影响。掌握这些多余组分的影响,对于设计合理的实验方案、正确使用地面实验数据和设计发动机几何方案非常重要。

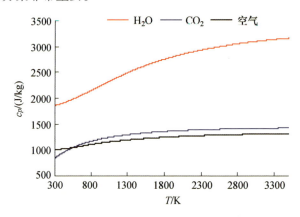

图4-1　H_2O、CO_2 及空气的定压比热容随温度的变化

　　本章按照表4-1~表4-3的入流工质污染组分(保持氧的摩尔含量与空气相同),分析工质组分对热力过程与性能关系的影响规律。由于低超声速实验模拟的能量获取不是很困难,没有必要采用燃烧加热设备的污染工质,本章分析只考虑飞行马赫数4~7的条件。图4-2是3种模拟方式的污染工质相对分子质量偏离纯空气的情况。本章分析基于化学平衡假设。

表 4 - 1　氢气加热器模拟总焓的工质组分特性

Ma_f	T_{t0}/K	h_{t0}/MJ	质量组分百分比			相对分子质量	$\phi=1$ 的空燃比
			H_2O	O_2	N_2		
4	850	0.61	0.06	0.24	0.70	27.92	14.13
5	1150	1.00	0.10	0.25	0.61	27.36	13.87
6	1495	1.52	0.14	0.25	0.61	26.74	13.53
7	1850	2.13	0.20	0.26	0.54	26.0	13.16

表 4 - 2　氢气加热器模拟总温时的工质组分特性

Ma_f	T_{t0}/K	h_{t0}/MJ	质量组分百分比			相对分子质量	$\phi=1$ 的空燃比
			H_2O	O_2	N_2		
4	877	0.65	0.06	0.24	0.70	27.88	14.11
5	1250	1.12	0.10	0.25	0.65	27.28	13.80
6	1650	1.77	0.17	0.26	0.58	26.40	13.28
7	2130	2.66	0.25	0.26	0.49	25.38	12.84

表 4 - 3　酒精加热器模拟总焓的工质组分特性

Ma_f	T_{t0}/K	h_{t0}/MJ	质量组分百分比				相对分子质量	$\phi=1$ 的空燃比
			H_2O	CO_2	O_2	N_2		
4	860	0.61	0.04	0.06	0.23	0.67	28.88	14.47
5	1170	1.00	0.05	0.09	0.23	0.62	28.90	14.63
6	1550	1.52	0.08	0.13	0.23	0.56	28.92	14.64
7	1955	2.13	0.11	0.17	0.23	0.49	28.96	14.66

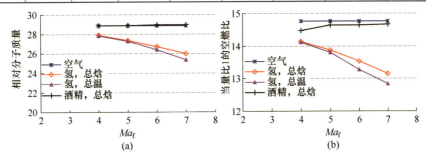

图 4 - 2　污染工质关键数据偏离纯空气的情况

4.2　化学当量条件下的热力过程与性能关系的变化

壁面摩擦力因数为 0.004,不考虑壁面热损失,燃料为煤油(分子式

$C_{12}H_{23}$)，燃料的总当量比为1，考虑燃气离解效应并假设燃气处于化学平衡态。其他入口条件与3.2节相同。

4.2.1 加热比

按照表4-1～表4-3的工质组分和当量比1的条件，考虑化学平衡影响（离解效应）获得的加热比(图4-3)，图中还给出了纯空气的加热比数据，以供比较。从图中数据可以看到，在采用污染工质的条件下，不论哪个飞行条件，加热比随特征马赫数的变化趋势与纯空气是一致的，最小加热比均出现在特征马赫数为1时。在亚声速加热模态的各热力过程中，特征马赫数越小，可实现的加热比越大；在超声速加热模态的各热力过程中，特征马赫数越大，可实现的加热比越大。

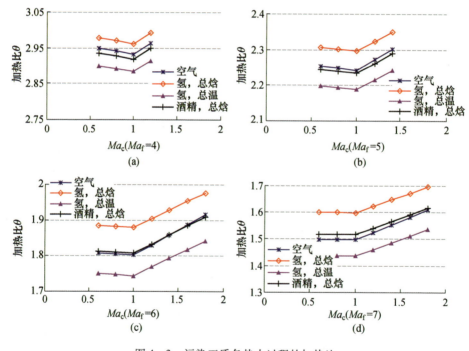

图4-3　污染工质各热力过程的加热比

出现这个趋势的原因与纯空气的情况一样。在亚声速加热模态，使气流在燃烧室出口达到热壅塞状态，当地静温和静压取决于当地的总温和总压；燃烧室特征马赫数增大(但小于1)，加热过程的总压恢复降低，燃烧室出口的静压减小，离解反应向吸热方向移动，燃烧效率降低，实现的加热比也减小。在超声速加热模态，燃烧室出口马赫数等于特征马赫数，燃烧室出口马赫数增大，当地静温急剧减小，使离解反应向释热方向大幅移动，相比之下，静压减小使离解向吸热方向移动的幅度很小,总的效果是燃气释放的热量更多,燃烧效率更高。

在图 4 - 3 中给出的飞行马赫数和特征马赫数范围,氢气加热器模拟总焓工质获得的加热比始终大于纯空气条件,氢气加热器模拟总温工质获得的加热比始终小于纯空气条件,酒精加热器模拟总焓工质获得的加热比最接近纯空气条件的结果。

从这个结果看,似乎利用酒精加热器模拟总焓的方法更适合于性能实验,但后面会看到,其中的关系不是这么简单。此外,酒精燃烧不如氢气完全,提供的实验工质中杂质成分复杂,且难以确认其成分,实际上给实验数据的分析带来更大困难。

图 4 - 4 所示为各污染工质条件相对于纯空气条件实现的相对加热比数据,从中更容易看到各种条件的定量影响程度。

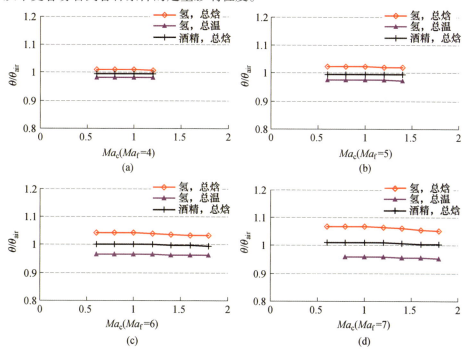

图 4 - 4　污染工质各热力过程加热比的相对变化(相对加热比)

氢气加热器模拟总焓的加热比始终大于纯空气条件,随着飞行马赫数的增大,相对于空气条件的加热比数据增大,即污染工质的影响程度也增大;给定飞行马赫数条件时,随特征马赫数的变化,相对于空气条件的加热量变化不大,即污染工质对各特征马赫数热力过程影响的程度相当。例如,飞行马赫数 6 条件下,在特征马赫数小于等于 1 时保持为纯空气条件加热比的 1.04 倍左右,在特征马赫数从 1.0 增大到 1.8 时,加热比的相对值逐渐减小到 1.03 左右。飞行马赫数 4、5、6、7 条件下,氢气加热器模拟总焓的污染工质对加热量的平均影响程度分别为 <1%、约 2.2%、约 4%、约 6.5%。

氢气加热器模拟总温时的加热比始终小于纯空气条件,随着飞行马赫数的增大,相对于空气条件的加热比数据减小,即污染工质的影响程度增大;给定飞行马赫数条件时,随特征马赫数的变化,相对于空气条件的加热量变化不大,即污染工质对各特征马赫数热力过程影响的程度相当。例如,飞行马赫数 6 条件,在特征马赫数小于等于 1 时,相对加热比稳定在 0.97 左右,在特征马赫数从 1 增大到 1.8 时逐渐减小到 0.96。飞行马赫数 4、5、6、7 条件下,氢气加热器模拟总温的污染工质对加热量的平均影响程度约为 −1.7%、−2.5%、−3.4%、−4%。

酒精加热器模拟总焓时的加热比和纯空气条件结果的差异最小。飞行马赫数 4、5、6、7 条件下,其污染工质对加热量的平均影响程度约为 − 0.5%、− 0.4%、0.2%(Ma_c <1)、1.2%(Ma_c <1)。

4.2.2 总压恢复

图 4 − 5 是按照表 4 − 1 ~ 表 4 − 3 的工质组分和当量比 1 的条件,考虑化学平衡影响(离解效应)获得的污染工质各热力过程的全过程总压恢复数据。可以看到,在采用污染工质的条件下,不论哪个飞行条件,总压恢复随特征马赫数的变化趋势与纯空气是一致的,均随特征马赫数的增大而减小;但数值上均与纯

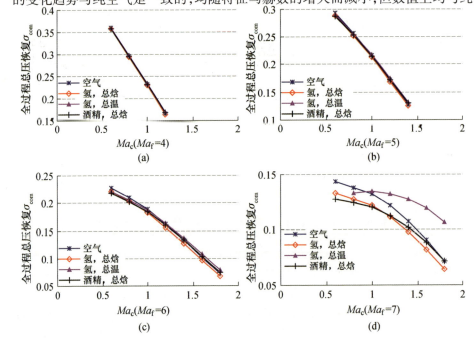

图 4 − 5 污染工质各热力过程的全过程总压恢复

空气存在差别,飞行马赫数越高,污染带来的差异越大。

图 4-6 所示为污染工质各热力过程全过程总压恢复与纯空气比较的相对值,从中更容易看出相对于空气的变化情况。

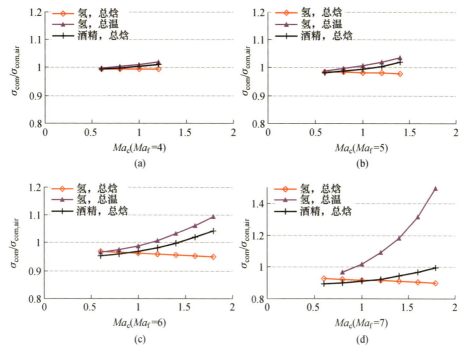

图 4-6　污染工质全过程总压恢复的相对变化

从图 4-6 可以看到,氢气加热器模拟总焓工质获得的全过程总压恢复总是小于纯空气(相对值小于 1)。飞行马赫数越高,偏离纯空气越远;特征马赫数越大偏差越大。在飞行马赫数 4,采用低特征马赫数的热力过程中,总压恢复的偏差很小,可以忽略不计。在马赫数 5、6、7 时,特征马赫数 0.6 过程的偏差分别为 -1.5% 、-3% 、-7% 。而飞行马赫数 7,在特征马赫数 1.4 时的偏差达 -9% 。

采用氢加热器模拟总温工质获得的全过程总压恢复,在某个特征马赫数以下时小于纯空气值,超过该特征马赫数就会大于纯空气的值。在飞行马赫数 4时,这个分界的特征马赫数为 0.6~0.8,在飞行马赫数 5、6、7 条件下,这个分界的特征马赫数分别是 0.9、1.1、0.93,特征马赫数偏离这个分界马赫数越远,总压恢复偏离纯空气越大。在飞行马赫数 4、特征马赫数 0.6 时,偏差可忽略不计;飞行马赫数 5、6 的特征马赫数 0.6 过程,偏差分别为 -1% 、-3.4% 、;在飞行马赫数 7、特征马赫数 1 时,偏差为 1.9% ,特征马赫数 1.4 时偏差达 18% 。飞行马赫数越大,总压恢复随特征马赫数的变化速率越大。

采用酒精加热器模拟总焓工质获得的全过程总压恢复,其偏差特性与氢加热器模拟总温类似,存在分界特征马赫数,小于分界特征马赫数时,总是小于纯空气值,超过该特征马赫数就大于纯空气的值。在飞行马赫数4、5、6、7条件下,这个分界的特征马赫数分别是0.9、1.1、1.4⁺、1.8⁺。特征马赫数偏离这个分界马赫数越远,总压恢复偏离纯空气越大。在飞行马赫数4、特征马赫数0.6时,偏差可忽略不计;在飞行马赫数5、6、特征马赫数0.6时,偏差为−2%、−4.6%。在飞行马赫数7、特征马赫数0.6、1、1.4时,偏差分别为−10.5%、−9%、−0.03%。

在飞行马赫数4、5,特征马赫数0.6的条件下,3种模拟方法几乎获得相同的总压恢复,且均略低于纯空气。在飞行马赫数6,特征马赫数0.6的条件下,氢加热器总焓模拟与总温模拟获得几乎相同的总压恢复,酒精加热器获得略低的总压恢复。在飞行马赫数7、特征马赫数略大于1时,氢加热器总焓模拟与酒精加热器总焓模拟获得相同的总压恢复;较低特征马赫数条件下,酒精加热器总焓模拟、氢加热器总温模拟获得的总压恢复均低于氢加热器总焓模拟。

由此看来,污染工质对总压恢复的影响是很复杂的。

4.2.3 比冲性能

图4-7所示为按照表4-1~表4-3的工质组分和当量比1的条件,考虑化学平衡影响(离解效应)获得的污染工质内推力比冲数据。从图中数据可以看到,在采用污染工质的条件下,不论哪个飞行条件,内推力比冲随特征马赫数

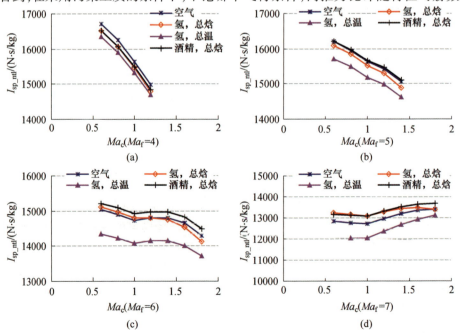

图4-7 污染工质各热力过程的内推力比冲

的变化趋势与纯空气是一致的。在飞行马赫数 4~6 范围,最大比冲性能出现在最小特征马赫数的过程;在飞行马赫数 7 条件下,特征马赫数 1 的过程获得的内推力比冲性能最小,在最低特征马赫数过程获得亚声速加热模态的最大比冲性能,超声速加热模态中存在最大比冲性能条件。在性能随特征马赫数变化的细节上,与纯空气有差异,这种差异随着飞行马赫数的增加而增大;各模拟条件因污染工质的影响,性能偏离纯空气值的方向也不同,进一步说明污染工质影响的复杂性。

在飞行马赫数 4、5 条件下,各模拟条件污染工质获得的内推力比冲性能均随特征马赫数的增加而单调下降。在飞行马赫数 4 条件下,3 种模拟方式的污染工质获得的内推力比冲均小于纯空气,氢气加热器模拟总焓、酒精加热器模拟总焓获得几乎相同的内推力比冲性能;氢气加热器模拟总温获得的内推力比冲最小。在飞行马赫数 5 条件下,低特征马赫数过程(亚声速加热模态),酒精加热器模拟总焓获得的内推力比冲性能与纯空气基本一致,在超声速加热模态则略高于纯空气获得的性能;氢气加热器模拟总焓或模拟总温的工质,获得的内推力比冲性能均低于纯空气值,在 3 种模拟方式中,氢气加热器模拟总温的工质获得的内推力比冲性能最小。

在飞行马赫数 6 时,纯空气的特征马赫数 1 过程是一个分界点,在亚声速加热模态,内推力比冲随特征马赫数增加而单调下降;之后,在超声速加热模态,在特征马赫数 1.4 存在极大值,之后随特征马赫数的增加而单调下降。酒精加热器模拟总焓工质获得的内推力比冲性能随特征马赫数的变化曲线,与纯空气曲线基本平行,但性能高于纯空气条件。氢气加热器模拟总焓方式获得的内推力比冲性能最接近纯空气条件,在特征马赫数 1.2 时两者是重合的,在小于 1.2 的特征马赫数过程中,氢气加热器模拟总焓工质获得的比冲性能均大于纯空气;在大于 1.2 的特征马赫数过程中,获得的比冲性能均小于纯空气,且在超声速加热模态不出现局部极大值条件。氢气加热器模拟总温工质的比冲随特征马赫数变化曲线,基本与纯空气的曲线平行,性能最大值点、超声速加热模态的局部性能极值点位置相同,但性能数据比纯空气小得多。

在飞行马赫数 7 时,纯空气的特征马赫数 1 过程是性能的最小值状态,亚声速加热过程内推力比冲随特征马赫数的减小而单调下降,超声速加热过程特征马赫数 1.5 存在极大值,之后随特征马赫数的减小而单调下降。酒精加热器模拟总焓工质获得的内推力比冲性能随特征马赫数的变化曲线,与纯空气曲线基本平行,但性能明显高于纯空气条件。氢气加热器模拟总焓方式获得的内推力比冲性能曲线,在特征马赫数小于 1.2 的各过程中,与酒精加热器模拟总焓的曲线基本重合,在最低特征马赫数过程中略高于酒精加热器工质;在较高特征马赫数的超声速加热模态,性能低于酒精加热器工质,在特征马赫数 1.8 时性能与纯空气重合,所以在超声速加热模态的局部极大值性能条件与纯空气的条件不一致。氢气加热器模拟总温工质的性能数据比纯空气小得多,比冲性能随特征马赫数的增加而持续增大,在亚声速过程范围性能相差不多,均小于超声速加热模态的性能,超声速加热模态性能几乎与特征马赫数呈正比例关系。

这种偏差的不一致性,与各特征马赫数过程中的温度、压力条件对污染工质组分的化学反应速率的影响有关,即与工质组分的离解效应有关。

图4-8所示为3种模拟方式的污染工质内推力比冲偏离纯空气数据的相对值,可以更清楚地看到,氢气加热器模拟总焓以及酒精加热器模拟总焓时的内推力比冲和纯空气条件的结果比较接近。在飞行马赫数4时,酒精加热器、氢气加热器模拟总焓工质获得的性能均偏低2%,氢气加热器模拟总温工质的性能偏低2.1%。在飞行马赫数5时,酒精加热器模拟总焓工质获得的比冲性能基本没有偏差,氢气加热器模拟总焓工质的性能偏低0.7%;氢气加热器模拟总温工质的性能偏低3%。在飞行马赫数6、特征马赫数0.6过程中,酒精加热器模拟总焓工质获得的比冲性能偏高1%,氢气加热器模拟总焓工质的性能偏高0.3%;氢气加热器模拟总温工质的性能偏低4.6%。在飞行马赫数7、特征马赫数0.6过程中,酒精加热器模拟总焓工质获得的比冲性能偏高2.6%,氢气加热器模拟总焓工质的性能偏高3%。

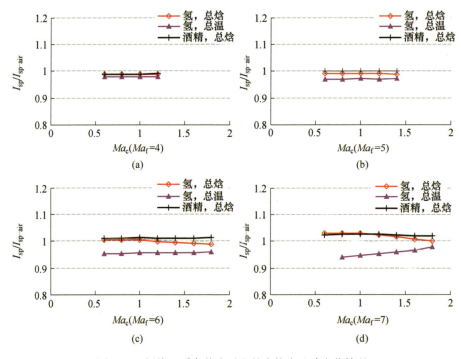

图4-8 污染工质各热力过程的内推力比冲变化情况

  氢气加热器模拟总温工质的性能显著偏低:一方面是因为模拟总温时,在入流工质中水的质量百分比含量增大,由于水的比热容大,所以入流工质总焓的增加量更大,添加热量的绝对量相同时,焓值增量相对于入口焓值的比例减小;另一方面也是由于入流工质中水含量较多的原因,添加热量后,燃气的温升也更小,所以加热比显著减小(图 4 - 3)。

  3 种模拟方式污染工质对全流道比冲(图 4 - 9)、推力增量比冲(图 4 - 10)性能的影响与对内推力比冲性能的影响类似。在飞行马赫数 4 ~ 6 范围,最大比冲性能出现在最小特征马赫数的过程;在飞行马赫数 7 条件下,氢气加热器模拟总焓、酒精加热器模拟总焓方式在特征马赫数 1 的过程获得的内推力比冲性能最小,在最低特征马赫数过程获得亚声速加热模态的最大比冲性能,超声速加热模态中存在最大比冲性能条件。氢气加热器模拟总焓、酒精加热器模拟总焓方式,污染工质获得的比冲性能在飞行马赫数 4 时均小于纯空气;随着飞行马赫数的增加,两者逐渐超越纯空气条件的比冲性能,但超越的条件和速率不同,也不同于内推力比冲的条件和速率。

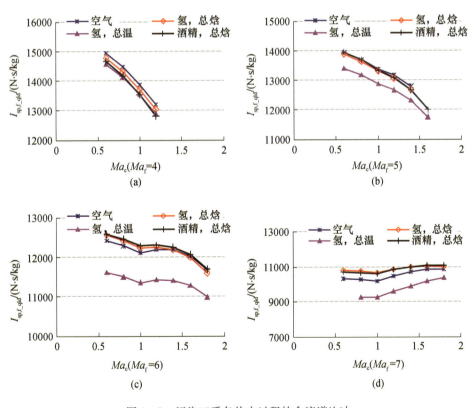

图 4 - 9 污染工质各热力过程的全流道比冲

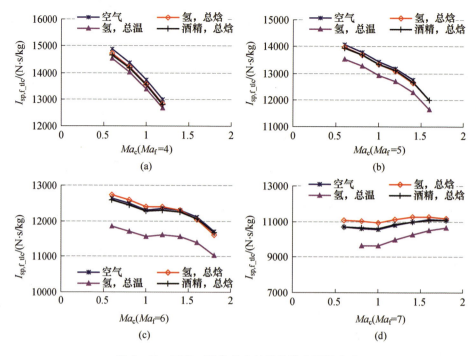

图 4-10　污染工质各热力过程的推力增量比冲

4.2.4　单位推力

　　按照表 4-1～表 4-3 的工质组分和当量比 1 的条件,考虑化学平衡影响(离解效应)获得的污染工质各热力过程单位内推力如图 4-11 所示。各污染工质条件下,在飞行马赫数 4～6 范围,最大单位内推力均出现在最小特征马赫数过程;在飞行马赫数 7 时,特征马赫数 1 过程的单位内推力最小,在亚声速加热模态中最低特征马赫数过程获得最大单位内推力,在超声速加热模态中存在最大推力条件。

　　从图中数据可以看到,酒精加热器模拟总焓工质获得的单位内推力与纯空气接近,在飞行马赫数 4、5 条件下,其单位内推力随特征马赫数变化曲线与纯空气重合,在飞行马赫数 6、7 条件下,其单位内推力略高于纯空气。在飞行马赫数4、5、6 条件下,氢气加热器模拟总焓工质获得的单位内推力最高,氢气加热器模拟总温工质获得的单位内推力高于酒精加热器模拟总焓工质、低于氢加热器模拟总焓工质,与纯空气值的偏差随着飞行马赫数的增大而增大。在飞行马赫数 7 时,氢气加热器模拟总焓工质获得的单位内推力仍最高,随特征马赫数变化的曲线与纯空气近乎平行,最大、最小单位内推力对应的特征马赫数条件相同;但氢气模拟总温的单位内推力介于氢加热器模拟总焓工质和酒精加热器模拟总焓工质之间,在特征马赫数 1 过程不再出现局部最低性能,而是随特征马赫数的增加呈单调增加的趋势,但在亚声速加热过程中,性能随特征马赫数的变化几乎可以忽略。

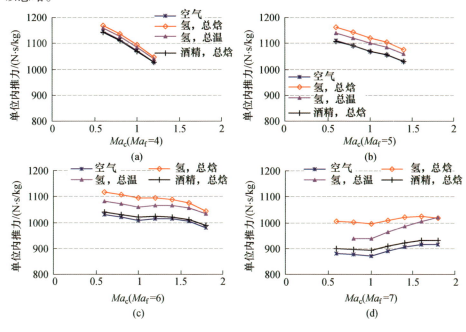

图 4-11 污染工质各热力过程的单位内推力

图 4-12 所示为污染工质各热力过程单位内推力相对于纯空气的变化情况,可以更清楚地看到单位内推力偏离纯空气的比例。酒精加热器模拟总焓方式的工质,在飞行马赫数 4、5 条件下略低于纯空气(图中的相对值小于 1),在飞行马赫数 6、7 条件下略高于纯空气(图中的相对值大于 1),但飞行马赫数 7 时的最大偏差也不超过 2.4%。氢加热器模拟总焓工质获得的单位内推力总是高于纯空气,且是三者中最高的,随着飞行马赫数的增加,偏差量也显著增大,飞行马赫数 6 的特征马赫数 0.6 过程偏高 8.2%,飞行马赫数 7 的特征马赫数 0.6 过程偏高 14.3%。氢气加热器模拟总温工质的单位内推力在各飞行马赫数时均高于纯空气、低于模拟总焓工质,随着飞行马赫数增大偏差量增大,在飞行马赫数 6 时,偏差量为 4.8%;但在飞行马赫数 7 的特征马赫数 0.8 过程中偏差量为 7%。

与图 4-8 的内推力比冲偏差相比,酒精加热器模拟总焓时,因为其当量比 1 的空燃比与空气接近(图 4-2),该污染工质获得的单位内推力偏差与内推力比冲偏差一致,且均与纯空气数据接近。氢加热器模拟总焓时,由于单位内推力与内推力比冲之间的换算与当量比 1 的空燃比有关,见式(4-1),氢加热器模

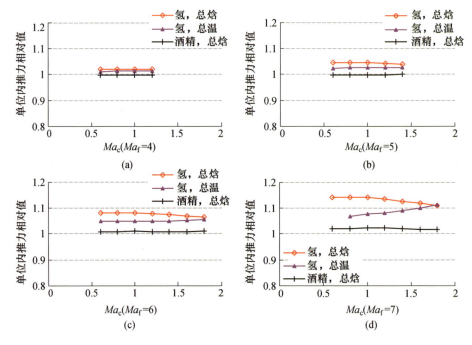

图 4 - 12　污染工质各热力过程单位内推力的相对变化

拟总焓工质的空燃比小于纯空气值,且随着飞行马赫数的增加,其偏差增大(变得更小),所以,虽然内推力比冲相对于纯空气的偏差不是特别大,但被空燃比除后,单位内推力偏差就偏离纯空气很大,且始终位于最高位。氢加热器模拟总温工质的当量比 1 空燃比最小,对内推力比冲偏差的放大作用最大,其单位内推力偏差反而变成了不是最大的。

$$I_{\mathrm{sp,air}} = \frac{\phi}{L_0} I_{\mathrm{sp,f}} \qquad (4-1)$$

由上述分析可以看到,污染工质对各性能数据的影响非常复杂,地面模拟实验选取模拟方式时,需要全面考虑数据的使用方法。

4.2.5　燃烧室需用扩张比

按照表 4-1～表 4-3 的工质组分和当量比 1 的条件,考虑化学平衡影响(离解效应)获得的燃烧室各热力过程的需用扩张比如图 4-13 所示。从图中数据看出,在采用污染工质的条件下,不论哪个飞行条件,需用扩张比随特征马赫数的变化趋势与纯空气是一致的,随着特征马赫数的增大,需用扩张比增加,最小特征马赫数过程的需用扩张比最小。采用污染工质时,无论哪个飞行马赫数条件,随着特征马赫数的增大,需用扩张比相对于空气的偏差变大;相同特征马赫数条件下,随着飞行马赫数增加,需用扩张比相对于空气的偏差增大。

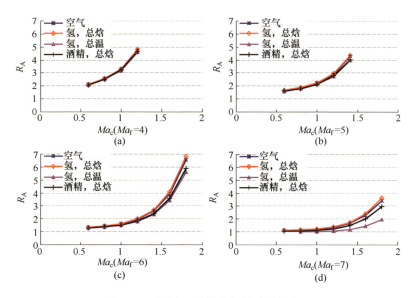

图 4-13 污染工质燃烧室的需用扩张比

从图 4-14 的相对数据更容易看出需用扩张比偏差的变化情况。酒精加热器模拟总焓工质,在实现相同特征马赫数时,需用扩张比都小于纯空气的值,特征马赫数越大、偏差越大,飞行马赫数越大、偏差也越大;在飞行马赫数 4、5,特征马赫数 0.6 过程中,需用扩张比与纯空气几乎是一致的,如果各飞行马赫数均选取特征马赫数为 0.6 的过程工作,则燃烧室需用扩张比偏小量不超过 5%。

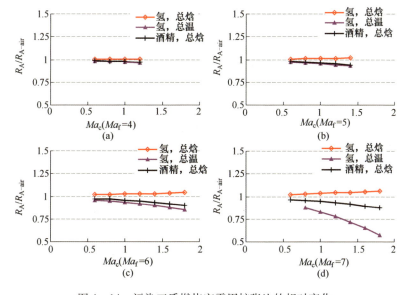

图 4-14 污染工质燃烧室需用扩张比的相对变化

氢气加热器模拟总焓工质,在实现相同特征马赫数过程时,需用扩张比均大于纯空气,且随着特征马赫数的增加而增大,也随着飞行马赫数的增加而增大。在飞行马赫数 4、5,特征马赫数 0.6 过程中,需用扩张比与纯空气几乎是一致的,如果各飞行马赫数均选取特征马赫数为 0.6 的过程工作,则燃烧室需用扩张比偏大量不超过 2.5%。如果不能实现最低特征马赫数过程,所需扩张比变化范围增大。

4.2.6　释热分布与总释热量

图 4-15 所示为按照表 4-1~表 4-3 的工质组分和当量比 1 的条件、考虑化学平衡影响(离解效应)获得的污染工质各热力过程燃烧室的需用扩张比。

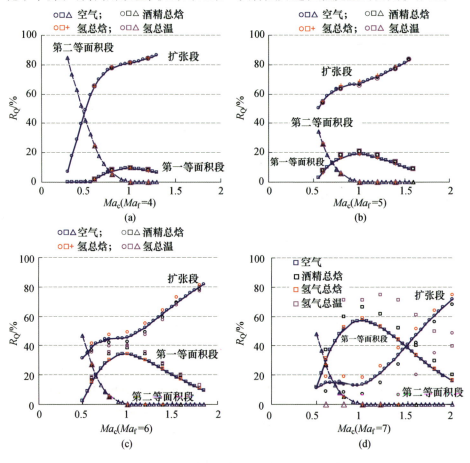

图 4-15　污染工质各热力过程的释热分布

在飞行马赫数 4 的模拟条件下,无论采用表 4-1~表 4-3 的哪种污染工质,实现各特征马赫数过程在各段添加的热量比例均与纯空气条件基本一致。

飞行马赫数 5 以上的模拟条件,各加热方式污染工质在实现相同特征马赫数热力过程时,在燃烧室各段添加热量的比例开始偏离纯空气条件。

在飞行马赫数 5 的模拟条件下,与纯空气条件相比,在特征马赫数 1.4 以下实现相同热力过程时,3 种加热器模拟方式,在第一等面积段中添加的热量均偏大,特征马赫数 1 过程偏离量最小,酒精加热器模拟总焓、氢加热器模拟总温、氢加热器模拟总焓方式与纯空气的差异分别为 9%、9.4% 和 0.1%,在特征马赫数0.6 时的差异分别为 15.8%、14% 和 2.7%,其中氢加热器模拟总焓方式的差别最小。在扩张段,酒精加热器模拟总焓、氢加热器模拟总温方式添加的热量略偏低,为 −1% ~ −2%;氢加热器模拟总焓方式在扩张段添加的热量略偏高,为1%(特征马赫数 0.6)~2.5%(特征马赫数 1)。在第二等面积段中,特征马赫数 0.6 过程,各方式添加的热量均略偏高,为 2% ~ 4%。

在飞行马赫数 6 的模拟条件下,与纯空气条件相比,在特征马赫数 1.4 以下实现相同热力过程时,酒精加热器模拟总焓、氢气加热器模拟总温、氢气加热器模拟总焓方式,在第一等面积段中添加的热量均偏高,特征马赫数 1 过程偏离量最小(分别为 12.7% 和 16.4%、0.3%),特征马赫数 0.6 偏离量最大(分别为19%、22%、2.8%);在 3 种方式中,氢气加热器模拟总焓的偏差量最小。在扩张段,酒精加热器模拟总焓、氢气加热器模拟总温方式添加的热量偏小,特征马赫数 1.2 过程偏离量最大,分别为 −6.4% 和 −11.4%,特征马赫数 0.6 的偏离量分别为 −5.8% 和 −9.2%;氢气加热器模拟总焓方式在扩张段添加的热量略偏高,特征马赫数 1 过程偏离量最大(7.4%),特征马赫数 0.6 过程偏离量为 6%。在第二等面积段中,酒精加热器模拟总焓、氢气加热器模拟总焓方式,偏差量忽大忽小,在特征马赫数 0.6 过程偏差量分别为 2.1% 和 2.7%,在特征马赫数 0.8过程偏差量分别为 −0.4% 和 −4.7%。

在飞行马赫数 7 的模拟条件下,与纯空气条件相比,在特征马赫数 1.4 以下实现相同热力过程时,3 种加热器模拟方式,在第一等面积段中添加的热量均偏大,特征马赫数 1 过程偏离量最小,酒精加热器模拟总焓、氢加热器模拟总温、氢加热器模拟总焓方式与纯空气的差异分别为 15%、34% 和 2%,酒精加热器、氢加热器模拟总焓在特征马赫数 0.6 时的差异分别为 23% 和 3.8%,其中氢加热器模拟总焓方式的差别最小。在扩张段,酒精加热器模拟总焓、氢气加热器模拟总温方式,加热量均偏小,在特征马赫数 1 时的偏差量最大,差异分别为 −48%和 −68%;酒精加热器模拟总焓在特征马赫数 0.6 时的偏差为 −37%。氢加热器模拟总焓方式在扩张段添加的热量始终偏高,亚声速加热模态随特征马赫数的增加而增大,在超声速加热模态随特征马赫数的增加而减小,特征马赫数 1 时偏差量最大,特征马赫数 0.6 和 1 过程的偏差分别为 28% 和 38%。在第二等面积段,酒精加热器模拟总焓在特征马赫数 0.6 和 1 过程的偏差分别为 2.8%、−8%,

氢气加热器模拟总焓在特征马赫数 0.6 和 1 过程的偏差分别为 4%、0.3%。

图 4-16 所示为污染工质各热力过程的总释热量(燃烧完全度)。与纯空气条件相比,在飞行马赫数 4、5、6 时,为实现相同的特征马赫数过程,氢加热器模拟总焓工质实现的总释热量略大于其他工质,增加的热量主要分配在扩张段。酒精加热器模拟总焓工质、氢加热器模拟总温工质,为实现相同特征马赫数过程,实现的总释热量略大于纯空气,酒精加热器模拟总焓工质实现的总释热量大于氢加热器模拟总温工质;增加的热量主要分配在第一等面积段,扩张段添加的热量反而减少(与纯空气条件相比)。

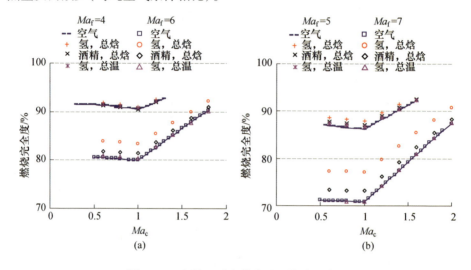

图 4-16　污染工质各热力过程的总释热量

在飞行马赫数 7 时,为实现相同特征马赫数过程,氢加热器模拟总焓工质的总释热量最大,且显著大于其他工质条件,增加的热量主要分配在扩张段。其次是酒精模拟总焓工质,氢加热器模拟总温工质的总释热量与纯空气基本相同;增加的热量主要分配在第一等面积段,扩张段添加的热量反而减少。

在特征马赫数过程相同时,污染工质实现的总加热量都大于纯空气条件,氢加热器模拟总温工质的加热比总是低于纯空气,且随着飞行马赫数的增加,偏低量也增大,主要是该工质的水含量太大,吸收相同热量时温升显著减小,增加的热量不足以提升加热比。酒精加热器模拟总焓工质在相同特征马赫数过程实现的总加热量也大于纯空气,但加热比特性是随着飞行马赫数变化的,在低飞行马赫数时加热比略小于纯空气,这是因为增加的加热量较小,水热容量大,使加热比不升反降;在高飞行马赫数时,虽然水含量增加,但实现的总加热量也更大,使加热比略大于纯空气。氢加热器模拟总温工质的总释热量与空气基本相同,但工质的比热容大,所以加热比总是大大低于纯空气。

4.2.7　伪激波过程出口压比

图 4 - 17 所示为污染工质各热力过程的伪激波过程出口压比。

3 种加热器模拟方式获得的伪激波过程出口压比均大于纯空气条件。氢气加热器模拟总焓的偏差始终是 3 种方式中最小的,飞行马赫数 4 ~ 7 模拟条件下,在特征马赫数不超过 1.4 的范围,氢气加热器模拟总焓获得的伪激波过程出口压比高于空气条件分别为约 1.7%、4% ~ 4.8%、9% ~ 10%、14% ~ 16%;酒精加热器模拟总焓获得的伪激波过程出口压比高于空气条件分别为 3% ~ 4%、8% ~ 10%、17% ~ 20%、30% ~ 34%,氢气加热器模拟总温方式获得的伪激波过程出口压比高于空气条件分别为 2% ~ 2.5%、6% ~ 7%、15% ~ 16%、33% ~ 39%。

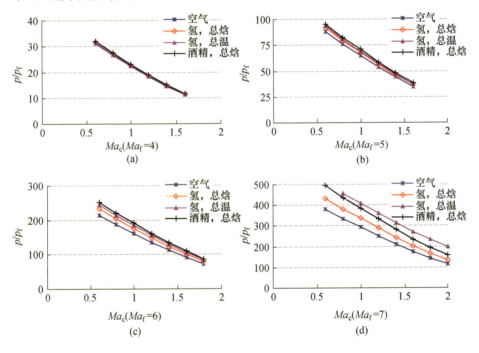

图 4 - 17　污染工质各热力过程的伪激波过程出口压比

4.3　入口参数影响规律的变化

4.3.1　加热比

图 4 - 18 ~ 图 4 - 21 所示为 3 种污染工质获得的加热比与入口马赫数、总压恢复的关系。

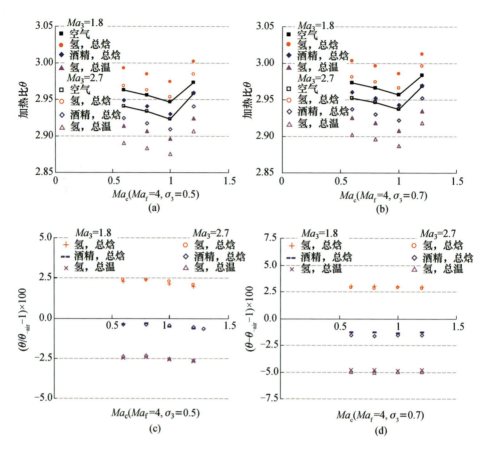

图 4-18　入口条件对污染工质各热力过程加热比的影响($Ma_f = 4$)

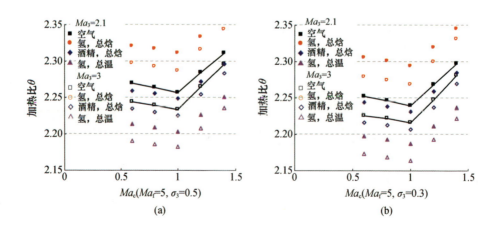

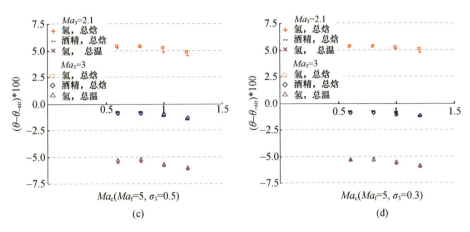

图 4 – 19　入口条件对污染工质各热力过程加热比的影响 $(Ma_f = 5)$

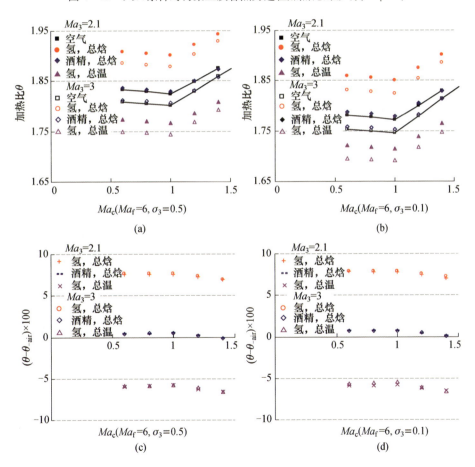

图 4 – 20　入口条件对污染工质各热力过程加热比的影响 $(Ma_f = 6)$

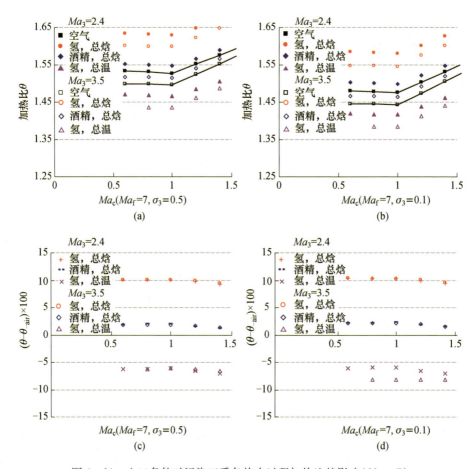

图4-21 入口条件对污染工质各热力过程加热比的影响($Ma_f=7$)

在所有飞行马赫数、所有入口参数匹配、所有工质条件下,入口总压恢复越高,实现的加热比越大;入口马赫数越大,飞行马赫数越高,实现的加热比越小。在飞行马赫数4~7的超声速燃烧室双模态过程中,给定入口条件时,特征马赫数1的过程实现的加热比最小。

在采用污染工质的条件下,与纯空气工质的道理一样,在亚声速加热模态的各热力过程中,特征马赫数越小,当地静压升高的作用主导,可实现的加热比越大;在超声速加热模态的各热力过程中,特征马赫数越大,静温降低的作用主导,可实现的加热比越大。

在飞行马赫数4~7范围、给定特征马赫数过程的条件下,氢气加热器模拟总焓工质获得的加热比始终大于纯空气条件,随着飞行马赫数的增加偏离量增大;氢气加热器模拟总温工质获得的加热比始终小于纯空气条件,随着飞行马赫数的增加,偏离量增大。酒精加热器模拟总焓工质获得的加热比最接近纯空气条件的结果,但在飞行马赫数 6 以下低于纯空气结果(特征马赫数小于 1.5),随着飞行马赫数向马赫数 6 接近,加热量越来越接近纯空气结果;在飞行马赫数 6 以上高于纯空气结果(特征马赫数小于 1.5),随着飞行马赫数的增加,加热量越来越偏离纯空气结果。在 3 种污染工质方式中,酒精加热器模拟总焓方式的可实现加热比随飞行马赫数的变化是最复杂的。

4.3.2 总压恢复

图 4-22 ~ 图 4-25 所示为入口马赫数 Ma_3、入口总压恢复 σ_3 在一定范围变化时,燃烧室全过程总压恢复随飞行马赫数、特征马赫数的变化情况,每个飞行马赫数都给出两个差别较大的入口总压恢复和入口马赫数条件的数据线。

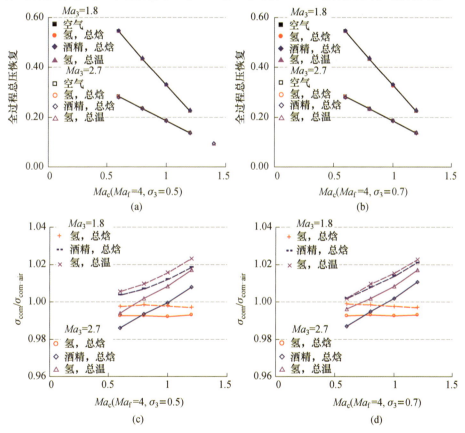

图 4-22 入口条件对污染工质各热力过程总压恢复的影响(Ma_f =4)

从图中数据可以看到,在所有污染工质条件下,入口总压恢复影响的整体变化趋势与纯空气相同。虽然各飞行马赫数的两个总压恢复数据相差很大(这种幅度的差异甚至是不合理的),但结果几乎重合,说明入口总压恢复条件对双模

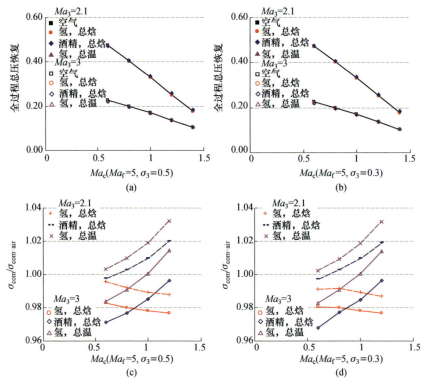

图 4 – 23　入口条件对污染工质各热力过程总压恢复的影响($Ma_f = 5$)

态全过程的损失没有影响。

在所有污染工质条件下,入口马赫数影响的整体变化趋势与纯空气相同。两个入口马赫数条件的全过程总压恢复相差很大,特别是亚声速加热过程;随着特征马赫数的增加,入口马赫数条件的影响减弱。当入口马赫数比较大时,若需组织亚声速加热过程,首先需要通过激波串结构将气流减速到亚声速(当然是在下游具备相应的条件时),入口马赫数越大、激波串损失越大,激波串损失在全过程损失中占的比重越大;当燃烧组织获得的特征马赫数增加,过激波串的气流马赫数增加,激波串损失减小,全过程损失也减小。

在飞行马赫数 4 条件下,在所有特征马赫数过程,氢加热器模拟总焓工质获得的全过程总压恢复总是低于纯空气;入口马赫数增大,相对于纯空气偏低得更多;入口总压恢复变化,对全过程总压恢复几乎没有影响。

在飞行马赫数 4 条件下,氢加热器模拟总温工质的全过程总压恢复,在较高入口马赫数、较低的特征马赫数过程时低于纯空气;在较低入口马赫数所有特征马赫数过程,或在较高入口马赫数、较高的特征马赫数过程,氢加热器模拟总温工质的全过程总压恢复高于纯空气,且随特征马赫数的增大,偏高量增大。入口

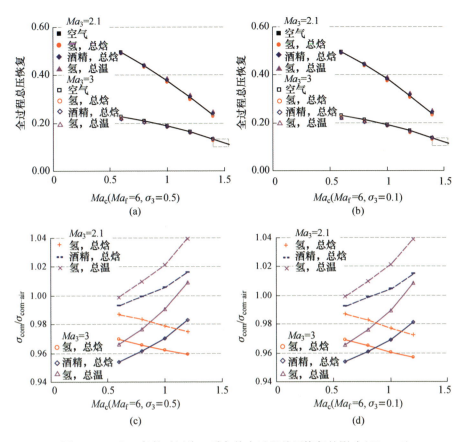

图 4 - 24　入口条件对污染工质各热力过程总压恢复的影响($Ma_f = 6$)

总压恢复增大,不改变高特征马赫数的偏移量,但使低特征马赫数的偏移量减小,无论低入口总压恢复时的偏移量是偏高还是偏低,都使低特征马赫数时的结果向纯空气靠拢。

在飞行马赫数 4 条件下,酒精加热器模拟总焓工质获得的全过程总压恢复,在较高入口马赫数、较低的特征马赫数过程时低于纯空气;在较低入口马赫数所有特征马赫数过程,或在较高入口马赫数、较高的特征马赫数过程,酒精加热器模拟总焓工质获得的全过程总压恢复高于纯空气。入口总压恢复增大,全过程总压恢复也略增加。

在飞行马赫数 5、6、7 条件下,在所有特征马赫数过程,氢加热器模拟总焓工质获得的全过程总压恢复总是低于纯空气;入口马赫数增大,相对于纯空气偏低得更多;特征马赫数越高、飞行马赫数越高,相对于纯空气偏低越多。入口总压恢复下降,全过程总压恢复随之略有下降。

在飞行马赫数 5、6 条件下,氢加热器模拟总温工质的全过程总压恢复,在较

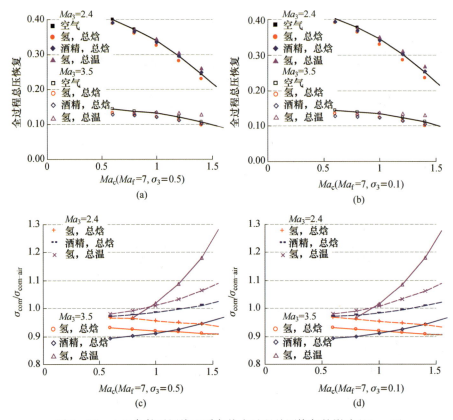

图 4-25　入口条件对污染工质各热力过程总压恢复的影响（$Ma_f = 7$）

高入口马赫数、较低的特征马赫数过程时低于纯空气，随特征马赫数的减小，偏低量增大；在较低入口马赫数、较高特征马赫数过程，或在较高入口马赫数、特别高的特征马赫数过程，氢加热器模拟总温工质的全过程总压恢复高于纯空气，且随特征马赫数的增大，偏高量增大。上述复杂变化并不改变入口马赫数增大、总压恢复降低的总趋势。入口总压恢复下降，全过程总压恢复略有下降。在飞行马赫数 7 条件下，氢加热器模拟总温工质在特别高的特征马赫数过程中，高入口马赫数的的全过程总压恢复已经高于低入口马赫数，即改变了低飞行马赫数时入口马赫数增大、总压恢复降低的趋势。

在飞行马赫数 5、6、7 条件下，酒精加热器模拟总焓工质获得的全过程总压恢复，在较高入口马赫数、较低的特征马赫数过程时低于纯空气；在较低入口马赫数所有特征马赫数过程，或在较高入口马赫数、较高的特征马赫数过程，酒精加热器模拟总焓工质获得的全过程总压恢复高于纯空气。高特征马赫数时，高、低入口马赫数总压恢复数据的差异减小，但上述复杂变化并不改变入口马赫数增大、总压恢复降低的总趋势。入口总压恢复增大，全过程总压恢复也略增加。

4.3.3　比冲性能

按照表 4 – 1 ~ 表 4 – 3 的工质组分和当量比 1 的条件,考虑化学平衡影响(离解效应),获得全流道比冲性能随入口马赫数、总压恢复的变化情况。根据 3.2 节的结论,在飞行马赫数 4 ~ 7 范围,亚声速加热模态性能较优,或者可接受。本节只给出特征马赫数 0.6 和 0.8 的数据(图 4 – 26 ~ 图 4 – 29)。

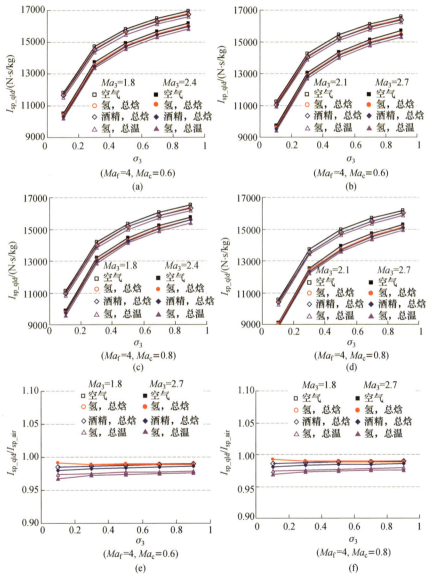

图 4 – 26　全流道比冲随入口条件的变化情况($Ma_f = 4$)

145

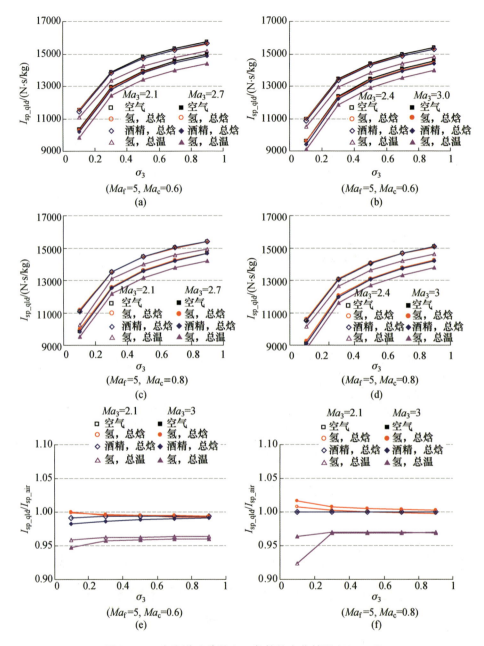

图 4-27　全流道比冲随入口条件的变化情况（$Ma_f = 5$）

　　从图中曲线可以看到,污染工质的结果总体趋势上与纯空气一样。在其他条件相同时,入口总压恢复越高,获得的全流道比冲性能越大;在其他条件相同时,双模态过程入口马赫数增大,获得的全流道比冲性能减小。

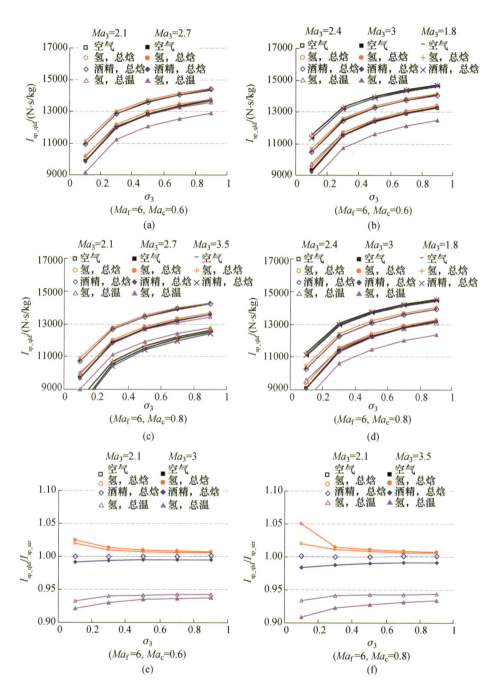

图 4 - 28　全流道比冲随入口条件的变化情况($Ma_f = 6$)

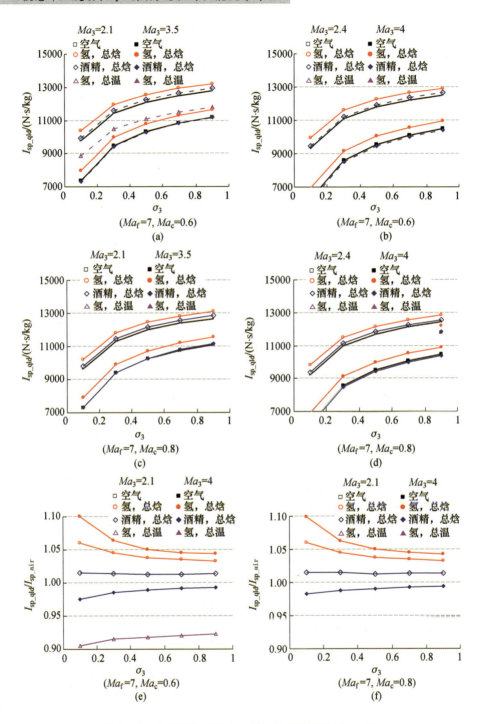

图 4 – 29   全流道比冲随入口条件的变化情况($Ma_f = 7$)

在飞行马赫数 4 时,3 种污染工质获得的全流道比冲性能均小于纯空气条件,氢加热器模拟总焓、酒精加热器模拟总焓、氢加热器模拟总温工质的结果的偏低量依次增加,但偏差都很小,最大偏差约为 −3% 。酒精加热器模拟总焓、氢加热器模拟总温工质,当入口马赫数越高,偏离纯空气结果越多;氢加热器模拟总焓工质结果受入口马赫数影响很小。入口总压恢复越大,氢加热器结果偏低越多,酒精加热器模拟总焓、氢加热器模拟总温工质的性能偏低越小。特征马赫数对上述偏差趋势的影响甚微。

在飞行马赫数 5 时特征马赫数的影响开始显现。

在飞行马赫数 5、特征马赫数 0.6 过程,3 种污染工质获得的全流道比冲性能均小于纯空气条件,氢加热器模拟总焓、酒精加热器模拟总焓、氢加热器模拟总温工质的结果的偏低量依次增加,分别为 −0.5% 、−1.5% 、−4% ~ −5% 。酒精加热器模拟总焓、氢加热器模拟总温工质,入口马赫数越高,性能偏低量越大;氢加热器模拟总焓工质结果受入口马赫数影响很小。入口总压恢复越大,氢加热器结果偏低越多,酒精加热器模拟总焓、氢加热器模拟总温工质的性能偏低越小,在最小入口总压恢复时,氢加热器模拟总焓工质的结果与纯空气一致。

在飞行马赫数 5、特征马赫数 0.8 过程,氢加热器模拟总焓工质的性能已经超过纯空气,随入口总压恢复的减小,正偏差量增大;入口马赫数越大,正偏差量越大,最大偏差为 1.7% 。酒精加热器模拟总焓工质的性能与纯空气一致,入口马赫数和入口总压恢复的变化都不影响与纯空气结果的一致性。氢加热器模拟总温工质的性能低于纯空气结果,比飞行马赫数 4 的偏低量更大;入口马赫数越大,偏低量越大,最大偏差量约 7.6% ;入口总压恢复越大,偏低量越小。

在飞行马赫数 6 时,氢加热器模拟总焓工质的性能大于纯空气,随入口总压恢复的减小,正偏差量增大;入口马赫数越大,正偏差量越大,最大偏差为 2.5% 。入口马赫数较低时(2.1),酒精加热器模拟总焓工质的性能与纯空气一致,入口马赫数 3 时性能偏低约 0.6% ,入口总压恢复的变化不影响其偏差量。氢加热器模拟总温工质的性能低于纯空气结果;入口马赫数越大,偏低量越大;入口总压恢复越大,偏低量越小;在高入口马赫数、低入口总压恢复条件,最大偏差量约 −9% 。

在飞行马赫数 7 时,氢加热器模拟总焓工质的性能高于纯空气,随入口总压恢复的减小正偏差量增大,随入口马赫数的增大正偏差量增大,最大偏差为 10% 。酒精加热器模拟总焓工质在低入口马赫数的性能高于纯空气,入口总压恢复的变化不影响性能偏差的量,偏差量约 1.3% ;高入口马赫数的性能低于纯空气,入口总压恢复越小,偏差量越大,最大偏差量约为 −3.5% 。氢加热器模拟总温工质的性能低于纯空气结果;入口马赫数越大,偏低量越大;入口总压恢复越大,偏低量越小;在高入口马赫数、低入口总压恢复条件,最大偏差量超过 −10% 。

图 4 − 30 ~ 图 4 − 33 所示为入口条件对内推力比冲的影响。从图中曲线可以看到,污染工质的结果总体趋势上与纯空气一样。在其他条件相同时,入口总

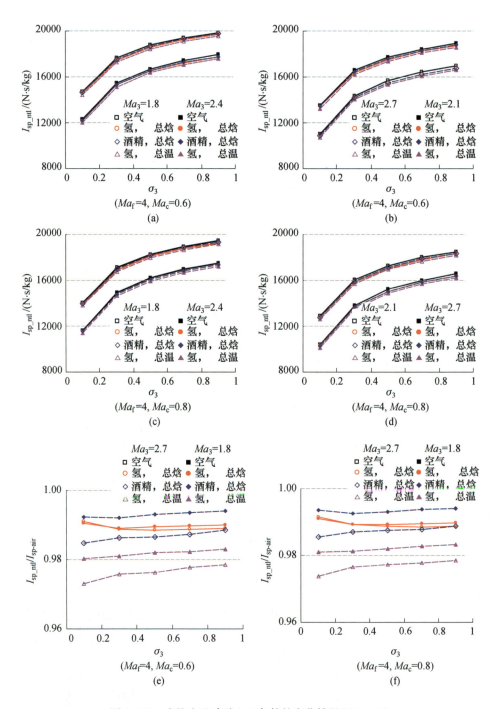

图 4 - 30　内推力比冲随入口条件的变化情况($Ma_f = 4$)

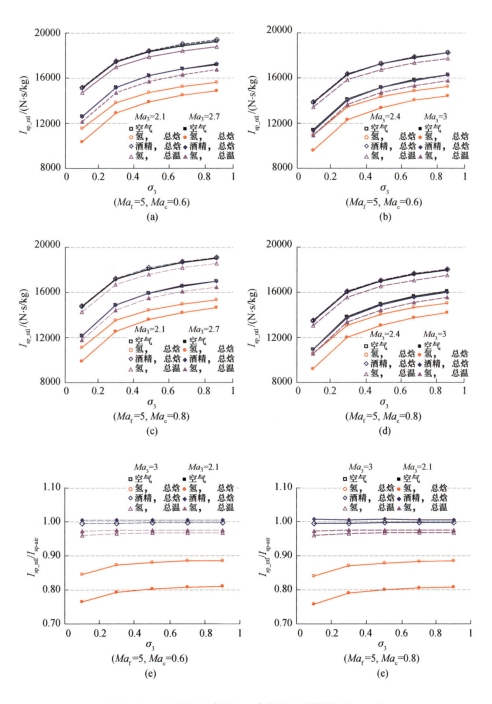

图 4-31 内推力比冲随入口条件的变化情况($Ma_f = 5$)

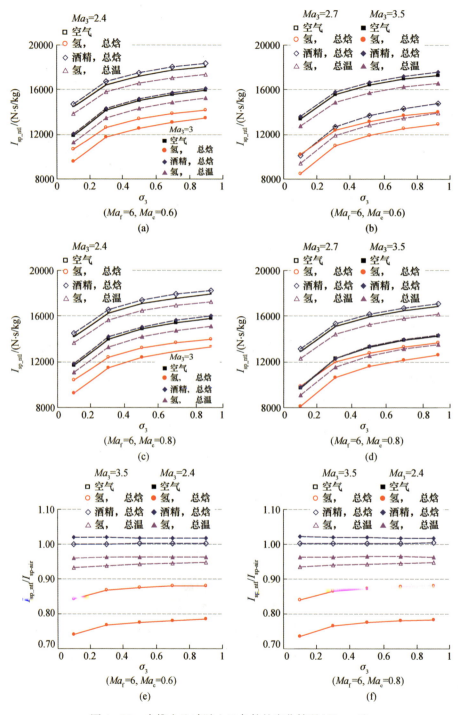

图 4 – 32　内推力比冲随入口条件的变化情况($Ma_f = 6$)

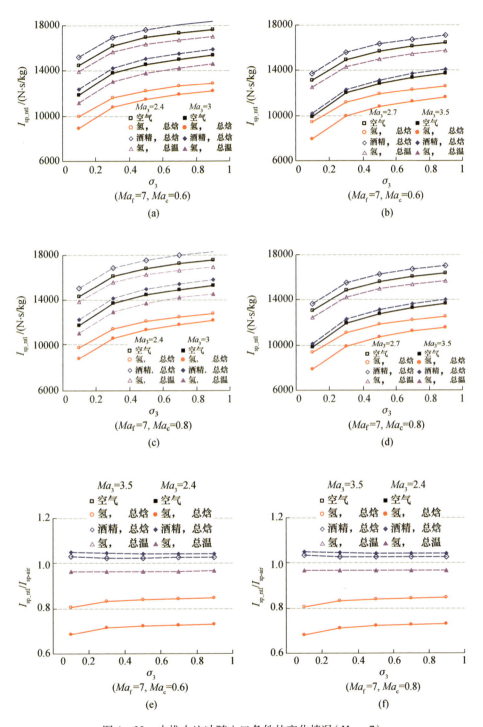

图 4 - 33　内推力比冲随入口条件的变化情况($Ma_f = 7$)

压恢复越高,获得的内推力比冲性能越大;在其他条件相同时,双模态过程入口马赫数增大,发动机获得的内推力比冲性能减小。在飞行马赫数4时,3种污染工质获得的内推力比冲性能均小于纯空气条件,但偏差很小,特征马赫数影响甚微。氢加热器模拟总焓工质的性能随入口总压恢复的减小,偏差量减小;入口马赫数影响甚微;最大偏差量约1%。酒精加热器模拟总焓、氢加热器模拟总温工质的内推力比冲性能偏差量受入口马赫数影响,入口马赫数越大,偏低量越多;入口总压恢复越大,偏低量越小;两者最大偏差量分别为1.5%、2.6%。

在飞行马赫数5时酒精加热器模拟总焓工质的结果与纯空气基本重合,入口马赫数影响甚微,入口总压恢复影响甚微。氢加热器模拟总焓、氢加热器模拟总温工质的结果低于纯空气,氢加热器模拟总焓的偏低量最大。氢加热器模拟总温工质的性能受入口马赫数、入口总压恢复影响甚微;偏差量约为-4%。氢加热器模拟总焓工质的性能偏差与入口马赫数关系较大,入口马赫数越低、偏差量越大;入口总压恢复越小,偏差量越大;最大偏差量约为-23%。特征马赫数影响甚微。

在飞行马赫数6时,酒精加热器模拟总焓工质的性能与纯空气一致或略高(入口马赫数影响不大),入口总压恢复影响甚微,最大偏差约2%。氢加热器模拟总温工质的性能低于纯空气结果;入口马赫数越大,偏低量越大;入口总压恢复影响甚微,最大偏差约7%。氢加热器模拟总焓工质的性能偏低量最大,入口马赫数越低、偏差量越大;入口总压恢复越小,偏差量越大;最大偏差量约为-26%。特征马赫数影响甚微。

在飞行马赫数7时,酒精加热器模拟总焓工质的性能略高于纯空气,入口马赫数越低偏高量越大,入口总压恢复影响甚微,最大偏差约为5%。氢加热器模拟总温工质的性能低于纯空气结果,入口总压恢复影响甚微,最大偏差约为-3.5%。氢加热器模拟总焓工质的性能偏低量最大,入口马赫数越低、偏差量越大;入口总压恢复越小,偏差量越大;最大偏差量达-36%。特征马赫数影响甚微。

图4-34~图4-37所示为入口条件对推力增量比冲性能的影响,与对全流道比冲性能的影响一致。

4.3.4 单位推力

图4-38~图4-41所示为入口条件对以内推力计的单位推力(单位内推力)的影响,图中也只给出特征马赫数0.6和0.8的结果。从图中数据可以看到,污染工质的结果总体趋势上与纯空气一样。在其他条件相同时,入口总压恢复越高,获得的单位推力越大;在其他条件相同时,双模态过程入口马赫数增大,发动机获得的单位推力减小;其他条件相同时,特征马赫数增加使可实现的单位推力减小。但这些条件的变化不改变各污染工质可实现的单位推力与纯空气的相对偏差。

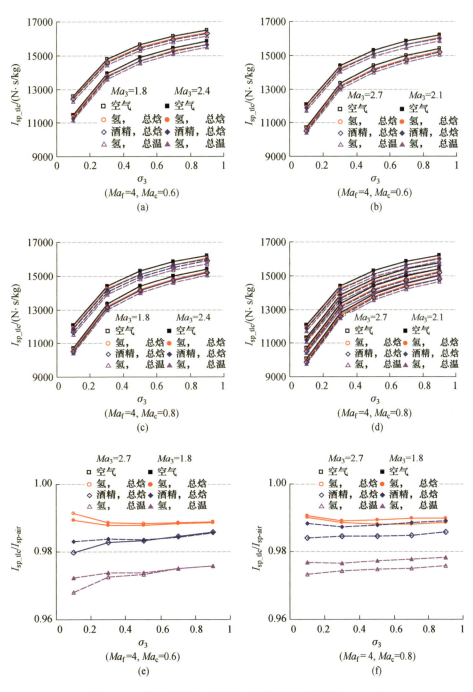

图 4 - 34　推力增量比冲随入口条件的变化情况（$Ma_f = 4$）

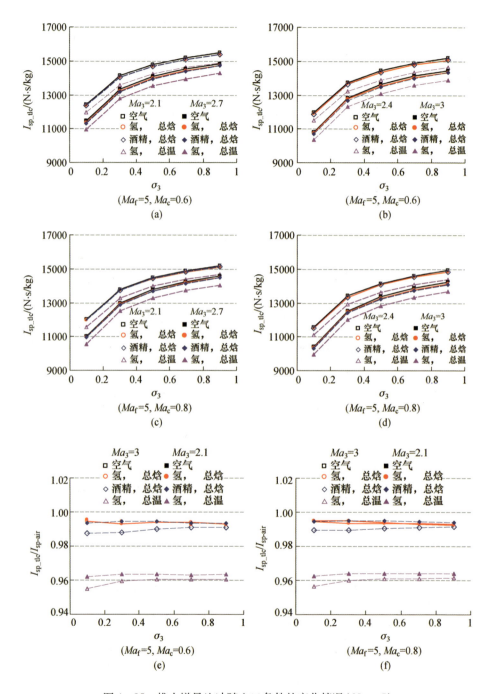

图 4 - 35　推力增量比冲随入口条件的变化情况($Ma_f = 5$)

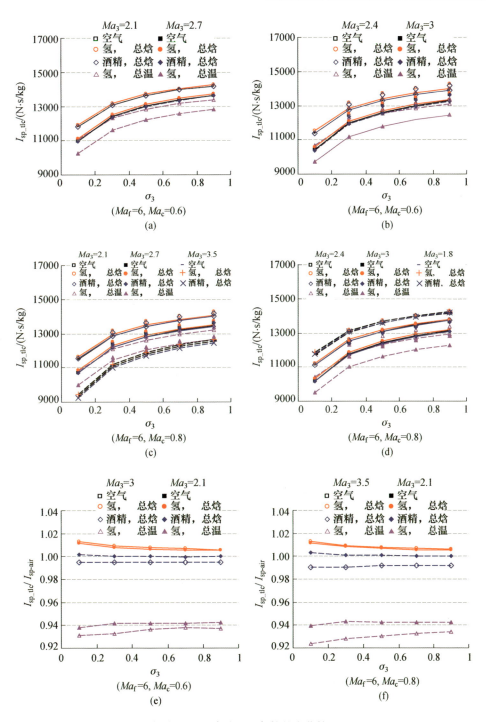

图 4 - 36 推力增量比冲随入口条件的变化情况($Ma_f = 6$)

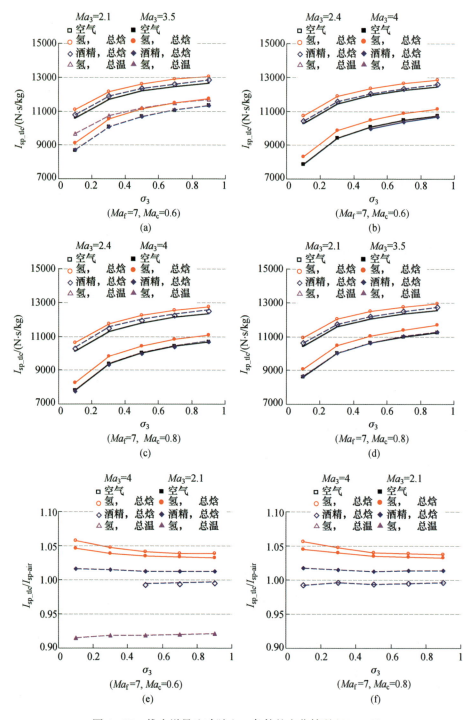

图 4-37　推力增量比冲随入口条件的变化情况($Ma_f = 7$)

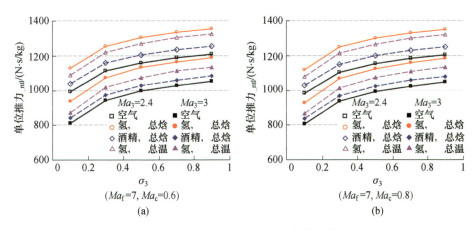

图 4-38　单位推力(以内推力计)随入口条件的变化情况($Ma_f = 7$)

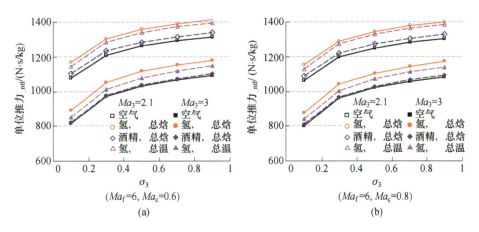

图 4-39　单位推力(以内推力计)随入口条件的变化情况($Ma_f = 6$)

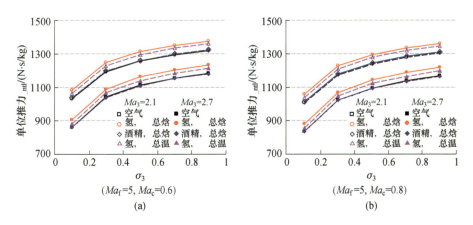

图 4-40　单位推力(以内推力计)随入口条件的变化情况($Ma_f = 5$)

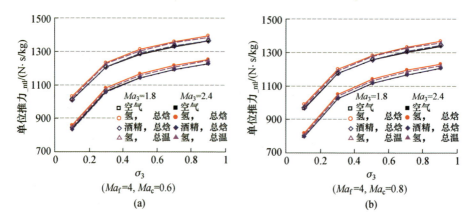

图 4 - 41　单位推力(以内推力计)随入口条件的变化情况($Ma_f = 4$)

在 3 种污染工质中,酒精加热器模拟总焓工质获得的单位内推力与纯空气条件最接近,在飞行马赫数 4、5 条件下,其单位内推力随入口总压恢复的曲线与纯空气基本重合;在飞行马赫数 6、7 时,其单位内推力略高于纯空气,且入口马赫数越小偏差越大,飞行马赫数越高偏差越大,特征马赫数对偏差量影响非常小。

在飞行马赫数 4、5、6、7 条件下,氢气加热器模拟总焓工质、氢气加热器模拟总温工质获得的单位内推力均高于纯空气,而且前者的偏差量总是 3 种污染工质中最大的;氢气加热器模拟总温工质获得的单位内推力高于酒精加热器模拟总焓工质、低于氢加热器模拟总焓工质。这两种工质与纯空气值的偏差随着飞行马赫数的增大而增大,入口马赫数越大偏差越小;特征马赫数对偏差量略有影响。

图 4 - 42 所示为入口条件对以冷热态推力增量计的单位推力(单位内推力)的影响,图中只给出特征马赫数 0.6 的结果。各污染工质条件相对于纯空气条件可获得的单位推力性能偏差的总体趋势与以内推力计的单位推力偏差特性一致。在其他条件相同时,入口总压恢复越高,获得的单位推力越大;在其他条件相同时,双模态过程入口马赫数增大,获得的单位推力减小;其他条件相同时,特征马赫数增加使可实现的单位推力减小。但这些条件的变化不改变各污染工质可实现的单位推力与纯空气的相对偏差。

图 4 - 43 所示为两种单位推力偏离纯空气情况的对比,在都获得特征马赫数 0.6 的热力过程时,在飞行马赫数 4 ~ 7 范围,氢加热器模拟总焓工质获得的以推力增量计的单位推力偏差总是大于以内推力计的单位推力偏差,其他两种工质则相反,以推力增量计的单位推力偏差总是小于以内推力计的单位推力偏差。随着飞行马赫数的增加,偏差量增大,两种单位推力偏离纯空气程度的差距

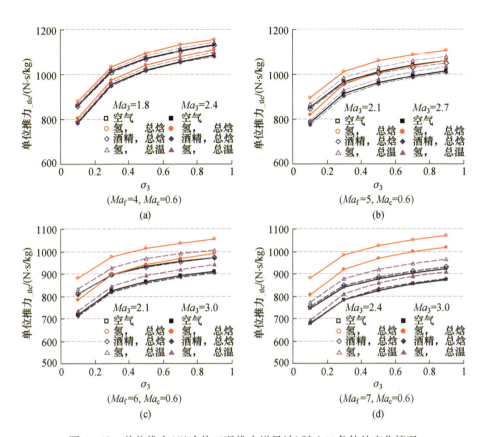

图 4-42 单位推力(以冷热工况推力增量计)随入口条件的变化情况

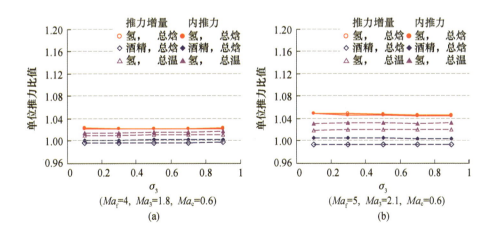

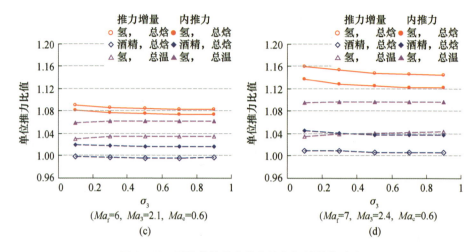

图 4-43　两种单位推力偏离纯空气情况的对比

增大。酒精加热器模拟总焓工质在飞行马赫数 4、5 条件下,以内推力计的单位推力最接近纯空气,以推力增量计的单位推力偏差为负,但偏差量不超过 1%;在飞行马赫数 6、7 条件下,以推力增量计的单位推力最接近纯空气,以内推力计的单位推力偏差量为正,偏差量 2% ~4%。入口总压恢复对各污染工质偏差量的影响甚微,在飞行马赫数 7 时,低入口总压恢复与高入口总压恢复条件相比,氢加热器模拟总焓工质的单位推力偏差较高,两者相差约 2%。

4.3.5　燃烧室需用扩张比

图 4-44 ~图 4-47 所示为 3 种污染工质实现各特征马赫数过程的需用扩张比与入口马赫数、总压恢复的关系。

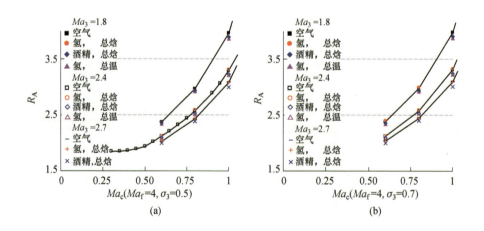

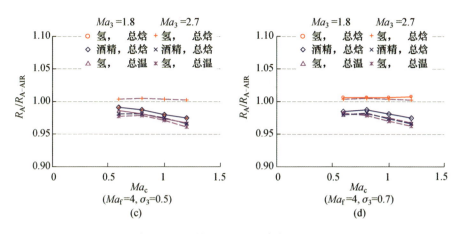

图 4 − 44　污染工质需用扩张比随入口条件的变化情况（$Ma_f = 4$）

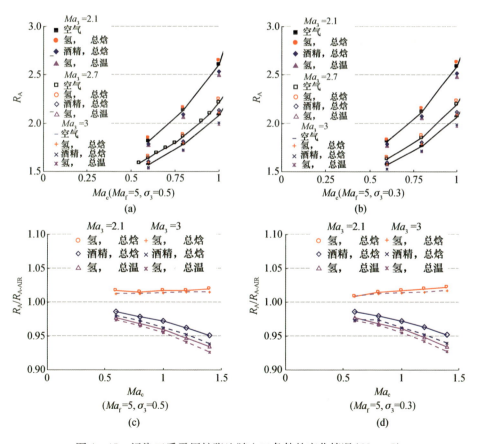

图 4 − 45　污染工质需用扩张比随入口条件的变化情况（$Ma_f = 5$）

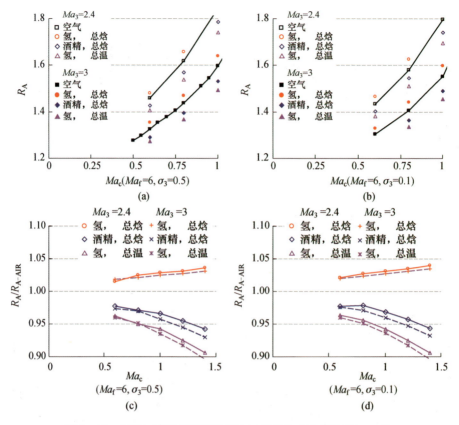

图 4-46 污染工质需用扩张比随入口条件的变化情况($Ma_f = 6$)

从图中数据看出,在采用污染工质的条件下,不论哪种飞行条件,需用扩张比随特征马赫数的变化趋势与纯空气是一致的,随着特征马赫数的增大,需用扩张比增加,最小特征马赫数过程的需用扩张比最小。采用污染工质时,无论哪个飞行马赫数条件,随着特征马赫数的增大,需用扩张比相对于空气的偏差变大;相同特征马赫数条件下,随着飞行马赫数增加,需用扩张比相对于空气的偏差增大。

在飞行马赫数 4 时,入口总压恢复、入口马赫数的影响都比较小。入口总压恢复 0.5、入口马赫数 1.8 时,给定特征马赫数,3 种污染工质的需用扩张比均低于纯空气,氢加热器模拟总焓、酒精加热器模拟总焓工质的需用扩张比一致,低于纯空气 1% ~2.5%,特征马赫数越高偏低量越大;氢加热器模拟总温工质的需用扩张比更小,低于纯空气 1.4% ~3.3%,特征马赫数越高偏低量越大。在飞行马赫数 4 的入口总压恢复 0.5、入口马赫数 2.7 时,给定特征马赫数时,氢加热器模拟总焓工质的需用扩张比大于纯空气,偏高量不超过 0.5%;酒精加热器模拟总焓、氢加热器模拟总温工质的需用扩张比低于纯空气,偏低量约 2% ~3.5%,特征马赫数越高偏低量越大;氢加热器模拟总温工质的需用扩张比更小,

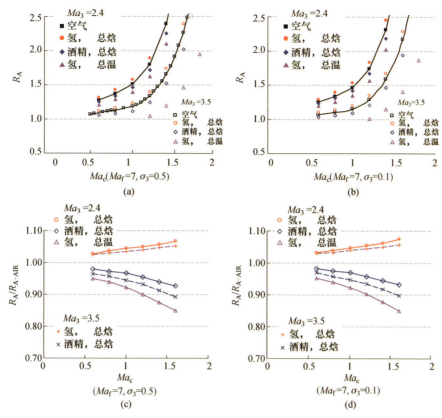

图4-47 污染工质需用扩张比随入口条件的变化情况(Ma_f=7)

偏低量约2.2%~4%。入口总压恢复相同时,随着入口马赫数增加,在低特征马赫数过程中需用扩张比减小,在高特征马赫数过程中需用扩张比增加。

在飞行马赫数4、入口总压恢复0.7时,氢加热器模拟总焓工质的需用扩张比在各特征马赫数过程中均大于纯空气,偏高量不超过0.5%;酒精加热器模拟总焓、氢加热器模拟总温工质的需用扩张比均小于纯空气,偏低量约2%~3.5%;入口马赫数增加,酒精加热器模拟总焓、氢加热器模拟总焓工质的需用扩张比均减小,氢加热器模拟总温工质的需用扩张比增大。总体上,入口总压恢复、入口马赫数的影响都比较小。

在飞行马赫数5时,氢加热器模拟总焓工质的需用扩张比在各特征马赫数过程中均大于纯空气,入口马赫数越小,需用扩张比越大,但偏高量很小,不超过2%;酒精加热器模拟总焓、氢加热器模拟总温工质的需用扩张比均小于纯空气,入口马赫数增加,需用扩张比均减小,低特征马赫数过程偏低量不超过2%,高特征马赫数过程偏低量不超过7.3%。入口总压恢复增大,低特征马赫数过程的需用扩张比略增大,高特征马赫数过程的需用扩张比略减小。

在飞行马赫数 6 时,氢加热器模拟总焓工质的需用扩张比在各特征马赫数过程中均大于纯空气,入口马赫数减小,需用扩张比略增大,但偏高量很小,约 2% ~3.5% ,特征马赫数越大,偏高量越大;酒精加热器模拟总焓、氢加热器模拟总温工质的需用扩张比均小于纯空气,入口马赫数增加,需用扩张比均略减小,氢加热器模拟总温工质的需用扩张比偏低 4% ~10% ,酒精加热器模拟总焓工质的需用扩张比偏低 3.4% ~7.8% ,特征马赫数越大,偏低量越大。入口总压恢复增大,需用扩张比略减小。

在飞行马赫数 7 时,氢加热器模拟总焓工质的需用扩张比在各特征马赫数过程中均大于纯空气,入口马赫数减小,需用扩张比略增大,但偏高量很小,约 2.4% ~6.8% ,特征马赫数越大,偏高量越大。酒精加热器模拟总焓、氢加热器模拟总温工质的需用扩张比均小于纯空气,入口马赫数增加,需用扩张比均略减小。氢加热器模拟总温工质的需用扩张比受入口马赫数影响非常大,在特征马赫数 1 过程,偏低量从 8% 变化到 16% ,在特征马赫数 1.6 过程,偏低量从 15% 变化到 26% 。在入口马赫数 3.5 时,当特征马赫数从 0.6 变化到 1.6,酒精加热器模拟总焓工质的需用扩张比偏低量从 3.5% 变化到 10% 。入口总压恢复增大,需用扩张比略减小。

4.3.6 释热分布与总释热量

图 4-48 所示为飞行马赫数 7 条件下,3 种污染工质实现各特征马赫数过程的总释热量(燃烧完全度)与入口马赫数、总压恢复的关系。在所有入口马赫数、所有特征马赫数条件下,入口总压恢复增加,总释热量增大;最小加热量出现在特征马赫数 1 的过程。氢加热器模拟总焓工质总释热量增加最多,其次是酒精加热器模拟总焓工质(总加热量显著大于纯空气),氢加热器模拟总温工质的总释热量略低于纯空气(但随着入口马赫数的增加,总释热量有增加的趋势),在特别高的入口马赫数条件下(Ma_3 =4),氢加热器模拟总温工质只能实现不小于 1.6 的特征马赫数过程。图 4-49 所示为飞行马赫数 7 条件下,3 种污染工质实现各特征马赫数过程的释热分布与入口马赫数、总压恢复的关系。氢加热器模拟总焓工质在所有入口条件和所有特征马赫数过程,增加的热量主要分配在扩张段。氢加热器模拟总温工质、酒精加热器模拟总焓工质在所有入口条件、所有特征马赫数过程中,增加的热量分配在第一等面积段,且随着入口马赫数的增加,在第一等面积段分配的热量越来越多,低特征马赫数过程第一等面积段热量增加的量尤其显著;在扩张段分配的热量均低于纯空气,且随着飞行马赫数的增加,在扩张段分配热量的偏低量越来越大;在第二等面积段,亚声速加热过程的热量分配略有减小(最低特征马赫数过程减小的量比较显著)。入口总压恢复对热量分配比例的影响甚微。

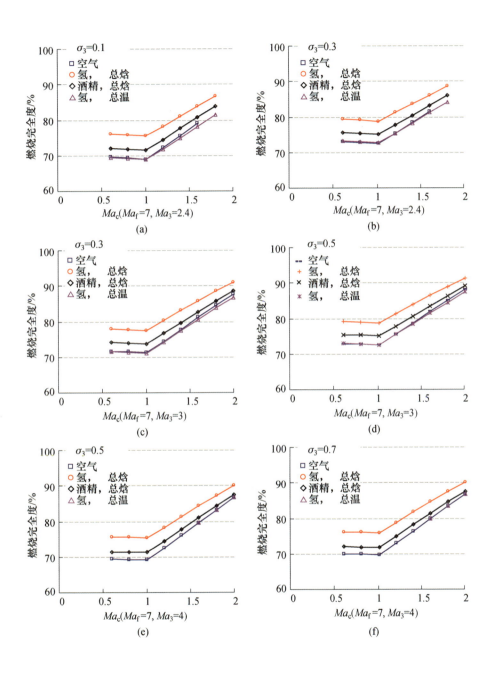

图 4-48 入口条件对燃烧完全度的影响($Ma_f = 7$)

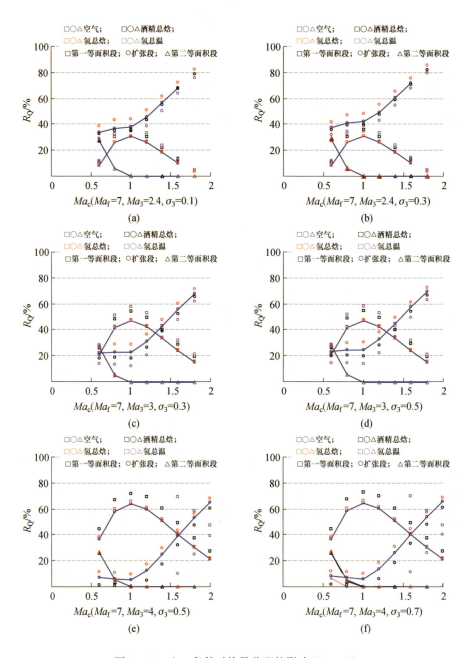

图 4-49　入口条件对热量分配的影响($Ma_f = 7$)

图 4 - 50 所示为飞行马赫数 6 条件下, 3 种污染工质实现各特征马赫数过程的总释热量(燃烧完全度)与入口马赫数、总压恢复的关系。在所有入口马赫数、所有特征马赫数条件下, 入口总压恢复增加, 总释热量增大, 最小加热量出现在特征马赫数 1 的过程; 3 种污染工质总释热量均大于纯空气, 总释热量增加最大的是氢加热器模拟总焓工质, 其次是酒精加热器模拟总焓工质, 氢加热器模拟

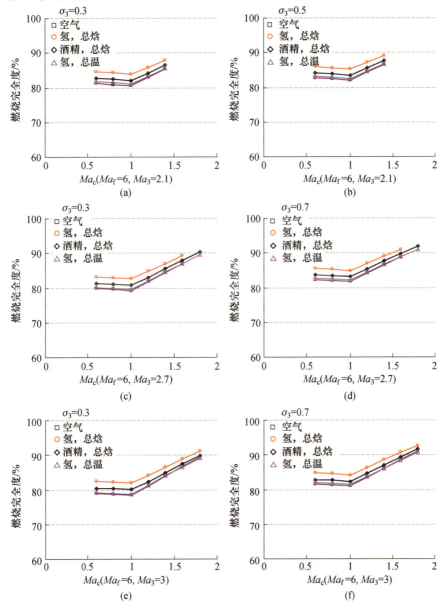

图 4 - 50 入口条件对燃烧完全度的影响($Ma_f = 6$)

总温工质的总释热量增加量最小,与空气相应特征马赫数的释热量相差不多。图4-51所示为飞行马赫数6条件下,3种污染工质实现各特征马赫数过程的释热分布与入口马赫数、总压恢复的关系。氢加热器模拟总焓工质在所有入口条件和所有特征马赫数过程,增加的热量主要分配在第一等面积段和扩张段,第二等面积段热量分配略有减小。氢加热器模拟总温工质、酒精加热器模拟总焓工质在所有入口条件、所有特征马赫数过程中,增加的热量分配在第一等面积

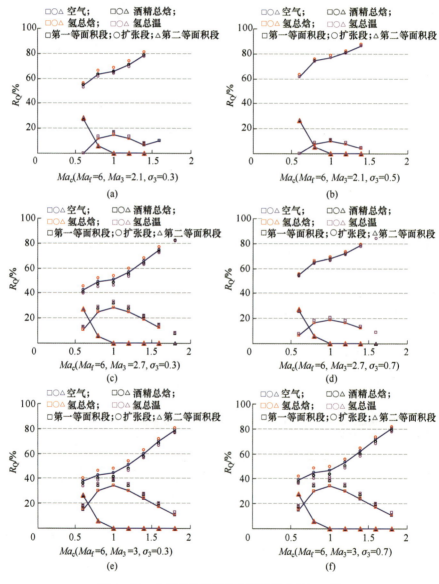

图4-51 入口条件对热量分配的影响(Ma_f =6)

段,且随着入口马赫数的增加,在第一等面积段分配的热量越来越大,低特征马赫数过程第一等面积段热量增加的量尤其显著;在扩张段分配的热量均低于纯空气;在第二等面积段,亚声速加热过程的热量分配略有减小,超声速加热过程没有热量分配。入口总压恢复对热量分配比例的影响甚微。

图4-52所示为飞行马赫数5条件下,3种污染工质实现各特征马赫数过程的总释热量(燃烧完全度)与入口马赫数、总压恢复的关系。特征与飞行马赫数6相同,在所有入口马赫数、所有特征马赫数条件下,入口总压恢复增加,总释热量增大;最小加热量出现在特征马赫数1的过程;3种污染工质总释热量均大于纯空

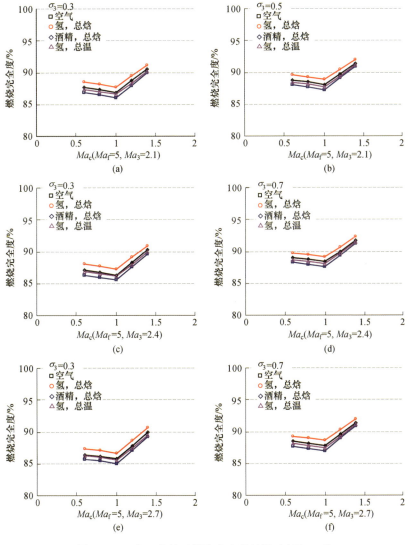

图4-52　入口条件对燃烧完全度的影响($Ma_f=5$)

气,总释热量增加最大的是氢加热器模拟总焓工质,其次是酒精加热器模拟总焓工质,氢加热器模拟总温工质的总释热量增加量最小,与空气相应特征马赫数的释热量相差不多。图4-53所示为飞行马赫数5条件,3种污染工质实现各特征马赫数过程的释热分布与入口马赫数、总压恢复的关系。特征也与飞行马赫数6相同。

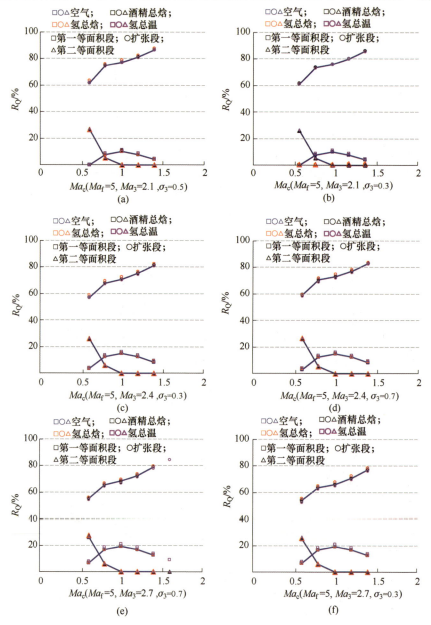

图4-53 入口条件对热量分配的影响($Ma_f = 5$)

图 4 - 54 所示为飞行马赫数 4 条件下，3 种污染工质实现各特征马赫数过程的总释热量(燃烧完全度)与入口马赫数、总压恢复的关系。总释热量特征与其他马赫数不同，氢加热器模拟总焓工质、氢加热器模拟总温工质的总加热量均大于纯空气，酒精加热器模拟总焓工质的总加热量与空气非常接近。最小加热量出现在特征马赫数 1 的过程。图 4 - 55 所示为飞行马赫数 4 条件下，3 种污

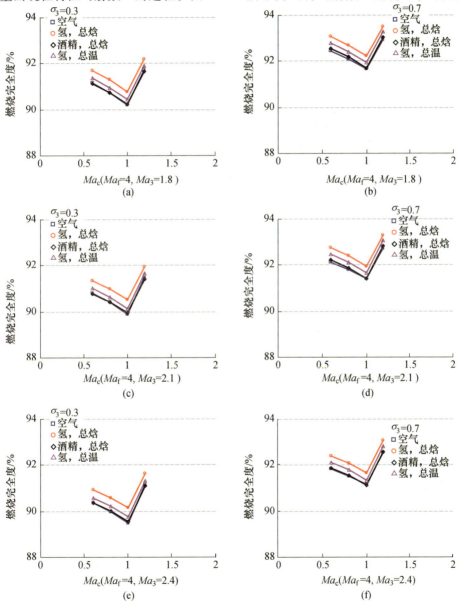

图 4 - 54 入口条件对燃烧完全度的影响($Ma_f = 4$)

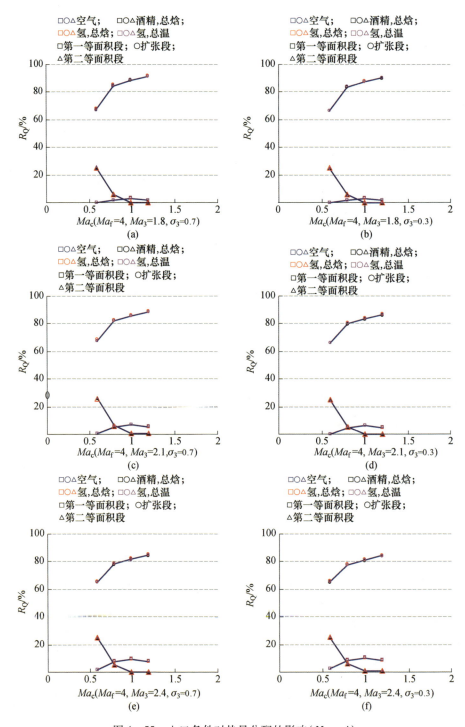

图4-55 入口条件对热量分配的影响($Ma_f = 4$)

染工质实现各特征马赫数过程的释热分布与入口马赫数、总压恢复的关系。氢加热器模拟总焓工质增加的热量分配在第一等面积段和扩张段,其他两种工质增加的热量分配在第一等面积段。

4.3.7　伪激波过程出口压比

图 4 – 56 ~ 图 4 – 59 所示为 3 种污染工质实现各特征马赫数过程的伪激波过程之后的压比与入口马赫数、总压恢复的关系。

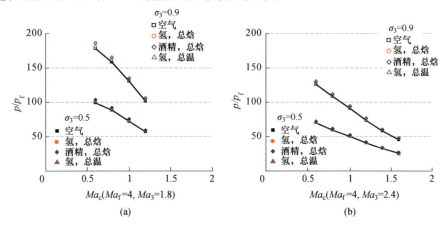

图 4 – 56　入口条件、特征马赫数对伪激波过程出口压比的影响($Ma_f = 4$)

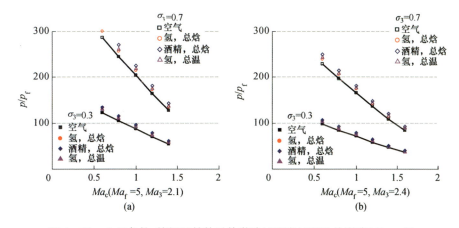

图 4 – 57　入口条件、特征马赫数对伪激波过程出口压比的影响($Ma_f = 5$)

其他条件相同时,入口总压恢复越大,伪激波过程之后达到的压比越大;入口马赫数越高,伪激波过程之后达到的压比越小。

在相同特征马赫数过程中,3 种污染工质达到的压比均大于纯空气。其他条件相同时,酒精加热器模拟总焓工质达到的压比最大,其次是氢加热器模拟总

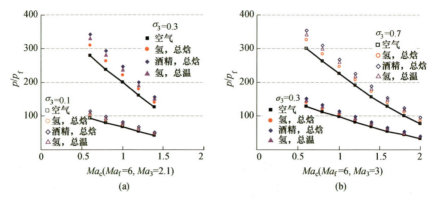

图 4 – 58　入口条件、特征马赫数对伪激波过程出口压比的影响（$Ma_f = 6$）

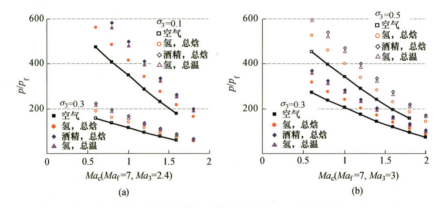

图 4 – 59　入口条件、特征马赫数对伪激波过程出口压比的影响（$Ma_f = 7$）

温工质,氢加热器模拟总焓工质达到的压比与纯空气最接近。飞行马赫数越高,偏差越大;特征马赫数越小,偏差越大。

其他条件相同时,入口马赫数增加,3 种污染工质达到的压比偏离纯空气的量减小;入口总压恢复增加,3 种污染工质达到的压比偏离纯空气的量增大。飞行马赫数越高,入口马赫数和入口总压恢复变化对污染工质达到的压比影响越大,即污染工质达到的压比偏离纯空气的量越大。

4.4　污染工质中燃烧室特性的变化

4.4.1　特征马赫数的变化

图 4 – 60 ~ 图 4 – 63 所示为各污染工质条件下燃烧室特征马赫数与燃烧室需用扩张比的关系,同一扩张比代表同一燃烧室(不考虑燃烧组织的细节,假设都能够实现强燃烧模式、能够释放当地所需热量)。

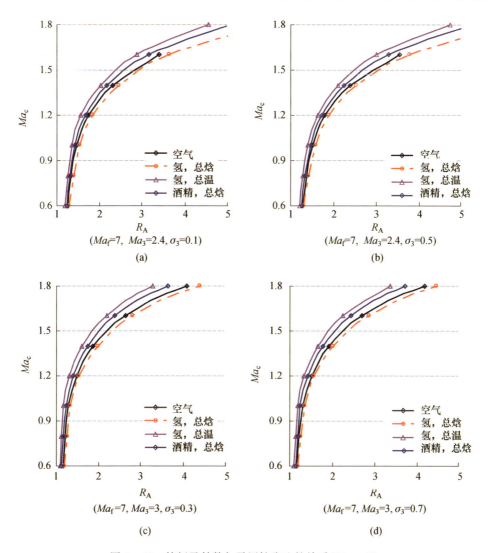

图 4-60 特征马赫数与需用扩张比的关系($Ma_f = 7$)

可以看到,与纯空气相比,扩张比相同时,氢加热器模拟总焓工质可实现的特征马赫数偏低,酒精加热器模拟总焓工质实现的特征马赫数高于纯空气,氢加热器模拟总温工质实现的特征马赫数最高。在低特征马赫数范围,扩张比的少量变化引起特征马赫数的显著变化,所以污染工质的影响也更大。随着飞行马赫数的增加,这种偏差增大。

例如,在飞行马赫数 7、入口马赫数 3、入口总压恢复 0.5 时,采用纯空气工质实现特征马赫数 0.8 的扩张比(低特征马赫数的亚声速加热过程),在氢加热器模拟总焓工质条件下实现的特征马赫数是 0.67,酒精加热器模拟总焓工质实

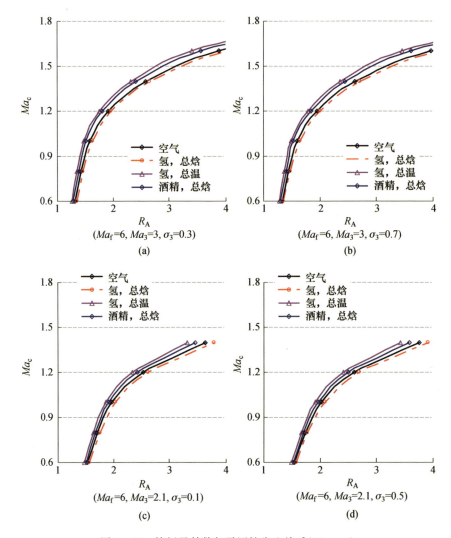

图 4-61　特征马赫数与需用扩张比关系($Ma_f = 6$)

现的特征马赫数约 0.95,而氢加热器模拟总温工质实现的特征马赫数约 1.05。采用纯空气工质实现特征马赫数 1.6 的扩张比(高特征马赫数的超声速加热过程),在氢加热器模拟总焓工质条件下实现的特征马赫数约为 1.57,酒精加热器模拟总焓工质实现的特征马赫数约为 1.65,氢加热器模拟总温工质实现的特征马赫数约为 1.68。

在飞行马赫数 4、入口马赫数 2.4、入口总压恢复 0.5 时,采用纯空气工质实现特征马赫数 0.8 的扩张比,在氢加热器模拟总焓工质条件下实现的特征马赫数约为 0.795,酒精加热器模拟总焓工质实现的特征马赫数约为 0.825,而氢加热器模拟总温工质实现的特征马赫数约为 0.83。

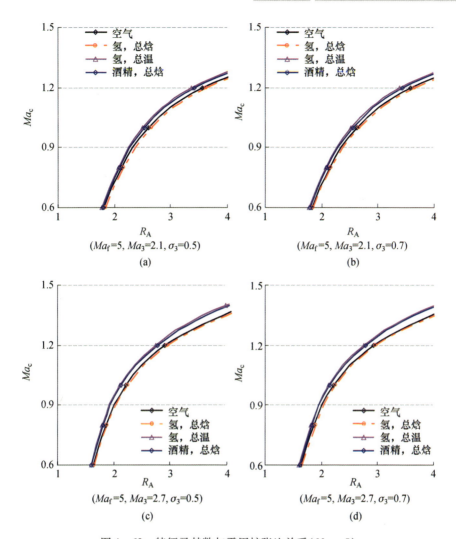

图 4 - 62 特征马赫数与需用扩张比关系($Ma_f = 5$)

在各污染工质条件下,给定飞行马赫数,当入口马赫数相同时,入口总压恢复增加,同一燃烧室实现的特征马赫数略降低;入口马赫数增加,同一燃烧室实现的特征马赫数显著增加。在低特征马赫数范围,这种偏差增大;随着飞行马赫数的增加,这种偏差增大。

在飞行马赫数 4、入口马赫数 2.4、入口总压恢复 0.7 时,采用入口总压恢复 0.5 条件纯空气工质实现特征马赫数 0.8 的扩张比,对于纯空气工质没有影响,氢加热器模拟总焓工质条件下实现的特征马赫数约为 0.795,酒精加热器模拟总焓工质实现的特征马赫数约为 0.815,而氢加热器模拟总温工质实现的特征马赫数约为 0.82。在入口马赫数 1.8、入口总压恢复 0.7 时,采用入口马赫数 2.4、入口总

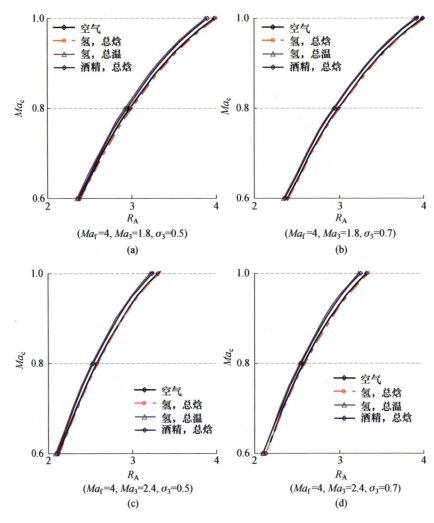

图 4 – 63　特征马赫数与需用扩张比关系($Ma_f = 4$)

压恢复 0.7 条件纯空气工质实现特征马赫数 0.8 的扩张比,氢加热器模拟总焓工质条件下实现的特征马赫数约为 0.665,酒精加热器模拟总焓工质实现的特征马赫数约为 0.685,而氢加热器模拟总温工质实现的特征马赫数约为 0.69。

在飞行马赫数 7、入口马赫数 3、入口总压恢复 0.3 时,采用入口总压恢复 0.5 条件纯空气工质实现特征马赫数 0.8 的扩张比,纯空气工质、氢加热器模拟总焓工质、酒精加热器模拟总焓工质实现的特征马赫数基本不变,而氢加热器模拟总温工质实现的特征马赫数约为 1.1(略有增加)。采用纯空气工质实现特征马赫数 1.6 的扩张比(高特征马赫数的超声速加热过程),各工质实现的特征马赫数比入口总压恢复 0.5 时略增大,但最大增量不超过 0.02,可以认为基本不变。

在飞行马赫数7、入口马赫数2.4、入口总压恢复0.5时,采用入口马赫数3、入口总压恢复0.5条件纯空气工质实现特征马赫数0.8的扩张比,各工质实现的特征马赫数均已显著小于0.6。采用入口马赫数3、入口总压恢复0.5条件纯空气工质实现特征马赫数1.6的扩张比,纯空气工质实现的特征马赫数约为1.45,氢加热器模拟总焓工质实现的特征马赫数约为1.42,酒精加热器模拟总焓工质实现的特征马赫数约为1.5,氢加热器模拟总温工质实现的特征马赫数约为1.54,与入口马赫数3相比均显著减小。

4.4.2 比冲性能的变化

图4-64~图4-67所示为各污染工质可实现的性能与需用扩张比的关系,同一扩张比代表同一燃烧室。图中各条曲线斜率的拐点是特征马赫数1的热力过程。可以看到,与纯空气相比,扩张比相同时,各工质可实现的推力增量

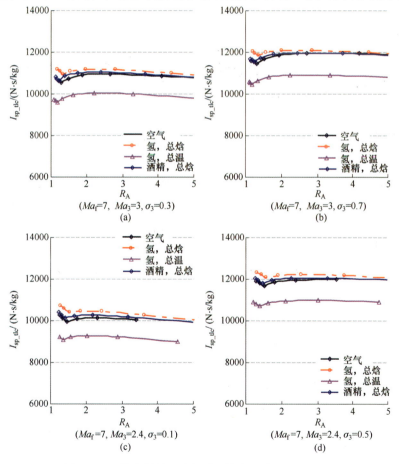

图4-64 推力增量比冲与需用扩张比关系($Ma_f=7$)

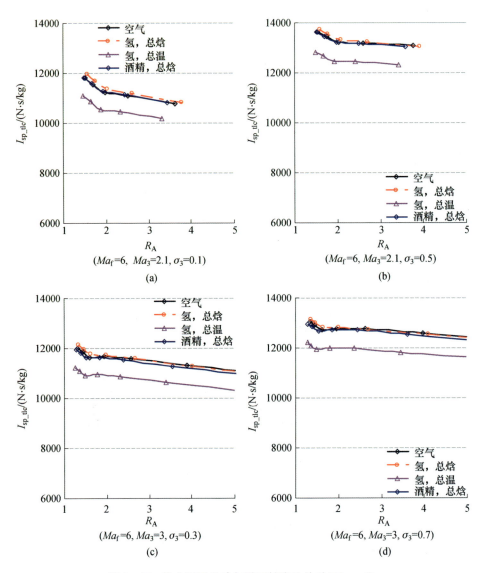

图 4-65　推力增量比冲与需用扩张比关系($Ma_f = 6$)

比冲性能相对于纯空气的增量排序与特征马赫数、飞行马赫数、入口条件均相关,且呈现复杂的变化。

在飞行马赫数 7 时,给定扩张比和入口条件,除了在 4.3 节看到的污染工质性能曲线普遍偏离纯空气性能的大趋势以外,还可以看到,氢加热器模拟总焓工质的特征马赫数 1 过程向更大扩张比条件偏移,酒精加热器模拟总焓工质、氢加热器模拟总温工质的特征马赫数 1 过程向更小扩张比条件偏移,也就是说,如果采用空气的该特征马赫数同等扩张比燃烧室,氢加热器模拟总焓工质实现的

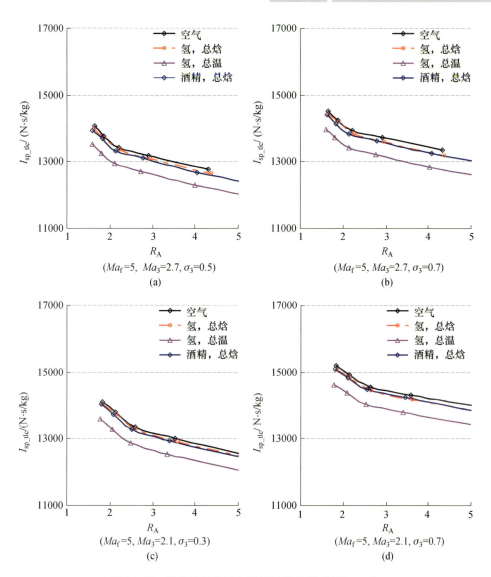

图 4 - 66　推力增量比冲与需用扩张比关系($Ma_f = 5$)

特征马赫数偏小,性能偏高更多;酒精加热器模拟总焓工质、氢加热器模拟总温工质实现的特征马赫数偏大,性能也偏高。如果采用空气的最低特征马赫数扩张比燃烧室,氢加热器模拟总焓工质实现的特征马赫数偏小,性能偏高更多;酒精加热器模拟总焓工质、氢加热器模拟总温工质实现的特征马赫数偏大,性能偏低。如果采用空气的超声速加热过程(如特征马赫数 1.6)扩张比燃烧室,各工质性能的偏差方向与入口条件有关,如果入口条件是马赫数 3、总压恢复 0.3,则氢加热器模拟总焓工质性能偏高、酒精加热器模拟总焓工质性能略低、氢加热器

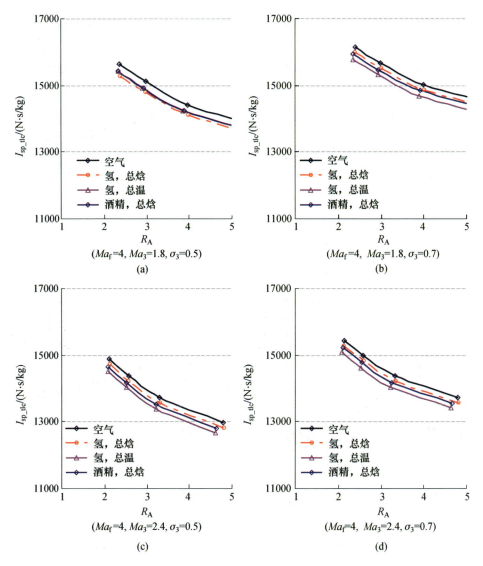

图 4 – 67　推力增量比冲与需用扩张比关系(Ma_f =4)

模拟总温工质性能显著偏低;如果入口条件是马赫数 2.4、总压恢复 0.1,则氢加热器模拟总焓工质性能明显偏高、酒精加热器模拟总焓工质性能略偏高、氢加热器模拟总温工质性能显著偏低。

在飞行马赫数 6 时,污染工质性能偏差方向的总体特征与飞行马赫数 7 类似。在高入口马赫数时,采用低特征马赫数纯空气工质的扩张比,氢加热器模拟总焓工质实现的性能高于纯空气,酒精加热器模拟总焓工质实现的性能略低于纯空气,氢加热器模拟总温工质的性能显著偏低。采用高特征马赫数(如特征马赫数 1.6)纯空气工质的扩张比时,氢加热器模拟总焓工质实现的性能与纯空气相同,但这种相同的性能是在实现不同特征马赫数条件下实现的,即在燃烧室释热分配有差异的条件下实现的;与纯空气条件相比,酒精加热器模拟总焓工质实现的性能略偏低,氢加热器模拟总温工质的性能显著偏低。在低入口马赫数条件下,如入口马赫数 2.1、入口总压恢复 0.1,氢加热器模拟总焓工质获得的性能高于纯空气;酒精加热器模拟总焓工质在图中各特征马赫数条件下均与纯空气一致,但这种一致性是在实现不同特征马赫数、燃烧室释热分配有差异的条件下实现的;氢加热器模拟总温工质的性能显著偏低。

入口总压恢复条件的提高,使同一燃烧室可实现的比冲性能增大(无论入口马赫数、特征马赫数如何变化),但对上述入口马赫数对各污染工质相对于纯空气的偏差方向、相对偏差量影响甚微。入口马赫数越低,入口总压恢复提高获得的性能提升幅度越大。

在飞行马赫数 5 所给出的 4 个条件下,若给定扩张比条件,各污染工质实现的性能均低于纯空气,其中在亚声速加热过程,氢加热器模拟总焓工质可实现的性能最接近纯空气,酒精加热器模拟总焓工质可实现的性能略低,也很接近纯空气,氢加热器模拟总温工质可实现的性能显著低于纯空气。入口总压恢复条件的提高,使同一燃烧室可实现的比冲性能增大;入口马赫数越低,入口总压恢复提高获得的性能提升幅度越大。

在飞行马赫数 4 所给出的 4 个条件下,若给定扩张比条件,各污染工质实现的性能均低于纯空气,其中在亚声速加热过程的多数情况下,氢加热器模拟总焓工质可实现的性能最接近纯空气,按照偏低量排列,依次是氢加热器模拟总焓工质、酒精加热器模拟总焓工质和氢加热器模拟总温工质,但偏低量均很小。在低入口马赫数配合较低入口总压恢复条件下(如入口马赫数 1.8、总压恢复 0.5),虽然 3 种污染工质可实现的性能更接近,但偏低量排序发生了变化,氢加热器模拟总焓工质可实现的性能最低。入口总压恢复条件的提高,使同一燃烧室可实现的比冲性能增大;与高飞行马赫数相比(飞行马赫数 5、6、7),入口马赫数降低带来的收益下降。

4.5 小结

本章对比了纯空气工质与典型地面实验设备污染工质(氢气加热器模拟总焓、酒精加热器模拟总焓、氢气加热器模拟总温)的双模态冲压发动机热力过程与性能关系的差异。由于化学反应对组分、温度、压力条件的敏感性,各污染工质对双模态过程与性能关系及其条件的影响结果也是非常复杂的。

在采用污染工质的条件下,无论哪个飞行条件,加热比随特征马赫数的变化趋势与纯空气是一致的,最小加热比均出现在特征马赫数为1时;在亚声速加热模态的各热力过程中,特征马赫数越小,可实现的加热比越大;在超声速加热模态的各热力过程中,特征马赫数越大,可实现的加热比越大。

在所分析的飞行马赫数和特征马赫数范围,氢气加热器模拟总焓工质获得的加热比始终大于纯空气条件,氢气加热器模拟总温工质获得的加热比始终小于纯空气条件,酒精加热器模拟总焓工质获得的加热比最接近纯空气条件的结果。被模拟的飞行马赫数的增大,污染工质的影响程度也增大。

在所分析的飞行马赫数和特征马赫数范围,氢气加热器模拟总焓工质获得的全过程总压恢复总是小于纯空气;飞行马赫数越高,偏离纯空气越远;特征马赫数越大偏差越大。氢加热器模拟总温工质获得的全过程总压恢复,在某个特征马赫数以下时小于纯空气值,超过该特征马赫数就会大于纯空气的值。酒精加热器模拟总焓工质获得的全过程总压恢复,其偏差特性与氢加热器模拟总温类似,存在分界特征马赫数,飞行马赫数越高,分界特征马赫数越大。

内推力比冲性能随特征马赫数变化的总体趋势与纯空气相似,但在细节上存在差异,这种差异随着飞行马赫数的增加而增大;各飞行马赫数模拟条件因污染工质的影响,性能偏离纯空气值的方向也不同。

燃烧室需用扩张比随特征马赫数的变化趋势与纯空气是一致的,随着特征马赫数的增大,需用扩张比增加,最小特征马赫数过程的需用扩张比最小。采用污染工质时,无论哪个飞行马赫数条件,随着特征马赫数的增大,需用扩张比相对于空气的偏差变大;相同特征马赫数条件下,随着模拟飞行马赫数的增加,需用扩张比相对于空气的偏差增大。

在飞行马赫数5以上的模拟条件,各加热方式污染工质在实现相同特征马赫数热力过程时,燃烧室各段添加热量的比例开始偏离纯空气条件,模拟的飞行马赫数越大,偏差越大。为实现相同的特征马赫数过程,各污染工质条件下气流吸收的总热量均大于纯空气条件,但热量分配比例各不相同。

双模态过程的入口条件对加热比、全过程总压恢复、比冲性能、需用扩张比、释热分配与释热量的影响,随被模拟的飞行马赫数的增加而增大。

与纯空气相比,当燃烧室扩张比相同时,氢加热器模拟总焓工质可实现的特征马赫数偏低,酒精加热器模拟总焓工质实现的特征马赫数高于纯空气,氢加热器模拟总温工质实现的特征马赫数最高。在低特征马赫数范围污染工质的影响更显著,燃烧室扩张比的少量变化引起特征马赫数的显著变化;在高飞行马赫数条件,污染工质的影响造成的偏差显著增大。

与纯空气相比,当燃烧室扩张比相同时,各污染工质可实现的推力增量比冲性能相对于纯空气的排序与特征马赫数、飞行马赫数、入口条件均相关,且呈现复杂的变化。

第5章　等效热力过程分析应用指南

5.1　实际因素的处理方法

实际的发动机流道是比较复杂的,在应用双模态冲压发动机热力过程与性能关系原理时,需正确处理这些实际流道问题。本章介绍应用中遇到的一些实际问题的处理方法,本章主要针对飞行马赫数7以下情况,但处理方法和原则(如阻力和壁面热损失)也适用于更高飞行马赫数。

5.1.1　内流道阻力:壁面摩擦因数的取值及影响

在第3章、第4章介绍双模态冲压发动机热力过程与性能关系时,都假设壁面摩擦因数取定值,并且采用了某个发动机模型的湿面积比例。

双模态冲压发动机热力过程与性能关系给出的是给定入口条件下发动机最优性能对应的流道"胖瘦"和热量的分配条件,并不给出发动机流道的长度条件,也不给出火焰稳定装置等内部结构;发动机流道的长度条件与火焰稳定装置等内部结构的设置有关,解决如何从技术上实现在期望的流道"胖瘦"与热量分配的关系(参考5.3.1节)。在对发动机流道做第一步设计时,虽然可以根据经验考虑发动机流道各部件的长度,包括火焰稳定装置等内部部件,但一般情况下是不确切的。由于燃烧室化学反应复杂流动的预测能力尚待健全,确切的燃烧室内部结构需经燃烧组织实验确定,与任务需求相适应的发动机流道长度分配也是在实验之后才能确定。这些不确定的结构和长度,反映到双模态冲压发动机热力过程设计中,都可以看作是内流道阻力的不确定性。

在第1章中,由复杂加热管流理论分析得出的结论指出,面积收缩、摩擦(阻力)、添质、加热(功输入)各因素及其综合的作用效果是使气流向壅塞方向发展。给定入口条件,在这些因素中,任何一个因素过度作用,都会导致其他因素的作用减小。

如果内流道的湿面积比例增加,或者存在支板、凹槽、突扩等增加阻力的部件,按照复杂加热管流理论,这些阻力增加的因素等价于面积收缩,于是在给定燃烧室面积比的条件下,能够添加的热量将减少,热力过程将发生改变,获得的性能也将减小。为弥补这种"面积"损失,理应增加燃烧室扩张比。在确定发动

187

机流道基准型时,必须大致了解阻力评估误差的影响程度,在未知燃烧室内部具体结构时,可以用改变摩擦因数的方法,分析阻力增加的影响,适当修正燃烧室设计参数。例如,燃烧室湿面积比已有燃烧室增加0.5倍,可取用已有燃烧室按照摩擦因数增加0.5倍的分析结果。反之亦然。

如果能够获得准确的内流道阻力数据(如已经确定燃烧室内部结构时,可以用数值模拟和参考焓方法获得更准确的壁面摩擦力),自然可以在"双模态冲压发动机热力过程与性能关系"模型中准确修正内流道阻力,获得正确的燃烧室设计参数,进而准确获得最优性能热力过程。但这已经是精确修正的问题了。当然,由于总阻力的增加,即使准确获得最优性能热力过程,可期望的发动机性能也是降低的。

文献[37]在直连式设备上测量了燃烧和不燃烧条件下壁面摩擦因数,条件是入口气流马赫数2.5、单位雷诺数$2.7 \times 10^7/m$、气流的单位流量总焓3.3MW,结果表明燃烧室壁面摩擦因数为0.002 ~ 0.004。文献[2]推荐冲压发动机燃烧室内部摩擦因数取值范围为0.002 ~ 0.005。

据此,按照表5-1的入口条件,本节取壁面摩擦因数0、0.002、0.004、0.006,给出纯空气入口工质的热力过程分析结果。仍然假设尾喷管处于恰当膨胀状态,当量比1的燃料完全参与反应,忽略壁面热损失。请注意,表5-1的入口总压恢复与入口马赫数的匹配关系是飞行马赫数越高、入口总压恢复越小,与第3章不同。读者可根据这些数量关系,酌情借鉴。

表5-1 壁面摩擦因数影响计算条件

Ma_f	Ma_3	σ_3	尾喷管	燃料	ϕ	η_{com}
4	2.4	0.5				
5	2.7	0.4	恰当膨胀	$C_{12}H_{23}$	1	考虑离解
6	3.0	0.3				
7	3.5	0.2				

1. 壁面摩擦因数取值对燃烧室总压恢复的影响

图5-1所示为壁面摩擦因数取0、0.002、0.004、0.006时燃烧室全过程总压恢复随特征马赫数的变化情况。从图5-1(a)、(b)可以看到,随着壁面摩擦因数的增大(总阻力增加),燃烧室全过程总压恢复降低;随着特征马赫数的增大,燃烧室全过程总压恢复降低的幅度增大。图5-1(c)、(d)表明,在飞行马赫数4~7范围内,燃烧室全过程总压恢复变化的百分比基本相同,以飞行马赫数4的特征马赫数0.6、1.2热力过程为例,当壁面摩擦因数从0增大到0.006时,燃烧室全过程总压恢复分别降低10.8%和24.3%;在飞行马赫数6时,分别增大10.3%和24.7%。这些数据说明,壁面摩擦因数的取值对燃烧室全过程总

压恢复的影响较大。

飞行马赫数 4、5 时,在给出的壁面摩擦因数情况下,随特征马赫数的增加,燃烧室全过程总压恢复近似呈线性单调下降。飞行马赫数越大,燃烧室全过程总压恢复随特征马赫数的下降速率越小。

在飞行马赫数 6、7 时,随特征马赫数的增加,多数情况下,燃烧室全过程总压恢复已经不是线性单调下降。在较小的摩擦因数、较低的特征马赫数时,燃烧室全过程总压恢复随特征马赫数增加而下降的速率小于高特征马赫数过程。飞行马赫数 7、摩擦因数较小时,在各低特征马赫数过程中,燃烧室全过程总压恢复变化不大。摩擦因数较大时,燃烧室总压恢复随特征马赫数近似呈线性下降。

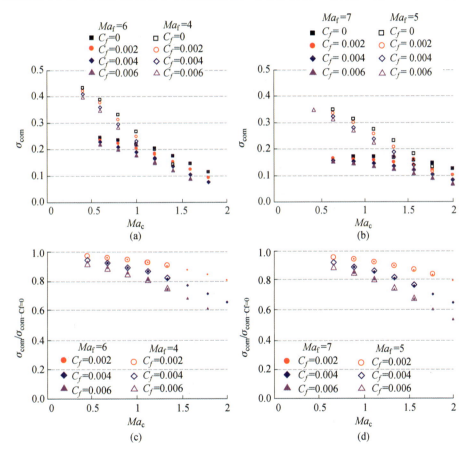

图 5－1　壁面摩擦因数对总压恢复的影响

2. 壁面摩擦因数取值对加热比的影响

图 5－2 所示为壁面摩擦因数取 0.002、0.004、0.006 时燃烧室可实现的加热比随特征马赫数的变化情况。可以看到,随着壁面摩擦因数的增大,燃烧室可

实现的加热比降低;特征马赫数越大,燃烧室可实现的加热比降低幅度越大;飞行马赫数越大,壁面摩擦因数增大导致特征马赫数对加热比的影响增大。壁面摩擦因数对加热比的影响机制在于,壁面摩擦因数的变化影响了燃烧室全过程的总压恢复,进而影响到燃烧室静压的水平,静压水平的变化引起燃烧产物离解程度的变化,但加热比变化的幅度比较小。以飞行马赫数 4、特征马赫数 0.6、1.2 热力过程为例,当壁面摩擦因数从 0 增大到 0.006 时,燃烧室内可实现的加热比分别降低 0.1% 和 0.3%,降低的幅度很小;在飞行马赫数 6 时,燃烧室内可实现的加热比分别降低 0.2% 和 0.5%。这些数据说明,壁面摩擦因数的取值对燃烧室内可实现的加热比影响较小(前提条件是其他条件给予相应的改变,如燃烧室需用扩张比和热量分配)。

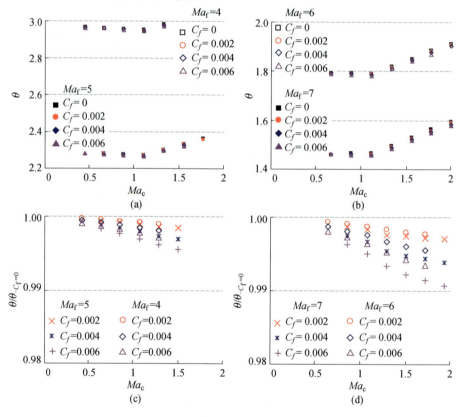

图 5 – 2　壁面摩擦因数对加热比的影响

3. 壁面摩擦因数取值对燃烧室需用扩张比的影响

图 5 – 3 所示为壁面摩擦因数取 0.002、0.004、0.006 时燃烧室需用扩张比随特征马赫数的变化情况。可以看到,随着壁面摩擦因数的增大,燃烧室需用扩张比增大;随着特征马赫数的增加,燃烧室需用扩张比增大的幅度也增加。飞行

马赫数越高,燃烧室需用扩张比越小;但各飞行马赫数条件下,当特征马赫数相同时,摩擦因数对扩张比的影响幅度基本一致。以飞行马赫数 4、特征马赫数 0.6、1.2 热力过程为例,当壁面摩擦因数从 0 增大到 0.006 时,燃烧室需用扩张比分别增加 12.5% 和 31.9%;在飞行马赫数 6 时,燃烧室需用扩张比分别增大 11.4% 和 32.6% 。这些数据说明,壁面摩擦因数的取值对燃烧室需用扩张比的影响较大。在燃烧室需用扩张比发生改变的同时,自然伴随着燃烧室各段加热量分配的变化。

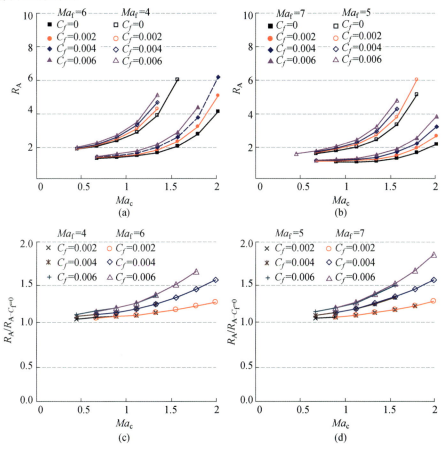

图 5 - 3　壁面摩擦系数对燃烧室需用扩张比的影响

4. 壁面摩擦因数取值对比冲性能的影响

图 5 - 4 所示为壁面摩擦因数 0.002、0.004、0.006 时内推力比冲随特征马赫数的变化情况。可以看到,随着壁面摩擦因数的增大,内推力比冲下降;随着特征马赫数的增大,内推力比冲下降的幅度增大。以飞行马赫数 4、特征马赫数 0.6、1.2 热力过程为例,当壁面摩擦因数从 0 增大到 0.006 时,内推力比冲分别

减小 1.5% 和 4.8%。在飞行马赫数 6 时,分别为 1.4% 和 3.8%。

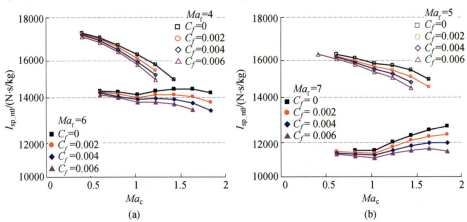

图 5-4   壁面摩擦因数对内推力比冲的影响

在飞行马赫数 4 时,在给出的壁面摩擦因数取值范围内,内推力比冲随特征马赫数增加而单调下降,壁面摩擦因数越大,下降的速率越快。在飞行马赫数 5、壁面摩擦因数取值较小时,内推力比冲在特征马赫数 1 的热力过程出现拐点,但仍随特征马赫数增加而单调下降。在飞行马赫数 6 时,若摩擦因数取值较小,在特征马赫数 1 的热力过程不但出现性能的拐点,而且出现性能的局部低点,在亚声速加热模态和不太大的超声速特征马赫数过程中,比冲性能都高于特征马赫数 1 的过程;当摩擦因数大于 0.004 以后,性能随特征马赫数增加而单调下降。在飞行马赫数 7 条件下,在特征马赫数 1 的热力过程出现性能的局部低点,随着摩擦因数取值的减小,超声速特征马赫数段的性能上扬,最高性能出现在更高特征马赫数的超声速过程,超声速加热模态显得更优越,亚声速加热模态的性能则趋向于与特征马赫数 1 接近。从这个趋势看,当燃烧室阻力超过一定程度(因某些原因),在飞行马赫数 7 时,亚声速加热模态会显示出优势。

5.1.2   壁面热损失的处理及其影响

在第 3 章、第 4 章介绍双模态冲压发动机热力过程与性能关系时,都假设忽略壁面热损失。实际上,发动机壁面会吸收一部分热量,使壁面温度升高。只有当壁面温度达到气壁温(或气流的恢复温度)时,壁面不再吸收热量,成为"绝热壁",在绝热壁条件下,壁面热损失为零,忽略壁面热损失就是符合物理实际的。当采用"热结构"时(允许结构温度随时间而升高),在结构热沉起作用的条件下,壁面热损失随壁面温度的增加而减小,所以在冷壁条件下热损失最大。当采用主动冷却结构时,冷却剂吸热与燃烧室壁面传热达到热平衡时,壁面热损失也达到平衡(壁面热损失恒定下来,不再变化);当冷却剂也是燃料,而且冷却所需流量与燃烧所需流量相同时,冷却剂吸收的热量又回到燃烧室(当然冷却剂会向金属结构传递一部分热量),这时,忽略壁面热损失的假设也近似符合物理实际。

按照复杂加热管流理论(参考第 1 章),当存在壁面热损失时,一方面丢失到结构中的热量不会参与热功转换,向气流(工质)中添加的总热量减小,可以用来转化为功的总能量减小,发动机获得的性能自然降低;另一方面,传导走的热量等价于面积扩张,为弥补这种作用,需减小燃烧室的扩张比。也可以将存在壁面热损失的情况,理解为采用更低当量比燃料的工作过程(但气流组分却是高当量比燃料燃烧形成的)。

与流道阻力问题一样,进行基本型流道设计时,无法准确给定壁面热损失的量,特别是分段的热损失量,准确数据必须从发动机方案调整实验获得。当通过实验或其他方法(如采用经验证的数值方法进行模拟预测、采用数据库拟合的经验评估准则预测),获得了准确的壁面热损失数据(分布、时间历程等),可以在"双模态冲压发动机热力过程与性能关系"模型中给出准确修正,获得正确的燃烧室设计参数和最优性能热力过程条件。

在进行基准型设计时,可以先根据经验给出壁面热损失模型,适当考虑裕度,设计燃烧室扩张比和热量分配指标;在获得初步实验数据后,代入"双模态冲压发动机热力过程与性能关系"模型,给予适当修正。

为帮助读者建立热损失影响的概念,以下按照表 5 - 1 的入口条件,壁面摩擦因数取 0.004,考虑一定范围的壁面热损失量(给定壁面温度 300 ~ 900K,采用参考温度法提供壁面热损失量),给出纯空气工质的热力过程分析结果。分析时假设尾喷管处于恰当膨胀状态,当量比 1 的燃料完全参与反应。

1. 壁面热损失量对加热比的影响

图 5 - 5 所示为燃烧室壁面热损失量与燃烧室出口总焓之间的比值随飞行马赫数、特征马赫数和壁面温度的变化情况。

从图 5 - 5 的数据可以看到,壁面热损失量随壁面温度的增大而减小,随特征马赫数的增大而减小,随飞行马赫数的增大而增大。在飞行马赫数 4、5 条件下,给定壁面温度 500K 时,最小特征马赫数过程的壁面热损失与燃烧室出口总焓相比较小(分别为 4% 和 6%);给定壁面温度 700K 时,最小特征马赫数过程的壁面热损失与燃烧室出口总焓的比值分别为 3% 和 5% 。在飞行马赫数 6、7 时,给定壁面温度 700K,最小特征马赫数过程的壁面热损失与燃烧室出口总焓的比值达到 6% 和 11.3% ;给定壁面温度 500K 时,最小特征马赫数过程的壁面热损失与燃烧室出口总焓的比值达到 7% 和 13% ,对发动机的性能会产生更为显著的影响。

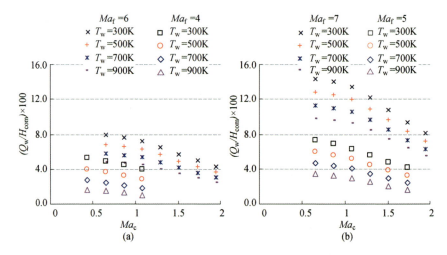

图 5 - 5　燃烧室壁面热损失与壁温、特征马赫数的关系

图 5-6 所示为壁面热损失对可实现的加热比(进入工质的总加热量)的影响,相对值的基准是不考虑壁面热损失时的加热比。可以看到,可实现的加热比随壁面温度的降低而减小,特征马赫数越小影响程度越大,飞行马赫数越大影响程度越大。在飞行马赫数 4、5、6、7 时,冷壁($T_w = 300K$,短时间地面实验的情况)时的加热比分别是无壁面热损失时的 97%、96.5%、96%、95%。

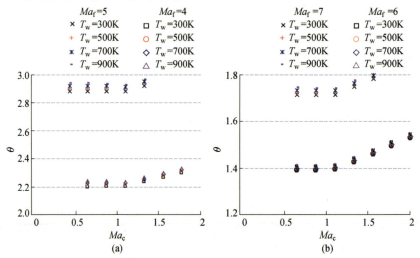

图 5 - 6　壁面热损失对加热比的影响

2. 壁面热损失量对燃烧室全过程总压恢复的影响

壁面温度对燃烧室全过程总压恢复的影响机制在于总压损失与进入工质的总热量(加热比)之间的关系,壁面温度的变化导致加热比的变化,当加热过程

温度相同时,进入工质的总热量越大,总压损失越大,即总压恢复越小。

图 5 − 7 所示为壁面热损失对燃烧室全过程总压恢复的影响。虽然壁面温度降低,将由于加热比减小、损失减小,导致燃烧室总压恢复增大,但从获得的数据看,壁面温度从 300K 到 900K 变化,当特征马赫数相同时,获得的燃烧室全过程总压恢复基本一致。特征马赫数增加导致的燃烧室全过程总压恢复的下降非常显著,但壁面温度从 300K 到 900K 变化,特征马赫数与燃烧室全过程总压恢复的关系曲线几乎重合。

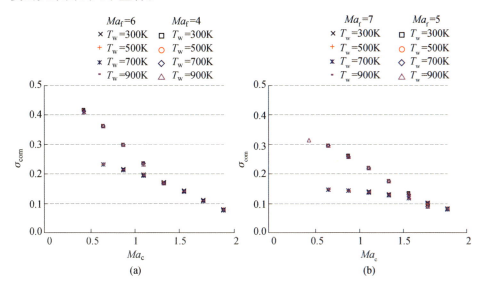

图 5 − 7 　 壁面热损失对燃烧室总压恢复的影响

3. 壁面热损失量对燃烧室需用扩张比的影响

燃烧室需用扩张比受壁面摩擦因数影响的机制在于燃烧室需用扩张比与总压恢复、加热比的关系。在获得相同的燃烧室特征马赫数条件下,燃烧室需用扩张比由加热比和燃烧室总压恢复共同决定。

图 5 − 8 所示为壁面热损失对燃烧室需用扩张比的影响。从图中数据可以看到,壁面温度减小,因进入工质的热量(加热量)减小,燃烧室需用扩张比也减小;特征马赫数越大、飞行马赫数越高,减小的幅度越大。在飞行马赫数 4 的最小特征马赫数过程,随壁面温度的下降,燃烧室需用扩张比减小的幅度最大;从飞行马赫数 4 的数据看,应该存在一个受壁面温度影响最小的特征马赫数过程(其他飞行马赫数条件下只是加热量不足以形成更低的特征马赫数过程,如果由于某种因素能够获得更低特征马赫数,也应该在图线上看到这个现象)。在飞行马赫数 4、5、6、7 时,与不考虑壁面热损失相比,在图中给出的最低特征马赫数过程中,壁面温度 700K 时燃烧室需用扩张比减小到 98.4% 、98% 、97% 、

96%,冷壁时燃烧室需用扩张比减小到96.7%、97.3%、96%、95.5%。

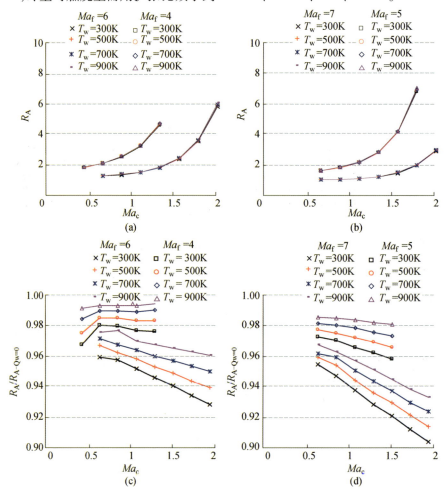

图5-8 壁面热损失对燃烧室需用扩张比的影响

4. 壁面热损失量对内推力比冲的影响

从以上分析结果看到,壁面温度影响到向工质加入的总热量,而总加热量是影响发动机性能的直接因素。

图5-9所示为壁面热损失对内推力比冲的影响。从图5-9可以看到,随着壁面温度的降低,内推力比冲下降;特征马赫数越小、飞行马赫数越大,比冲减小的幅度越大。在飞行马赫数7时,壁面温度越低、壁面热损失越大,超声速加热过程的优势越显著,亚声速加热过程不再获得比特征马赫数1过程更高的比冲性能。在飞行马赫数4、5、6、7时,与不考虑壁面热损失相比,在图中给出的最低特征马赫数过程中,壁面温度700K时内推力比冲减小到98.6%、97.3%、

95% 、91.7% ,冷壁时内推力比冲减小到 97. 2% 、95. 7% 、93.4% 、89.5% 。

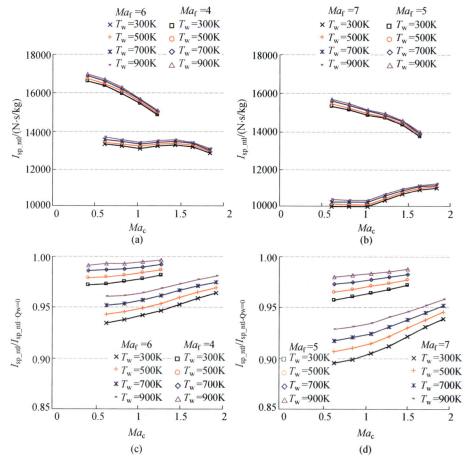

图 5 - 9　壁面热损失对内推力比冲的影响

5.1.3　尾喷管工况的影响

在等熵膨胀条件下,尾喷管工作在恰当膨胀工况能提供最大推力。双模态冲压发动机需要在较宽的速度和高度范围工作,燃烧室出口气流参数变化很大,恰当膨胀尾喷管所需的出口面积变化也很大。当需要采用低当量比工作进行推力调节时,需要的尾喷管膨胀比小于高当量比工况。除非尾喷管出口面积随飞行条件和燃烧室工况实时调节到位,否则尾喷管不可能总是工作在恰当膨胀状态。当尾喷管工作在欠膨胀状态,因热能不能被充分转化为动能而损失部分推力;若尾喷管工作在过膨胀状态,将在尾喷管出口附近或尾喷管内部形成激波,使损失增大、推力减小。

在实际的尾喷管中并非是等熵的膨胀过程,壁面摩擦、出口气流方向的发散(只有特殊设计的轴对称型面,才能在出口获得平行于对称轴的气流,方向损失为零)、燃气的非平衡过程都使尾喷管做功能力降低。壁面摩擦的存在使需求的尾喷管出口面积增加;摩擦力与尾喷管长度(或湿面积)成正比,适当减小尾喷管长度在减小摩擦阻力上获益较大,可抵消未恰当膨胀的损失;实际上,恰当膨胀尾喷管不是性能最大的尾喷管,略微欠膨胀的尾喷管获得最大推力性能。

为使读者建立尾喷管工况对性能影响的概念,本节忽略实际喷管流动过程中摩擦损失、方向损失、燃气非平衡效应的影响,给定尾喷管出口面积是进气道捕获面积的 1.5、2、2.5、3 倍,分析尾喷管工况、内推力比冲性能相对于恰当膨胀尾喷管的变化情况。

图 5-10~图 5-13 是尾喷管工况(出口达到的膨胀状态)随特征马赫数过程、双模态过程入口参数变化的情况。图中的纵坐标表达的是相对于恰当膨胀

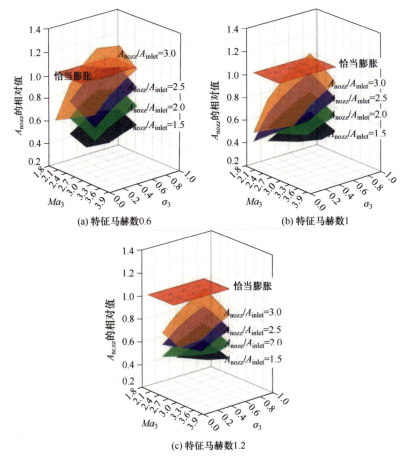

图 5-10 尾喷管膨胀状态与双模态过程入口参数的关系($Ma_f = 4$)

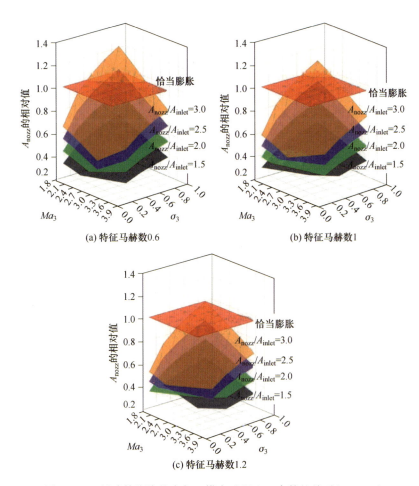

(a) 特征马赫数0.6　　　　　　　(b) 特征马赫数1

(c) 特征马赫数1.2

图 5 - 11　尾喷管膨胀状态与双模态过程入口参数的关系($Ma_f = 5$)

尾喷管的关系,其中大于 1 的部分是过膨胀状态(所给喷管面积大于恰当膨胀的面积需求),小于 1 的部分是欠膨胀状态(所给喷管面积小于恰当膨胀的面积需求)。可以看到,在低入口马赫数、高总压恢复的入口条件中,出现更多的过膨胀喷管工况;在低特征马赫数过程中,过膨胀喷管工况出现的范围更宽,即在更高入口马赫数、更低入口总压恢复条件下也能出现过膨胀状态。

　　以飞行马赫数 6 为例,在特征马赫数 0.6 的热力过程中,当双模态过程入口马赫数较小、总压恢复系数较大时,出口面积为进气道捕获面积 3 倍、2.5 倍的尾喷管出现过膨胀状态。随着入口马赫数的增大和入口总压恢复系数的减小,这两种固定面积的尾喷管由过膨胀工况、经过恰当膨胀工况,逐步过渡到欠膨胀状态;随着入口马赫数增加、入口总压恢复下降,欠膨胀程度越来越大。出口面积为进气道捕获面积 2 倍和 1.5 倍的尾喷管则一直工作在欠膨胀状态。随入口

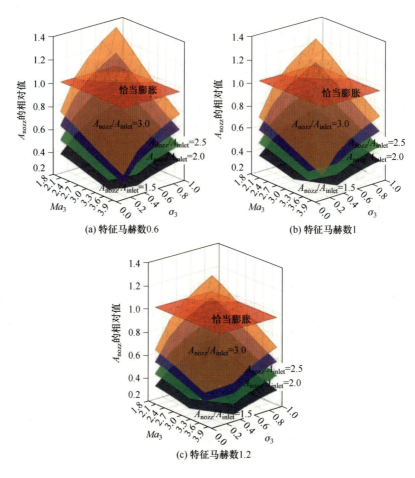

图 5 - 12　尾喷管膨胀状态与双模态过程入口参数的关系($Ma_\mathrm{f} = 6$)

马赫数减小、总压恢复增大,尾喷管向过膨胀状态过渡,说明恰当膨胀尾喷管的面积需求减小。

随着特征马赫数的增大,如特征马赫数 1.0 的热力过程,出口面积为进气道捕获面积 3 倍、2.5 倍的尾喷管由过膨胀工况过渡到恰当膨胀的双模态过程入口马赫数范围变小、入口总压恢复系数变大;在特征马赫数 1.2 的热力过程中,出口面积为进气道捕获面积 2.5 倍的尾喷管已经没有过膨胀状态,出口面积为进气道捕获面积 3 倍的尾喷管只有总压恢复接近 1 的很小范围的入口参数条件才处于过膨胀状态。所以,随着特征马赫数的增大,固定面积尾喷管工作在欠膨胀状态的区域更多,并且欠膨胀的程度也越来越大。在图 5 - 11 中,出口面积为进气道捕获面积 2 倍和 1.5 倍的尾喷管,在所有入口条件都工作在欠膨胀状态,并且特征马赫数越大,欠膨胀的程度越大。在相同的入口参数条件下,随特征马

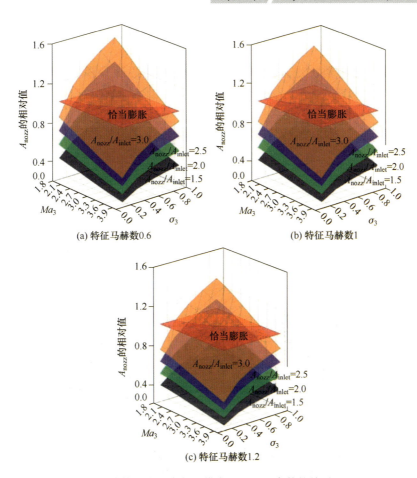

图 5 - 13　尾喷管膨胀状态与双模态过程入口参数的关系($Ma_f = 7$)

赫数的增加,各固定面积喷管向欠膨胀方向变化,意味着恰当膨胀尾喷管的面积需求增大。

　　固定面积喷管相对于恰当膨胀尾喷管的面积比,之所以随双模态过程入口马赫数增大、总压恢复系数降低以及特征马赫数增大而减小,是因为这 3 个因素都会导致发动机燃烧室出口总压恢复系数的降低,使燃烧室的需用面积比增大。虽然燃烧室出口气流的静压也在降低,将气流膨胀到环境压力所需的膨胀比也减小,但不能抵消燃烧室出口面积显著增大带来的影响,使恰当膨胀尾喷管的需用出口面积显著增大。

　　将飞行马赫数 6 的情况与图 5 - 10、图 5 - 11、图 5 - 13 进行对比,可以看到,给定特征马赫数过程时,随飞行马赫数的增大,固定面积尾喷管出现过膨胀状态的参数范围扩大;在相同的双模态过程入口参数和相同的特征马赫数条件下,固定面积喷管与恰当膨胀喷管面积的比值增加,喷管向恰当膨胀(或过膨胀)方向移动,即飞行马赫数增加,尾喷管恰当膨胀所需要的面积减小。随着飞行马赫数的增大,由于尾喷管恰当膨胀的需用面积比减小,所以在更高的燃烧室特征马赫数过程中也出现较多的过膨胀工况(在低特征马赫数过程中,过膨胀工况出现的范围更大,发生欠膨胀工况的双模态过程入口参数范围增大)。

图 5-14~图 5-17 所示为内推力比冲受尾喷管工况影响而随特征马赫数过程、双模态过程入口参数匹配关系变化的情况。以图 5-14 的飞行马赫数 4 为例,可以看到,给定特征马赫数时,双模态过程入口马赫数越小、入口总压恢复越大,由于恰当膨胀尾喷管的面积需求较小,因而固定喷管的比冲性能与恰当膨胀尾喷管的差异很小。随着双模态过程入口马赫数的增大和入口总压恢复的减小,固定面积喷管的比冲性能减小的速度加快;固定面积喷管的出口面积越小,比冲性能减小的速度越快(因为尾喷管的欠膨胀程度加大,尾喷管将更少的气流内能转换为动能)。也就是说,相对于恰当膨胀尾喷管,尾喷管出口面积越

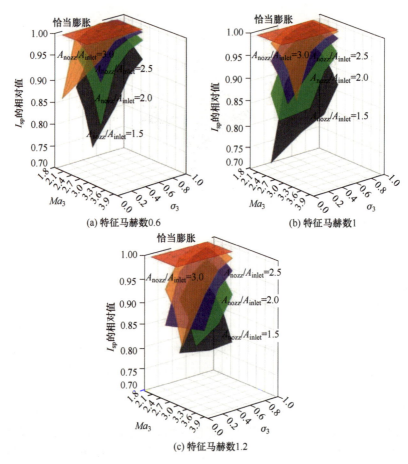

图 5-14　比冲性能与尾喷管面积、入口参数的关系($Ma_f = 4$)

小、欠膨胀程度越大,损失的比冲性能也越大。而过膨胀喷管的性能损失较小。当特征马赫数增加时,各尾喷管发生欠膨胀工况的双模态过程入口参数范围增大(参考图 5 - 10),所以发生比冲性能损失的双模态过程入口参数范围增大。在相同的入口参数条件下,各固定面积喷管向欠膨胀工况方向变化,于是比冲性能的损失增大。

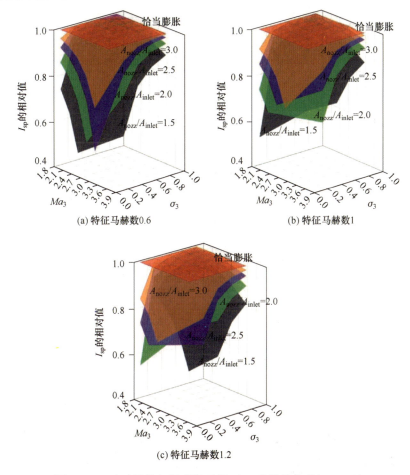

图 5 - 15   比冲性能与尾喷管面积、入口参数的关系($Ma_f = 5$)

将飞行马赫数 6 的情况与图 5 - 15、图 5 - 16、图 5 - 17 进行对比,可以看到,随着飞行马赫数的增加,由于过膨胀工况出现的范围更大(参考图 5 - 11 ~ 图 5 - 13),所以比冲性能下降的入口参数范围减小,比冲性能下降的幅度也减小。在飞行马赫数 7 时,固定面积比为 3 的尾喷管在大部分的入口参数匹配条件下获得的尾喷管工况相当,所以发动机获得的比冲性能也相近。飞行马赫数增大,在相同的双模态过程入口参数和相同的特征马赫数条件下,由于固定面积

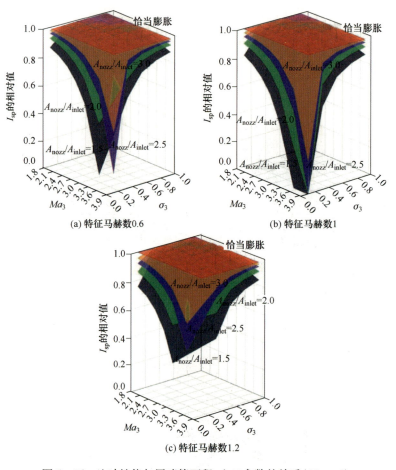

(a) 特征马赫数0.6　(b) 特征马赫数1

(c) 特征马赫数1.2

图 5-16　比冲性能与尾喷管面积、入口参数的关系($Ma_f = 6$)

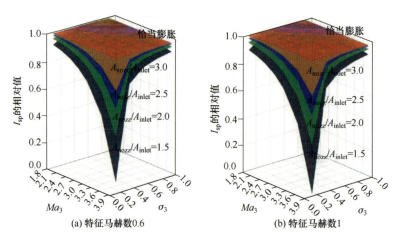

(a) 特征马赫数0.6　(b) 特征马赫数1

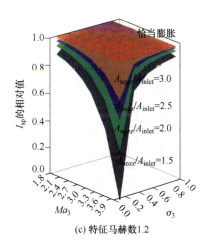

图 5 – 17　比冲性能与尾喷管面积、入口参数的关系($Ma_f = 7$)

尾喷管的工况由欠膨胀状态向过膨胀状态变化,所以比冲性能的相对值也增大,性能损失减小。

5.2　安全裕度控制与进发匹配设计

5.2.1　受进发匹配约束的发动机参数与性能设计

在第 3 章中,分析了纯空气工质发动机的燃烧室工作过程入口条件对热力过程的影响,分析的结果揭示,给定一个入口马赫数和入口总压恢复的组合,存在一组特征马赫数 – 性能 – 燃烧室需用扩张比关系,其中包括一个最佳性能条件。如果已经存在一个燃烧室,按照第 3 章入口条件影响给出的关系,应该存在一个配合该燃烧室获得最佳性能的进气道,可以根据特征马赫数 – 性能 – 燃烧室需用扩张比关系,获得对这个进气道的基本要求。

例如,参考图 5 – 18,按照给定进气道提供的出口条件(燃烧室工作过程的入口总压恢复、入口马赫数),绘制出特征马赫数 – 燃烧效率(或加热比)、特征马赫数 – 比冲性能、特征马赫数 – 燃烧室需用扩张比、特征马赫数 – 隔离段出口压比曲线。从图中看到,在该飞行马赫数和进气道出口条件下,最小特征马赫数过程产生最大比冲性能,燃烧效率也达最大值,且燃烧室需用扩张比最小。按照这 3 个条件,如果其他条件也允许(如进气道抗反压能力),就应该取最小特征马赫数热力过程工作,即取图 5 – 18 中的最小扩张比;同时,在释热分配与特征马赫数关系曲线(图 5 – 19)中,查出最小特征马赫数过程释热分配,照此比例安排燃料喷注方案。

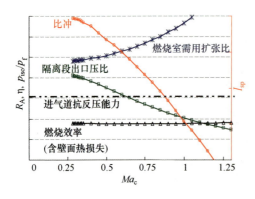

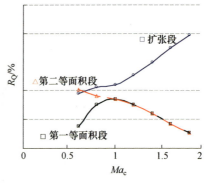

图 5-18　燃烧室参数与特征马赫数关系　　图 5-19　释热分配与特征马赫数关系

　　从图 5-18 还可以看到,隔离段出口(或伪激波过程出口)压比随特征马赫数的减小而增大,在最小特征马赫数过程,隔离段出口压比最大。当给定一个进气道时,该进气道有一个抗反压能力(图中的点划线代表的压比条件),所设计的燃烧室热力过程不应在隔离段出口产生超过该值的压比,也就是说,应按照隔离段出口压比 - 特征马赫数关系曲线与给定进气道的抗反压能力线的交点,获得燃烧室最大反压条件下的特征马赫数。如果这个特征马赫数热力过程产生的性能可接受,就以此特征马赫数为准,在图 5-18 中找到相应的燃烧室需用扩张比,在图 5-19 中找到相应的释热分配比例,按照这个比例设计各段的燃料喷注方案。这个进发匹配约束的发动机参数设计就确定了。

　　如果按照进气道抗反压能力约束选择的热力过程不能获得需要的比冲性能,则需要按照要求的性能条件,在图 5-18 中找出对应的特征马赫数,进而找到燃烧室的需用扩张比,由图 5-19 确定燃烧室各段的释热分配比例,按照这个比例设计燃烧室各段的燃料喷注方案(在设计燃料喷注方案时,要考虑采用什么样的燃烧组织技术可以实现要求的释热分配比例问题,这就涉及燃烧学的复杂问题)。同时,需要重新设计进气道,使其能够提供这个热力过程产生的隔离段出口压比,实际上,为保证进气道工作的安全性,应使进气道抗反压能力在相应的出口条件下(相应的双模态过程入口马赫数和总压恢复条件)超过该压比条件。

　　如果想要获得给定入口条件下的最大比冲性能,需要按照最小特征马赫数的热力过程设计燃烧室扩张比和各段释热分配比例,这时隔离段出口产生最大压比。如果进气道在相应出口条件下的抗反压能力超过这个最大压比,发动机就可以安全工作。

　　燃烧室工作过程入口条件匹配对隔离段出口压比 - 燃烧室特征马赫数关系的影响表明,在较高入口总压恢复条件下,给定入口马赫数、给定燃烧室特征马赫数过程,在隔离段出口形成的压比更高;给定入口总压恢复、给定燃烧室特征马赫数过程,在较低入口马赫数条件下,隔离段出口形成的压比更高。给定双模态过程的入口条件时,特征马赫数越小,隔离段出口形成的压比越高。但高压比未必对应高性能,考虑进发匹配的发动机性能"设计",既要考虑获得更高性能,还要考虑使进气道有能力使发动机取得高性能。利用等效热力过程分析的各数据图,可找到这种"最佳"匹配条件。

例如,参考图5-20(a),在飞行马赫数6条件下,若能够获得燃烧室特征马赫数0.6的热力工作过程,燃烧室工作过程入口马赫数2.1、入口总压恢复0.2条件与燃烧室工作过程入口马赫数2.4、入口总压恢复0.4条件可获得相同比冲性能(图中3个实心★所在的条件);燃烧室工作过程入口马赫数2.1时,燃烧室特征马赫数0.6热力过程在入口总压恢复0.2时、燃烧室特征马赫数1热力过程在入口总压恢复0.25时可获得相同比冲性能。而从图5-20(b)看到,在入口马赫数2.1、入口总压恢复0.2条件下,实现燃烧室特征马赫数0.6热力工作过程,在隔离段出口产生的压比接近200;而在入口马赫数2.4、入口总压恢复0.4条件下,实现燃烧室特征马赫数0.6热力工作过程,在隔离段出口产生的压比接近300;入口马赫数2.1、入口总压恢复0.25条件下,实现燃烧室特征马赫数1的热力工作过程,在隔离段出口产生的压比约为170。显然,入口马赫数2.4、入口总压恢复0.4的条件,与入口马赫数2.1、入口总压恢复0.2的条件相比,更不容易获得,同时在隔离段出口产生的压比更高,进气道更难以抵抗。同样,在入口马赫数2.1条件下,更高的入口总压恢复意味着给进气道设计增加了难度。如果进气道能够在入口马赫数2.1条件下提供0.3的总压恢复,可以获得更好的比冲性能(比冲性能比总压恢复0.2提高5.7%),但也意味着进气道需要抵抗更高反压(隔离段出口压比达到280)。如果进气道为燃烧室提供的入口条件是马赫数2.1、总压恢复0.15,可获得的比冲性能降低3%,同时进气道

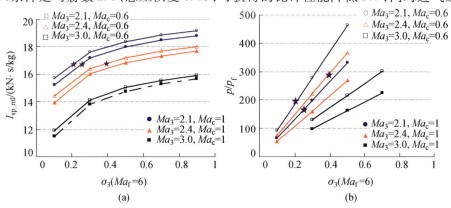

图5-20 进发匹配条件与性能可实现性的关系($Ma_f = 6$)

需要抵抗的反压也大大下降(隔离段出口压比只有140)。所以,从降低进发匹配难度角度看,较低的入口马赫数配合较低(但适当)的入口总压恢复是更理想的选择。

当飞行马赫数增加,参考图5-21($Ma_f=7$),在相同的燃烧室工作过程入口条件下,燃烧室特征马赫数0.6的热力过程与特征马赫数1的热力过程可获得的比冲性能(性能潜力)非常接近(从趋势上分析,飞行马赫数继续增加,燃烧室特征马赫数1热力过程的性能潜力将超过亚声速加热过程)。以特征马赫数1的热力过程工作,在隔离段出口产生的压比大大低于特征马赫数0.6的过程,也就是大大降低了对进气道抗反压能力的要求。但燃烧室特征马赫数的增加,也意味着燃烧室需用扩张比的增大。所以,在高飞行马赫数时,如果燃烧组织技术力所能及,可以适当提高燃烧室特征马赫数,以便降低进气道设计的难度。

在较低的双模态过程入口马赫数和总压恢复条件下的性能潜力,可以与较高入口马赫数配合很高总压恢复条件下的性能潜力相当(图中两个空心☆所在

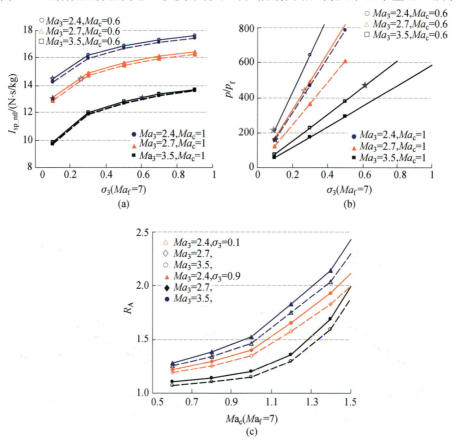

图 5-21 进发匹配条件与性能可实现性(性能潜力)的关系($Ma_f=7$)

的条件,或者实心★所在的条件)。双模态过程入口马赫数越高,获得这个性能所需的入口总压恢复越大,当双模态过程入口马赫数很高时,无论如何都无法获得较低入口马赫数配合较低总压恢复条件的性能潜力,例如图中入口马赫数3.5的条件就不可能获得空心☆所对应的性能潜力。从压比图上看,较高入口马赫数配合较高入口总压恢复时,要获得相同的性能,在隔离段出口产生的压比也要高得多,进气道设计的难度也就大得多;提高燃烧室特征马赫数,可以降低隔离段出口压比,但与较低入口马赫数配合较低入口总压恢复条件相比,产生的隔离段出口压比仍高很多。与图 5 - 20($Ma_f = 6$)做一对比可以看到,飞行马赫数越高,这种差异越大,而且飞行马赫数越低,由燃烧室特征马赫数增加带来的性能损失越大。

5.2.2　安全裕度控制与热力过程关系

5.2.1 节的分析表明,在双模态冲压发动机的燃烧室中添加的热量越大、燃烧室特征马赫数越小,在隔离段出口形成的压比越大。1.5.1 节介绍了二元进气道的内流道中反压诱导激波串随反压增加向上游运动的特征,反压诱导激波串在向上游逐个跨越背景激波时,其前锋激波在上、下壁面交替出现,前锋激波上游的背景激波并不受到影响(图 1 - 23)。也就是说,在燃烧室中形成更低特征马赫数的热力过程时,隔离段内的反压诱导激波串(伪激波过程)向上游移动,反压诱导激波串的前锋激波将逐一越过背景激波,而上游背景激波不发生变化。这个现象提示,上游的背景激波能够抵抗更大的反压,意味着上游的入口条件可能更适合匹配较低燃烧室特征马赫数的热力过程。

为验证这个猜测,提取了图 1 - 23 进气道隔离段背景激波若干位置(S_1、S_2、S_3、S_4)的气流参数(图 5 - 22、图 5 - 23)。可以看到,从进入内流道之后的某个位置开始,气流的马赫数增加、总压恢复下降,在飞行马赫数 4 时,这个起始位置是 S_1,在飞行马赫数 6 时,这个起始位置是 S_2。

图 5 - 24 所示为入口条件、燃烧室扩张比与比冲性能的关系,其中的燃烧室扩张比与燃烧室特征马赫数相对应(横坐标也可以看作是燃烧室特征马赫数,燃烧室扩张比越大,燃烧室特征马赫数也越大)。从图中可以看到,在给定燃烧室扩张比时,随入口马赫数增加、入口总压恢复下降,可获得的比冲性能下降。图 3 - 45 还揭示,当给定燃烧室扩张比时,随入口马赫数增加、总压恢复下降,可获得的燃烧室特征马赫数增加。

也就是说,在飞行马赫数 6 时,若以图 5 - 22 中的 S_2 截面为入口截面,与选择 S_3 为入口截面相比,允许获得更低的燃烧室特征马赫数热力过程,进而获得更好的比冲性能,但安全裕度较小,如果安全裕度可接受,就可以选择 S_2 为入口截面;如果以 S_3 截面为入口条件,可期望的性能下降,但安全裕度比较大,如果性能可

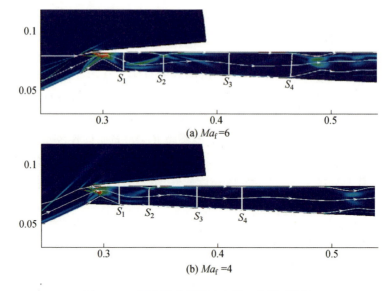

图 5 - 22　隔离段背景激波中的 4 个截面位置

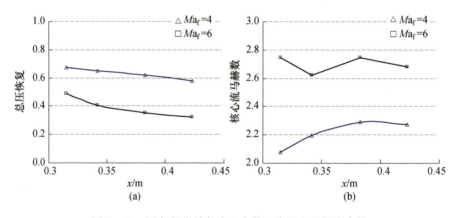

图 5 - 23　隔离段背景激波 4 个截面位置上的气流参数

接受,则宁愿选择 S_3,因为安全裕度较大。在飞行马赫数 4 时,若以图 5 - 22 中的 S_1 截面为入口截面,允许获得更低的燃烧室特征马赫数热力过程,进而获得更好的比冲性能,但 S_1 截面已经非常靠近内流道入口,安全裕度非常小;如果下游的 S_2、S_3 对应的性能可接受,宁愿选择更靠下游的截面为入口截面。

　　当"入口截面"选择适当,其参数条件决定着可期望获得的性能(性能潜力);按照这个入口条件对应的最佳性能产生条件(燃烧室扩张比、释热分配)实施燃烧组织,就可能获得期望的性能。另外,"入口截面"的位置决定着进气道的安全裕度,在一定范围内继续增加下游压力,进气道仍可保持正常工作状态;控制了入口截面的位置,就控制了进气道(发动机)的安全工作裕度;根据隔离

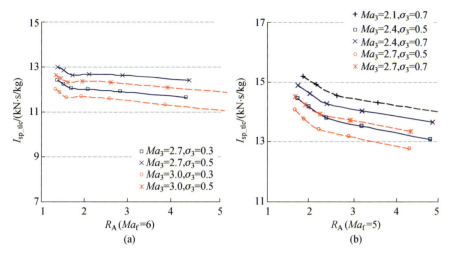

图 5-24 入口条件变化对比冲性能的影响

段在反压作用下的流动和参数变化特点,选择壁面压力监测位置,就能够有把握地对发动机实施安全裕度控制。

二元进气道隔离段内的流场很清晰,S_1、S_2、S_3、S_4 各截面选择在背景激波各反射点时,截面参数的均匀度很好,一维方法的适应性很好。对于其他类型的进气道,可参考上述理解,结合隔离段流动特征,合理选择"入口截面"或安全裕度监控截面。

5.2.3 固定几何发动机的宽范围运行设计

第3章的入口条件影响分析揭示,在不同飞行马赫数条件下,发动机获取最佳性能的条件存在很大差异;在相同飞行马赫数条件下,燃烧室工作过程的入口参数条件也对发动机最佳性能条件产生显著影响。也就是说,燃烧室扩张比、释热分配应随飞行马赫数、燃烧室工作过程的入口参数条件而变化,才能在各飞行状态均获得最佳性能。

在高超声速范围飞行时,进气道捕获气流的总温已经很高,如果采用几何调节方法,无疑给结构实现带来巨大困难。未来的研究方向是不对几何构型进行调节就能够实现宽范围运行。

第3章的入口条件影响分析揭示,给定一个入口马赫数和入口总压恢复的组合,存在一组特征马赫数-性能-燃烧室需用扩张比关系,其中包括一个最佳性能条件。如果进气道能够设计成较低的隔离段入口马赫数配合不是太小的入口总压恢复条件,可以获得更好的性能。如果给定一个进气道设计方案,按照5.2.2 节的方法,在各飞行马赫数条件下就给定了双模态过程入口条件组合,也就存在针对这组入口参数的最佳性能条件。

例如,在图5-25(a)的燃烧室工作过程入口条件下,在飞行马赫数4~7范围,将最佳性能点"△"相连,就是所给定进气道条件下沿飞行路径的发动机最佳性能工作线。

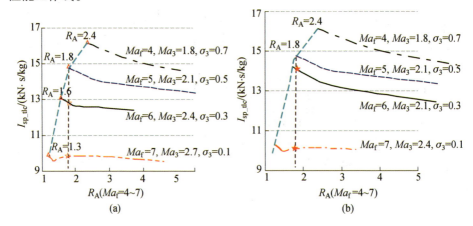

图5-25 发动机最佳性能工作线与固定几何发动机工作线

在这条工作线上,飞行马赫数4时需要燃烧室扩张比2.4,到飞行马赫数7时只需要燃烧室扩张比1.3。如果在飞行马赫数5以后,燃烧室扩张比都以1.8工作,则飞行马赫数6时的性能下降2%(290N·s/kg),飞行马赫数7时的性能相当(但工作在超声速加热模态)。如果在飞行马赫数5以后,燃烧室扩张比都以2.4工作,则飞行马赫数6时的性能下降4%(490N·s/kg,工作在超声速加热模态),飞行马赫数7时的性能相当(工作在超声速加热模态)。

如果将飞行马赫数6、7时的燃烧室工作过程的入口马赫数分别降低到图5-25(b)的条件,保持燃烧室工作过程的入口总压恢复不变,如果在飞行马赫数5以后,燃烧室扩张比都以1.8工作,则飞行马赫数6时的性能比图5-25(a)条件的最佳性能还高1060N·s/kg,飞行马赫数7时的性能比图5-25(a)条件的最佳性能高310N·s/kg(工作在超声速加热模态)。如果在飞行马赫数5以后,燃烧室扩张比都以2.4工作,则飞行马赫数6时的性能比图5-25(a)条件的最佳性能还高390N·s/kg,飞行马赫数7时的性能比图5-25(a)条件的最佳性能高300N·s/kg(工作在超声速加热模态)。

可见,除了按照给定入口参数的性能潜力条件组织燃烧以外,对于固定几何发动机方案,为获得更好性能,在飞行路径上选择燃烧室工作过程的入口参数匹配(或者说进气道方案)非常重要。

在飞行任务的约束下,飞行器设计方案可能使发动机流道不得不选择某种构型,这种无奈的选择并非都是坏事,有可能成为固定几何宽范围运行设计的有利条件。例如图5-26,某进气道的隔离段各截面相对于喉道(最小截面)是扩张型的,到名义(几何定义的)隔离段出口时扩张比达到 1.14,按照飞行马赫数 7 的某个燃烧室工作过程入口参数条件,这个扩张比已经够组织一个性能可接受的热力过程了。给定下游的燃烧室出口面积,以隔离段的不同位置作为燃烧室工作过程的入口截面("活动的"入口截面),相当于获得不同扩张比的燃烧室;越靠上游,燃烧室的等价扩张比越大,可以用于更低的飞行马赫数。

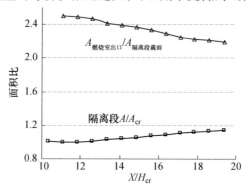

图 5 - 26　扩张型隔离段中"活动的"燃烧室工作过程入口截面

另一种思路是,按照最大需用扩张比(低飞行马赫数或最高当量比)设计燃烧室,当期望的热力过程需用扩张比较小时(高飞行马赫数或低当量比),利用燃烧室 - 隔离段系统的上游部分组织燃烧,将需用扩张比下游部分作为尾喷管使用。

采用哪一种思路,取决于进气道提供的隔离段流动特性,需借鉴 5.2.2 节的方法,对飞行路径上的进发匹配特性进行分析,取安全裕度受控、性能可接受的方案。

5.3　污染工质地面实验的数据应用问题

5.3.1　污染工质影响修正的可能性问题

由于发动机内流与燃烧的复杂性,在历史上,发动机技术研发需要大量地面实验,甚至可以用"依赖"来表述。尽管含化学反应流动的数值模拟技术发展很快,仍然改变不了地面实验在发动机技术研发中的地位。

任何发动机技术研发都需要解决两大类的问题:一是定位性能潜力及其条件,二是按照性能定位获得稳定高效燃烧并确定工作边界。解决这两个问题都需要大量地面实验,最省心的办法是在"完全复现"飞行环境的地面设备上进行实验,不需要对"非飞行环境"的因素进行修正。

当需要模拟的飞行速度不太高时,在地面实验设备中提供"完全复现"的飞行环境(具有相应总温、总压的纯空气气流)并不十分困难,使空气流经电加热器(储热式或直热式)即可。当需要模拟的飞行速度比较高时,如双模态冲压(及其组合循环)发动机的地面实验,需要模拟到高超声速的飞行马赫数,气流温度非常高,用电加热器供应能量成本太高,无法承受,所以在一定焓值范围内(飞行马赫数不大于7)的实验,采用燃烧加热器的设备成为主力设备[38,39]。即使采用电弧加热、激波加热设备,当模拟更高飞行马赫数(如飞行马赫数大于8)的气流条件时,也会因离解效应而产生诸如 NO、氧原子等组分污染。所以,模拟的飞行速度越高,在地面设备中"完全复现"飞行环境越不可能[38]。

既然不可能在地面设备中"完全复现"飞行环境,必须采用"污染工质"进行实验,那么就必须掌握"污染工质"对上述两大问题的影响规律。在掌握规律的基础上,才有可能对地面实验数据做出正确解释,进而探讨正确设计纯空气工质发动机的方法。

遗憾的是,对污染组分的影响研究,似乎并未带来明确的希望。在以往的研究中,一直致力于采用与飞行实验件相同的模型,研究污染组分对点火、燃烧、火焰稳定过程的影响,只获得很少的确切结论[38]。与地面实验数据的不确定性有关的因素太多,包括高焓气流的获取方法、实验设备的构型、实验件特性(包括相对尺度)、燃烧之前的预处理过程(如预混、非预混)、助燃稳焰装置的几何特征(如非流线型结构、凹槽、台阶等)、下游剪切层燃烧的相对速度,湍流、壁面摩擦、壁面热损失也有可能受到污染组分的影响。实验工质中多出来的组分,不但对燃烧室中的化学过程产生影响,也对热力学参数产生影响。在高温条件下,NO 的影响首当其冲,可能生成的氧原子即使浓度很小也对点火延迟时间产生显著影响,燃烧过程中产生的羟基在氧原子作用下可能活性增强,如果燃烧室工作在自点火边界上,地面实验污染工质中的自由基将显著提高发动机的性能。尽管以往研究都定性确定一个事实,即污染工质对化学过程和气体动力学过程都有影响,但没有产生对设计(或设计过程)有价值的结论。文献[38]虽然提出了一个很好的建议,即在组织污染组分影响实验时,应设法将污染组分的化学动力学效应与气动热力学效应区分开来,但对于是否有可能在消耗合理费用的条件下发展出修正污染组分影响的技术,作者在字里行间流露出明显的悲观情绪。

在 20 世纪 60 年代,Ferri 用实验手段研究了固定几何扩张型超声速燃烧室,针对超声速燃烧室冲压发动机,提出技术发展的一个关键问题和一个设计理念,即释热与燃烧室形状匹配的关键问题[4]以及使气体动力学过程与燃料的喷注、混合、燃烧相匹配的设计理念。在掌握了双模态冲压发动机热力过程与性能关系原理、完成了双模态冲压发动机等效热力过程分析之后,再理解 Ferri 提出的一个关键问题和一个设计理念,发现前者就是等效热力过程分析所指出的燃烧室特征马赫数在给定双模态过程入口条件下的形成条件,这个条件的设计决定着可期望的发动机性能,也就是"定位性能潜力及其条件"的问题;而后者实际上是如何在技术上实现等效热力过程分析所推荐的燃烧室释热分配,也就是"按照性能定位获得稳定高效燃烧"的问题。

双模态冲压发动机等效热力过程分析揭示,影响性能的主要因素是获得的燃烧室特征马赫数,受控于燃烧室面积分配与热量分配。从热量分配的角度理解,只要能够获得要求的面积-热量分配关系,就应该获得相应的燃烧室特征马赫数;按照第2章的损失曲线分析,就应该获得相同的性能。文献[39]就是按照"释热量(=燃烧效率×当量比)"对其实验结果进行分析、总结的。

至于在实际燃烧室中是以什么样的化学反应来提供所需热量分配的,或者应该如何控制燃烧室的化学反应才能获得要求的释热量分配,是另一个问题,是一个在技术实现过程中可以"处理"的问题。例如,增加燃烧室各段长度,就可以在各段获得更大的燃烧效率;在保持总扩张度条件下减小燃烧室扩张速率,就可以更好地维持化学反应的持续和稳定;制造更大的回流区和高温区,就可以在更短距离内完成要求的燃烧效率。如果能够通过某些措施,减小离解效应、释放更多热量,就可以按照更小离解度条件下的性能条件获得更高的发动机性能(参考第3章的离解效应影响)。

所以,对于污染工质影响的修正,也许可以换一个思路解决问题。对于污染工质影响的修正可分解为两个方面:一方面是对等效热力过程及其条件的修正,即获得纯空气工质条件下的性能潜力及其条件(或者更全面地,获得性能与热力过程条件的关系);另一方面是通过一些技术手段,获得修正的等效热力过程,即按照性能定位获得稳定高效燃烧。前者是包含了污染工质特性对化学反应影响的结果,所以掌握污染工质与纯空气工质条件下发动机等效热力过程及其条件无需将化学效应分离出来(因为双模态过程入口条件、热量分配关系等因素直接导致离解度的差异,也不应该将化学效应分离出来),而后者正是在实际条件下合理利用几何条件(如燃烧室长度与扩张速率、非流线型中心体、凹槽、台阶)与化学反应的匹配,去获得所期望的热力过程。

按照这个思路,也许有希望在合理费用的基础上解决关于高超声速冲压发动机受控设计的两个问题。

5.3.2　发动机热力过程及其条件的修正

首先分析同一个燃烧室在污染工质和纯空气工质条件下可能发生什么变化。参考图5-27。

假设地面实验采用氢加热器,在模拟总焓条件下,获得燃烧室特征马赫数为0.6的热力过程,则该燃烧室(总扩张比不变)在纯空气条件下获得最好性能的等效热力过程是燃烧特征马赫数0.65(★),见图5-27(a)。按照该特征马赫

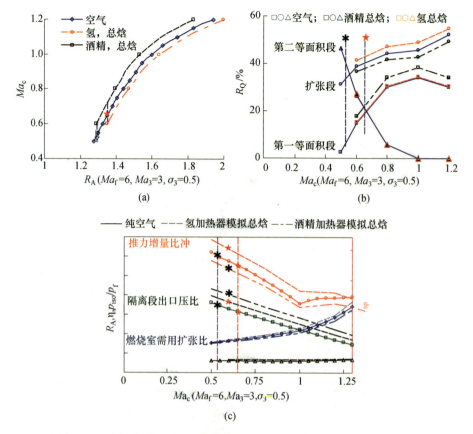

图 5-27　同一燃烧室在污染工质和纯空气工质条件下的热力过程变化

数过程,在纯空气条件下,应该在第一等面积段增加热量比例,在扩张段和第二等面积段减少热量比例(参考图 5-27(b)标记 ★ 的垂直线)。如果能够实现这个热力过程,总加热量将减小,相对于污染工质,在隔离段出口产生的压比将降低(比实现相同特征马赫数时的压比还要低,参考图 5-27(c)的 ★ 点)。如果燃烧室特征马赫数是决定伪激波前锋位置的主导因素,则因为特征马赫数的增加,隔离段伪激波前锋将向下游移动,进气道安全裕度将增加,但性能下降。

　　如果上述分析选择在特征马赫数 1 附近,则该燃烧室在纯空气条件下将发生加热模态的变化,进入超声速加热模态。由于速度条件影响,燃烧组织的效果可能变差,还有可能发生强燃烧模式向弱燃烧模式的转变(甚至熄火),进而大大降低总加热量,性能也将大打折扣。

　　假设地面实验采用酒精加热器,在模拟总焓条件下,获得燃烧室特征马赫数为 0.6 的热力过程,则该燃烧室(总扩张比不变)在纯空气条件下获得最好性能的等效热力过程是燃烧室特征马赫数 0.535(✻),见图 5-27(a);按照该特征马赫数过程,在纯空气条件下,应该在第一等面积段和扩张段减少热量比例,在第二等面积段增加热量比例(参考图5-27(b)标记✱的垂直线);如果能够实现这个热力过程,总加热量将减小,相对于污染工质,在隔离段出口产生的压比将降低(但比实现相同特征马赫数时的压比高,参考图5-27(c)的✱点);如果燃烧室特征马赫数是决定伪激波前锋位置的主导因素,则由于特征马赫数降低,隔离段伪激波前锋应向上游移动,使进气道安全裕度降低,但性能增加。

如果上述分析选择在特征马赫数1附近,则该燃烧室在纯空气条件下将进入亚声速加热模态,如果进气道安全裕度是按照酒精加热器模拟总焓工质确定的,就会增加发动机不启动的风险。

在实际燃烧室中,为了获得良好的燃料-空气混合效果,通常在上游添加的燃料多于当地热量需求对应的燃料量。无论氢加热器模拟总焓污染工质还是酒精加热器模拟总焓工质,总加热量都偏大(或者说,在纯空气条件下,相对于所需的来说,燃烧室扩张比偏小)。如果按照污染条件地面实验的总燃料量供给,结果是不只总燃料量偏高,在第一等面积段添加的热量也会大大偏高,将导致伪激波前锋向上游移动,进气道安全裕度降低。至于性能,就要看对化学反应的控制以及实际获得的过程等价于哪一个燃烧室特征马赫数的等效热力过程,但一般来说,由于各段热量分配偏离了性能潜力最佳条件的热量分配,获得的性能将低于可期望的最佳性能。

在分析实验数据时,要区分性能下降的原因,是因为工质中化学反应动力学差异导致的燃烧效率不够、不能提供足够热量,还是因为燃烧效率足够但热量分配不合理。文献报道的结果多数都没有提供燃烧效率数据,更没有热量分布数据,所提供的压力分布数据只能对比局部燃烧强度的相对变化。弗吉尼亚大学空天研究室[40]用直连式实验获得了在纯空气、添加7%水、添加5%水和2.5%二氧化碳的工质中燃烧氢的压力分布,燃料从燃烧室入口供给。压力分布数据表明,在一定当量比范围内(不大于0.35),纯空气工质中获得的压力总是高于其他两种污染工质,但没有破坏入口条件。当量比超过这个阈值,纯空气工质中的入口条件已经被破坏,而污染工质保持了入口条件。这种差异就是氢燃料在几种工质中的燃烧效率差异造成的。

如果需要在污染工质和纯空气工质条件下获得相同性能,例如图5-28(a)的三个★点,酒精加热器模拟总焓工质、纯空气、氢加热器模拟总焓工质分别实现的是燃烧室特征马赫数约为0.4、0.5、0.6的热力过程,燃烧室需用扩张比约为1.2、1.28、1.35(图5-28(b)的三个★点)。也就是说,如果地面实验采用的是氢加热器模拟总焓工质,要在纯空气条件下获得相同比冲性能,需要减小燃烧室扩张比,同时按照纯空气更小的特征马赫数过程组织热量的分配;如果燃烧室特征马赫数是决定伪激波前锋位置的主导因素,由于燃烧室特征马赫数的减小,伪激波前锋将向上游移动,进气道安全裕度降低。如果地面实验采用的是酒精加热器模拟总焓工质,要在纯空气条件下获得相同比冲性能,需要增大燃烧室扩张比,同时按照纯空气更大的特征马赫数过程组织热量的分配;如果燃烧室特征马赫数是决定伪激波前锋位置的主导因素,由于燃烧室特征马赫数的增大,伪激波前锋将向下游移动,进气道安全裕度增加。

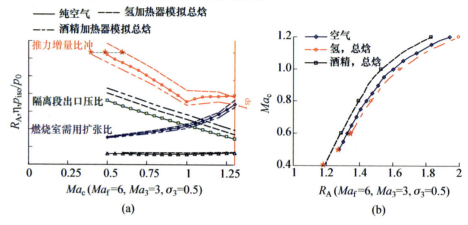

图 5-28　污染工质和纯空气工质获得相同性能的条件

从上述分析可以看到,污染工质与纯空气工质的性能-热力过程关系存在显著差别,也存在内在的关系,这种内在关系确实包括了污染组分化学效应和热力学效应的影响。因此,得到一个启示。如果能够利用某种尺度的发动机模型,充分利用污染工质和纯空气工质地面实验,获得工质中的净热量分配(补偿了壁面摩擦、壁面热损失影响的热量分配)与面积、特征马赫数的一般性定量关系,建立从污染工质到纯空气工质的性能条件定量修正关系;再根据实际尺度模型,计入纯空气工质的壁面摩擦、壁面热损失影响,就可以获得该尺度发动机在纯空气工质中的性能与热力过程关系曲线。这个关系曲线就是设计纯空气工质双模态冲压发动机工作过程、控制律的指导,燃烧组织工作的目的就是去实现所期望的工作过程和控制律。

5.4　小结

1. 关于实际燃烧室因素的影响和处理方法

燃烧室内的阻力部件、燃烧室湿面积的增加,可以用壁面摩擦因数增加的效应来等效。壁面摩擦因数的取值对燃烧室全过程总压恢复的影响较大,对燃烧室内可实现的加热比影响较小,对燃烧室需用扩张比的影响较大,对性能的影响随着飞行马赫数和特征马赫数的增加而增大。当燃烧室阻力超过一定程度(因某些原因),飞行马赫数 7 的亚声速加热模态会显示出优势。

当燃烧室壁面热损失不可忽略时,从工质接受热量的角度看,等效于采用较低的燃料当量比,发动机获得的性能自然降低,需减小燃烧室的扩张比;但燃烧组织中需考虑用适当的燃料量弥补当地损失的热量。

尾喷管的欠膨胀程度越大,损失的比冲性能也越大。采用固定面积喷管时,随双模态过程入口马赫数增大、总压恢复系数降低以及特征马赫数增大,尾喷管向欠膨胀工况转化。双模态过程入口马赫数越小、入口总压恢复越大,恰当膨胀尾喷管的面积需求越小,因而采用固定喷管的发动机比冲性能的损失将减小。当特征马赫数增加时,尾喷管发生欠膨胀工况的双模态过程入口参数范围增大,比冲性能下降的入口参数范围增大,比冲性能下降的幅度也增加。随着飞行马赫数的增加,过膨胀工况出现的范围更大,比冲性能下降的入口参数范围减小,比冲性能下降的幅度也减小。

2. 关于安全裕度控制与进发匹配设计

在给定入口条件(或进气道方案)条件下,实现发动机最好性能需要协调燃烧室需用扩张比、热量在各段的比例,按照等效热力过程分析给出的热量分配组织燃烧过程。燃烧将在燃烧室上游产生相应的增压,进气道提供的出口气流条件必须能够抵抗这个增压量。进气道设计仅需根据这个增压量适当考虑安全裕度,无需追求更高的抗反压性能。

双模态冲压发动机要获得优良的整体性能,需要选取适当的入口参数、使添加的热量与面积匹配。双模态过程在较低入口速度、适当的总压恢复条件下,可以期望更好的比冲性能,所以,进气道不一定要提供很高的总压恢复,只要参数匹配合理,可以在较低入口马赫数和较低总压恢复下获得期望的发动机比冲性能。但双模态过程的入口马赫数越低,燃烧室需用扩张比越大。双模态冲压发动机的整体性能是合理协调入口条件与性能关系、燃烧室需用扩张比、进气道抗反压能力等矛盾的结果。

利用双模态过程入口条件对性能的影响关系,结合进气道隔离段的流场特征,可以通过设计使安全裕度受控。如果采用固定几何燃烧室,需要匹配各飞行条件下的入口参数、燃烧室特征马赫数过程的热量–面积匹配关系,使发动机在受控的安全裕度范围内实现要求的性能。

3. 关于污染工质的影响修正

对于污染工质影响的修正,应该换一个思路解决问题。

污染工质影响的修正可分解为两方面:一方面是对等效热力过程及其条件的修正,另一方面是通过技术手段获得修正的等效热力过程。前者包含了污染工质特性对化学反应影响的结果,后者是在实际条件下合理利用几何条件(如燃烧室长度与扩张速率、非流线型中心体、凹槽、台阶)与化学反应的匹配,获得所期望的热力过程。

以相同喷射参数给予燃料,在不同组分的工质中,燃料的化学反应进程存在较大差异,也会导致释热分布偏离预期,通过污染工质实验获得的燃烧室参数和燃烧组织参数用于纯空气条件时,获得的热力过程将与污染工质实验的结果不同,这是污染组分对热力过程的影响,其中包括了对气动热力过程和化学过程的影响。在纯空气条件下,应按需要对燃烧室扩张比和热量分配进行修正,才能获得要求的热力过程。如果没有对燃烧室参数和燃烧组织参数做出修正,在纯空气条件下获得的发动机性能、压力分布将有别于污染组分实验的结果,偏差的量值与污染工质组分、形成的等效热力过程有关。这是产生"天地差异"的主要原因之一。

即使在相同工质条件下,为获得可靠、稳定、高效的燃烧,在布置燃料喷射器位置时,要考虑为燃料的混合预留时间,在燃烧室中体现为距离,也就是说燃料喷射器位于设计的热量释放位置的上游。当燃料提前喷入,在混合进程中存在一部分化学反应和释热,导致释热分布偏离预期。这是理论设计与实际技术之间的矛盾,需要通过对混合过程与化学反应过程的匹配,协调解决,这是"可控燃烧技术"的任务。根据地面污染工质实验获得的燃烧组织参数,向纯空气条件修正,更需要"可控燃烧技术"。

所以,为解决"天地差异"问题,在明确了热力过程修正参数之后,需要发展"可控燃烧技术"。

迄今为止,对于燃料在不同污染工质中燃烧过程的释热,尚不能做到"按需",或者说尚不能"受控"。双模态冲压发动机热力过程与性能关系受污染工质影响的分析,仅仅是为解决修正设计提出了一个方向,但技术实现(合理利用几何条件与化学反应的匹配,去获得所期望的热力过程)尚艰难。

第6章　氢燃料 *Ma*7 ~ 14 双模态 工作过程与性能关系

从第3章结果看到,与较低飞行马赫数相比,当飞行马赫数增大到7时,超声速燃烧室冲压发动机的双模态过程与性能潜力的关系出现了明显的变化,在理想条件下,在特征马赫数大于1的某个超声速加热过程能够获得更好的性能。随着飞行马赫数的继续增大,产生这种影响的因素(离解效应)作用效果将加强。此外,随着飞行马赫数的增加,进气道捕获气流的焓值也急剧增大(大约是飞行马赫数平方的关系),燃料热值与气流初始总焓的比值急剧下降,即使燃料热值能够充分释放,在充分利用捕获空气中氧气的条件下,超声速燃烧室能够实现的加热比急剧下降,超声速燃烧室可能只产生超声速加热的工作过程。综合这两个因素,在更高飞行马赫数条件下,超声速燃烧室特征马赫数与性能潜力的关系曲线可能完全不同于较低超声速条件。

以往研究表明,在使用超声速燃烧室冲压发动机作为动力时,煤油等碳氢燃料的热沉能力只能满足飞行马赫数8以下的再生主动冷却需求[41],超过飞行马赫数8时(上限到马赫数15),需要使用深冷储存的氢燃料(低温液氢)。

本章利用第2章的模型,针对液氢燃料,获得飞行马赫数7~14的超声速燃烧室工作过程与性能关系。采取与第3章类似的方式,针对某个物理流道(流道湿面积与内流道入口迎风面积的比值为74)、取平均摩擦因数0.004。壁面摩擦因数取值对关系曲线的影响参考第5章。本章分析的工质为纯空气,燃烧室过程分析时考虑燃气离解并假设处于化学平衡态。

6.1　分析方法的特殊处理

液体氢燃料以液体方式储存(深冷状态),在流经壁面主动冷却系统时吸收热量,在喷入燃烧室之前,燃料的焓值与储存状态相差较大,氢燃料将吸收的热量带到燃烧室中。这个因素需要特别处理。本章分析方法假设:

(1) 氢气燃料应以液态方式存储,存储温度为20K、压力为5MPa,汽化(汽化热为305kJ/kg)以及升温所需的焓值由主动冷却系统从发动机壁面获取。

（2）在高飞行马赫数条件下，为计算气态燃料的焓值状态，假设燃料通过主动冷却系统从壁面吸取了0.115倍燃料热值的热量[2]，这部分热量以燃烧室壁面热损失的形式扣减。

（3）在本速度范围的超声速加热模态，增压过程发生在掺混段，即在燃料喷注的上游不存在反压诱导激波串。

（4）假设进气道流量捕获系数为1。

6.2　化学当量条件下的等效热力过程与性能关系

从第3章的结果可以看到，在飞行马赫数2~6.5范围内，对于化学当量条件下的碳氢燃料，亚声速燃烧室冲压发动机和双模态冲压发动机的最优性能状态均对应最小特征马赫数的工作过程，从飞行马赫数7开始，最优性能状态位于超声速加热模态（燃烧室特征马赫数大于1）。

本节分析采用的入口条件如表6-1所列，燃料喷射条件如表6-2所列。

表6-1　入口条件

飞行马赫数 Ma_f	7	8	9	10	11	12	13	14
入口截面马赫数 Ma_3	3.15	3.3	3.45	3.6	3.75	3.9	4.05	4.2
入口截面总压恢复 σ_3	0.3571	0.2067	0.126	0.0799	0.0526	0.0358	0.0252	0.0183

表6-2　燃料喷射条件

喷前压力/MPa	喷孔出口马赫数	燃料射流角度
5	1	0°

6.2.1　加热比与燃烧效率

图6-1所示为在飞行马赫数7~14范围内燃烧效率随燃烧室特征马赫数的变化趋势。其中，在飞行马赫数8以上时，在所给的入口条件下，即使燃料全部参与反应，也不能使气流在等面积燃烧室中获得亚声速状态。在给定飞行马赫数条件下，可期望获得的燃烧效率随特征马赫数的增大而增大；在相同特征马赫数条件下，可期望获得的燃烧效率随飞行马赫数的增大而减小。产生这种规律的原因与第3章一致。

在飞行马赫数7时，在所给入口条件下，可以实现亚声速加热模态，但在亚声速加热模态，由于燃气温度很高，离解效应显著，可期望获得的燃烧效率基本不随燃烧室特征马赫数变化。在超声速加热模态，可期望获得的燃烧效率随特征马赫数的增大而增大。

图6-2所示为可期望实现的加热比随特征马赫数的变化趋势，该趋势与燃

烧效率的变化趋势一致。图 6 - 2 反映出一个特别的现象,在飞行马赫数大于 11 以后,在一定的特征马赫数范围内会出现加热比小于 1 的情况,特别是在飞行马赫数 14 时,在所给特征马赫数范围,燃烧室的加热比均小于 1。两个因素导致产生这种现象:一是燃气的离解吸收部分热量,飞行马赫数越高,离解吸热量越大;二是氢燃料的燃气中生成大量水,使得燃气的定压比热容急剧增大。图 6 - 3 所示为燃烧室出口总焓与燃烧室入口总焓的比值,可以看到,总焓比并不会出现小于 1 的情况,所以,在离解效应很严重时,燃烧室加热比应以总焓比表达。

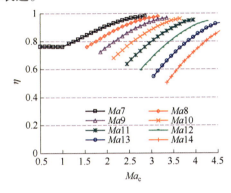

图 6 - 1 燃烧效率随特征马赫数的变化   图 6 - 2 加热比随特征马赫数的变化

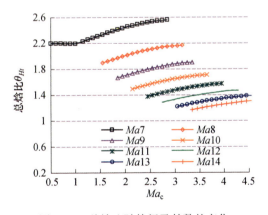

图 6 - 3 总焓比随特征马赫数的变化

6.2.2 总压恢复

图 6 - 4 所示为总压恢复随燃烧室特征马赫数的变化趋势,其中图 6 - 4(a) 是燃烧室全过程的总压恢复,图 6 - 4(b) 是发动机全过程的总压恢复(从进气道入口到尾喷管出口的总压恢复,由于假设尾喷管内是冻结等熵流,所以也是从进气道入口到燃烧室出口的总压恢复)。

图 6-4(a)的数据表明,在给定飞行马赫数时,随着燃烧室特征马赫数的增大,燃烧室过程的总压恢复下降;在给定特征马赫数时,随飞行马赫数的增加,燃烧室过程的总压恢复增大。图 6-4(b)的数据表明,在高飞行马赫数条件下,发动机全过程的总压恢复很小,例如在飞行马赫数 14 时,即使在燃烧室过程总压恢复最大的状态(最小燃烧室特征马赫数工作过程),发动机全过程的总压恢复只有 0.0033。

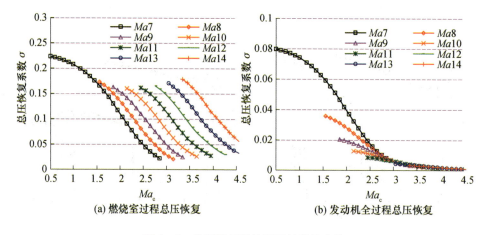

图 6-4　总压恢复随特征马赫数的变化

6.2.3　比冲性能

图 6-5 所示为发动机的 3 种比冲随燃烧室特征马赫数的变化情况,其中图 6-5(a)是全流道比冲,图 6-5 (b)是内推力比冲,图 6-5 (c)是推力增量比冲。

可以看到,在燃烧室特征马赫数相同的条件下,3 种比冲均随飞行马赫数的增大而显著减小。在飞行马赫数相同时,在超声速加热模态,3 种比冲均存在可期望的最大值;在达到比冲最大值之前,可期望的比冲性能随燃烧室特征马赫数的增大而显著增大。比冲最大值对应的燃烧室特征马赫数,随飞行马赫数的增大而增大。

在三者当中,全流道比冲的数值最小。即使在以总温表述的加热比小于 1 的条件下(如飞行马赫数 14,参照图 6-2),仍可期望获得一定的全流道比冲,也就是说,发动机流道还能产生推力。原因在于增加的燃气熵值还能够转换为推进功,燃气中含有大量自由离子,使得燃气的相对分子质量减小、气体速度增大,在完全膨胀的尾喷管出口,可以期望燃气速度大于捕获气流速度,进而获得推力。

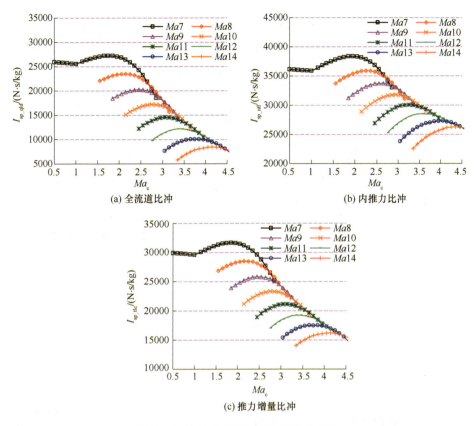

(a) 全流道比冲   (b) 内推力比冲

(c) 推力增量比冲

图 6-5 比冲性能随特征马赫数的变化

6.2.4 氢燃料喷射方式对比冲性能的贡献

1. 射流角度的影响

在前面的分析中,均假设燃料射流平行于主流,且燃料以马赫数 1 的速度从喷孔喷出。由于平行射流在掺混方面存在一定困难,在低于飞行马赫数 7 的条件下,往往采用垂直于主流的燃料喷射方式,甚至会逆流喷射。

图 6-6 所示为 3 种射流角度(平行喷射、射流与主流夹角 60°、射流与主流夹角 90°)下总压恢复随特征马赫数的变化趋势。在各飞行马赫数条件下,无论哪一种射流角度,实现的燃烧室总压恢复都随特征马赫数的增加而单调减小。平行喷射的损失最小,以 60° 夹角喷射损失较大,以 90° 夹角喷射的损失最大,也就是说,燃料射流相对于主流的角度越大,获得的燃烧室总压恢复越低。在飞行马赫数 7、特征马赫数 1 时,燃料射流与主流夹角 90° 时,与平行喷注(燃料射流与主流夹角 0°)相比,总压恢复下降了 11.3%;在特征马赫数为 2 时,则下降 27.1%。在飞行马赫数 14、特征马赫数 4.2 时,下降幅度为 27.4%。

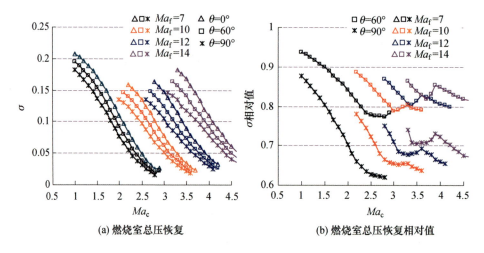

(a) 燃烧室总压恢复　　　　　　　(b) 燃烧室总压恢复相对值

图 6-6　燃烧室总压恢复随特征马赫数的变化

　　图 6-7 所示为 3 种射流角度(平行喷射、射流与主流夹角 60°、射流与主流夹角 90°)下内推力比冲随特征马赫数的变化趋势。在所有飞行马赫数和特征马赫数条件下,内推力比冲都随射流相对于主流角度的增大而减小,这与总压恢复随该夹角变化的趋势是一致的。

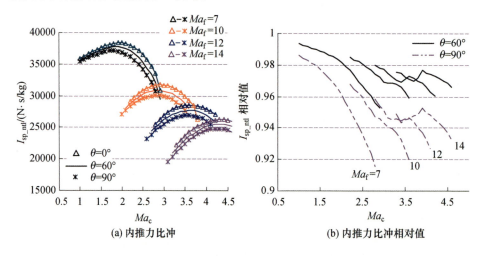

(a) 内推力比冲　　　　　　　　(b) 内推力比冲相对值

图 6-7　内推力比冲随特征马赫数的变化

　　虽然图 6-7(b)表明,射流角度对内推力比冲的影响并不太大,特别是低特征马赫数热力过程,但以全流道比冲(图 6-8)衡量,在低飞行马赫数下的最大特征马赫数、高飞行马赫数的最小特征马赫数情况下,射流与主流夹角为 60° 时全流道比冲损失近 10%,夹角为 90° 时全流道比冲损失达 20%。这些数据表明,在高飞行马赫数时,燃料喷射角度带来的推力损失相当可观,所以应尽量采用平行喷射或小角度喷射,充分利用燃料喷射的动量。当然,小角度喷射燃料,会使掺混的困难增大。

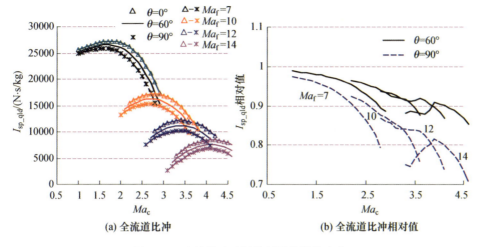

图 6 – 8　全流道比冲随特征马赫数的变化

图 6 – 9 所示为 3 种射流角度下燃烧室需用扩张比随特征马赫数的变化趋势。从图中可以看到,射流与主流夹角越大,所需的燃烧室扩张比越大,并且受影响程度大于比冲受影响程度,例如夹角为 90°时,在极端条件下燃烧室需用扩张比需要增大 50% 。

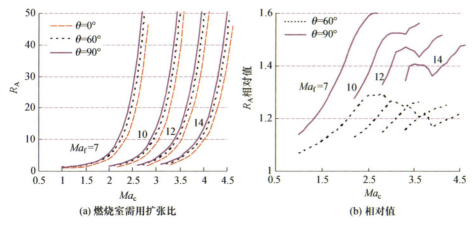

图 6 – 9　燃烧室需用扩张比随特征马赫数的变化

2. 喷孔出口射流马赫数的影响

图 6 – 10 所示为喷孔出口射流马赫数对燃烧室总压恢复随特征马赫数变化趋势的影响,条件是燃料射流与主流角度为 0°,燃料喷射马赫数分别为 1.0、

1. 5、2. 0、2. 5。

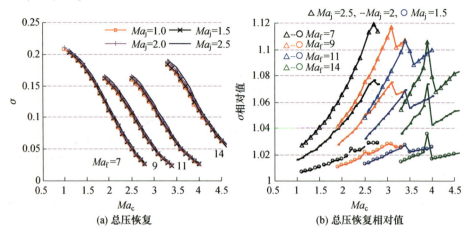

图 6 - 10　总压恢复随特征马赫数的变化

由图 6 - 10 可以看到,在相同特征马赫数与飞行马赫数条件下,喷孔出口射流马赫数越大,获得的燃烧室总压恢复越高。在给定燃烧室特征马赫数条件下,飞行马赫数越小,获得的总压恢复越大。在给定飞行马赫数条件下,在某一个燃烧室特征马赫数条件下,存在由于燃料射流带来的最大总压恢复收益,这个最大总压恢复收益对应的燃烧室特征马赫数基本不随飞行马赫数变化;飞行马赫数越小,这个最大总压恢复收益越大,最大总压恢复收益对应的燃烧室特征马赫数越小。

在所分析的条件下,与喷孔出口射流马赫数为 1 相比,在喷孔出口射流马赫数为 2. 5 时,飞行马赫数 7 的最大总压恢复的收益约 12%(图 6 - 10(b)),出现在燃烧室特征马赫数 2. 6 左右;飞行马赫数 14 的最大总压恢复的收益约 10. 5%,出现在燃烧室特征马赫数 3. 9 左右。

图 6 - 11 所示为喷孔出口射流马赫数对内推力比冲随特征马赫数变化趋势的影响。喷孔出口射流马赫数的变化不改变内推力比冲随飞行马赫数和特征马赫数的变化趋势,仍然在某个燃烧室特征马赫数的热力过程中获得最大比冲性能,这个最大比冲性能的燃烧室特征马赫数随飞行马赫数的增加而增大,比冲性能的量值随飞行马赫数的增加而显著减小。在给定飞行马赫数和燃烧室特征马赫数的条件下,当量比 1 的燃料以超声速出口条件喷射,喷孔出口射流马赫数增大,收获的内推力比冲略有增加。由于内推力比冲的绝对值较大,喷孔出口射流马赫数变化对内推力比冲的影响不大,相对于喷孔出口射流马赫数 1 情况,其变化不超过 2%。

喷孔出口射流马赫数对全流道比冲随特征马赫数变化趋势的影响与内推力

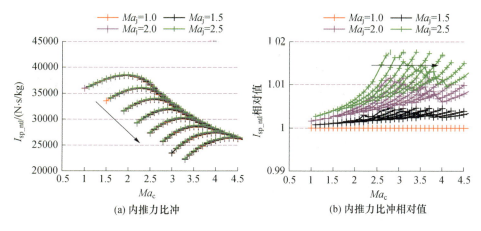

(a) 内推力比冲 (b) 内推力比冲相对值

图 6 - 11 内推力比冲随特征马赫数的变化

($Ma_f = 7\sim14$,沿箭头方向增大)

比冲相似(图 6 - 12)。在某个燃烧室特征马赫数的热力过程中获得最大全流道比冲性能,这个最大比冲性能的燃烧室特征马赫数随飞行马赫数的增加而增大,全流道比冲性能的量值随飞行马赫数的增加而显著减小。在给定飞行马赫数和燃烧室特征马赫数的条件下,当量比 1 的燃料以超声速出口条件喷射,喷孔出口射流马赫数增大,收获的全流道比冲增加。与内推力比冲相比,全流道比冲受喷孔出口射流马赫数变化的影响稍大,能达到 5% 左右。

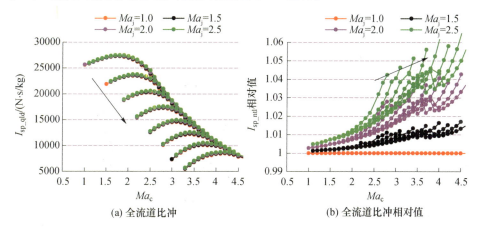

(a) 全流道比冲 (b) 全流道比冲相对值

图 6 - 12 全流道比冲随特征马赫数的变化($Ma_f = 7\sim14$,沿箭头方向增大)

图 6 - 13 所示为喷孔出口射流马赫数对燃烧室需用扩张比随特征马赫数变化趋势的影响。燃烧室需用扩张比随喷孔出口射流马赫数的增大而减小,由于燃烧室需用扩张比与燃烧室过程总压恢复密切相关,所以燃烧室需用扩张比受射流马赫数影响的程度和总压恢复基本一致,最大在 - 9% 左右。

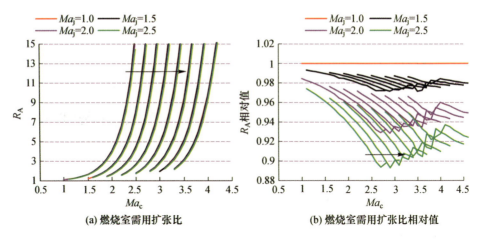

(a) 燃烧室需用扩张比   (b) 燃烧室需用扩张比相对值

图 6 - 13　燃烧室需用扩张比随特征马赫数的变化（$Ma_f = 7 \sim 14$，沿箭头方向增大）

6.2.5　燃烧室需用扩张比

图 6 - 14 所示为燃烧室需用扩张比和尾喷管需用扩张比（完全膨胀时尾喷管出口面积相对于进气道捕获面积的比值）随特征马赫数的变化趋势。

图 6 - 14(a)的数据表明，在给定燃烧室特征马赫数条件下，飞行马赫数越高，燃烧室需用扩张比越小。给定飞行马赫数时，燃烧室特征马赫数越大，燃烧室的需用扩张比越大，而且，燃烧室需用扩张比随特征马赫数增大的速率非常大。也就是说，采用较高特征马赫数工作，燃烧室横截面尺寸可能是无法接受的（且不说燃烧是否能够组织起来，或者说能否在技术上实现燃料的有效释热）。

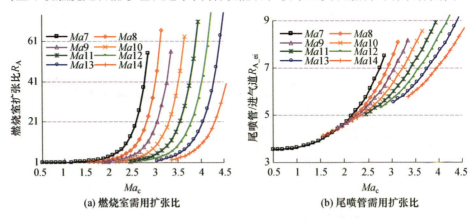

(a) 燃烧室需用扩张比   (b) 尾喷管需用扩张比

图 6 - 14　需用扩张比随特征马赫数的变化

图 6 - 14(b)的数据表明，尾喷管需用扩张比随燃烧室特征马赫数的增大而增大，随飞行马赫数的增大而减小。从图中数据可以看到，要使燃气在尾喷管出

口达到完全膨胀,需要很大的尾喷管出口面积,飞行马赫数越高,获得最优性能所对应的特征马赫数越高,尾喷管的需用出口面积极其可观。以飞行马赫数 7、10、14 为例,在最优性能对应的特征马赫数条件下(分别为 1.75、2.8、4.15),尾喷管需用扩张比分别为 4.34、5.91 和 7.61。

6.2.6   最大全流道比冲热力过程特征

图 6-15 所示为最大全流道比冲性能对应的燃烧室特征马赫数工作过程各特征数据随飞行马赫数的变化情况,其中的增压比是到等面积燃烧室段出口的数据。

可以看到,对于最大全流道比冲性能对应的工作过程,燃烧室需用扩张比、尾喷管需用扩张比均随飞行马赫数的增大而显著增大。在飞行马赫数大于 8 时,该热力过程的燃烧室需用扩张比已经大于 3,尾喷管需用扩张比大于 4.78。在飞行马赫数 14 时,燃烧室需用扩张比和尾喷管需用扩张比分别达到了 15 和 7.6,实际系统无法设计出这个量级的横截面。

所以,对于大于马赫数 8 的飞行,需要退而求其次。

图 6-15 中空心圆圈标示的红色虚线曲线是将燃烧室扩张比固定在 3、在尾喷管出口能够获得完全膨胀的条件下,所能够期望获得的发动机全流道最大比冲曲线。可以看到,在飞行马赫数小于 10 时,限制燃烧室扩张比为 3,对性能的影响并不明显;但是随着飞行马赫数的增大,该曲线显著偏离最优性能曲线,在飞行马赫数 14 时,最大全流道比冲从 8660N·s/kg 左右下降到 6500N·s/kg 左右,下降了约 25%。

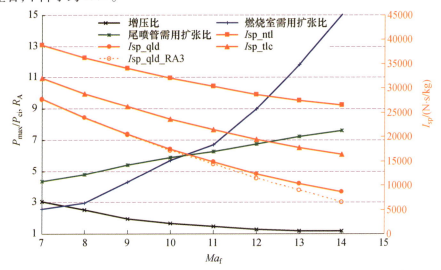

图 6-15   全流道最大比冲及其工作过程的增压比、需用扩张比随飞行马赫数的变化

结合图 6 - 14 可以看到,给定燃烧室扩张比为 3,在飞行马赫数 14 时只可获得最低特征马赫数过程(图 6 - 14(a)),这时尾喷管的需用扩张比仍达 5.78 (图 6 - 14(b)),实际系统仍不可接受。在目前看到的实际系统方案中,尾喷管出口相对于进气道捕获面积不会很大,燃气只能在尾喷管出口获得欠膨胀的工作状态(而且是严重的欠膨胀状态)。这个因素将进一步降低可期望的发动机性能。

图 6 - 16 所示为各当量比条件下的最优性能对应的燃烧室特征马赫数和燃烧室需用扩张比,可以看到,最优特征马赫数应随当量比的增大而减小,相应的燃烧室扩张比也随当量比的增大而减小。意味着,在高马赫数范围,采用高当量比氢燃料工作,不仅可以收获增推的效果,还可降低燃烧室需用扩张比。例如,当氢燃料的当量比达到 4~4.5 时,对于飞行马赫数 11 以下的条件,燃烧室需用扩张比仅为 3 左右,对于技术实现是有利的。

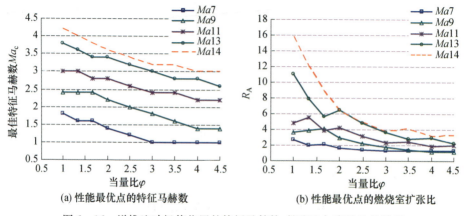

(a) 性能最优点的特征马赫数   (b) 性能最优点的燃烧室扩张比

图 6 - 16   增推比冲极值位置的特征马赫数、扩张比与当量比的关系

6.3   非化学当量条件下的等效热力过程与性能关系

本节按照表 6 - 1 的入口参数条件和表 6 - 2 的燃料喷射条件,分析燃料当量比 $\varphi = 0.6 \sim 4.5$ 范围、燃烧室特征马赫数 $1.0 \sim 4.6$ 范围的等效热力过程与性能关系。

6.3.1   加热比

图 6 - 17 所示为飞行马赫数 7~14 的燃烧室加热比(以总温比表达)随燃料当量比的变化趋势。

在部分特征马赫数下缺少小当量比的加热比数据,这是由于较小当量比燃料提供的热量(如果能够提供的话),不足以使燃气在燃烧室等面积段出口的马

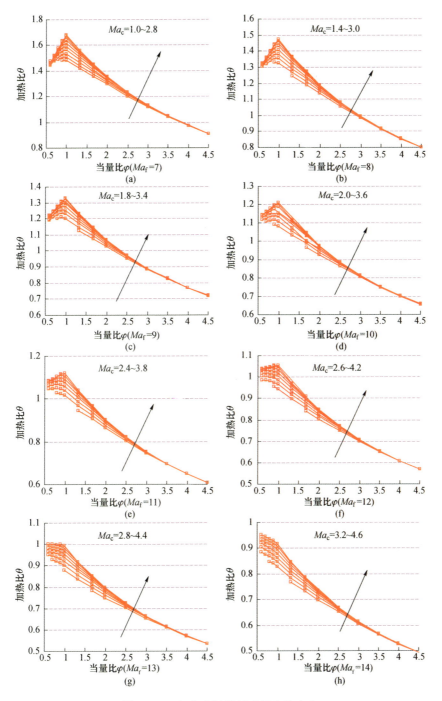

图 6-17　加热比随燃料当量比的变化

（沿箭头方向是特征马赫数增大的方向，特征马赫数间隔 0.2）

赫数降低到给定的特征马赫数(只能实现更高的特征马赫数,所以在更高特征马赫数的曲线上存在较低当量比的数据点);随着燃料当量比的增大,混气的马赫数降低,添加较少的热量就可以实现给定的特征马赫数。这种情况出现在飞行马赫数较高、特征马赫数较小时。随着飞行马赫数的增加,为实现给定的燃烧室特征马赫数,需要的燃料当量比减小。

对于那些可以用小当量比实现的特征马赫数过程,在当量比1以下,在飞行马赫数为7~12条件下,加热比随当量比的增大而增大,存在加热比的峰值,且加热比峰值出现在当量比不大于1的条件下(这与第3章分析的碳氢燃料、低飞行马赫数的结论不同);特征马赫数越大,加热比峰值对应的燃料当量比更接近1。例如,在飞行马赫数7,当特征马赫数小于1.6时,最大加热比均出现在当量比0.9时,在特征马赫数达到1.6甚至更大时,最大加热比出现在当量比1.0时。

随着飞行马赫数的增大,当量比小于1时的加热比与最大可期望加热比的差距越来越小。在飞行马赫数12的高特征马赫数过程中,当量比1以下燃料可期望实现的(以总温表达的)加热比随当量比的增大而增大;对于低特征马赫数,在较小的当量比条件下,反而可期望获得更大的加热比。在飞行马赫数13、14时,在分析的所有特征马赫数条件下,当量比1以下燃料可期望实现的(以总温表达的)加热比随当量比的增大而减小。

在分析的飞行马赫数7~14范围,当燃料当量比大于1时,可期望实现的(以总温表达的)加热比均随当量比的增大而减小。

在高飞行马赫数下,与捕获气流的总焓相比,燃料所含热值是小量,由于离解效应显著,可期望的燃料释热量就更小,而燃气中大量的水分使燃气的定压比热容急剧增大,以总温表达的加热比下降很快。例如在飞行马赫数12时,当量比1和当量比0.6的氢的热值为来流焓值的51.4%和30.8%,两个当量比的氢完全燃烧(假设不存在离解、燃烧完全度为1,即释热量等于燃料所含热值)释热量的比值为1.157;而当量比1条件下燃烧产生的水含量更高,其燃气的定压比热容是当量比0.6燃气定压比热容的1.153倍,比热容的增大将完全"抹平"燃烧释热带来的温升。飞行马赫数越高、特征马赫数越小,燃气的离解效应越显著,燃料可期望的释热量相对于燃料所含热值的比例越小,因燃气比热容增大而抵消的燃料释热温升越多,从而在某些条件下出现燃料释热更多、燃气总焓值更高但是燃气温度减少的情况。

6.3.2　总压恢复

图6-18所示为飞行马赫数7~14条件下发动机全过程总压恢复随当量比的变化趋势。

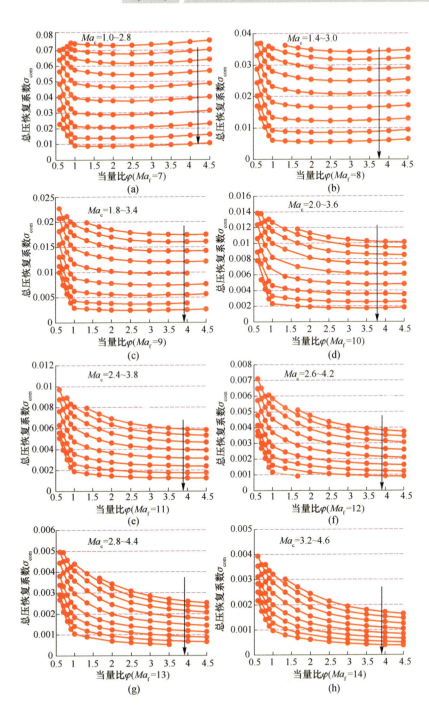

图 6 - 18   发动机全过程总压恢复随当量比的变化

（沿箭头方向是特征马赫数增大的方向,特征马赫数间隔 0.2）

从中可以看到,给定特征马赫数过程,在飞行马赫数较低(10 以下)时,在燃料当量比小于 1 的范围,发动机全过程总压恢复随当量比的增大而急剧下降;在燃料当量比大于 1 之后,总压恢复随当量比的增大先是缓慢减小,超过某个当量比之后,总压恢复随当量比的增大而缓慢增大。在飞行马赫数 10 时,曲线的特征与较低飞行马赫数的曲线特征基本一致,只是在较大当量比时,总压恢复基本不变。在飞行马赫数较大时(10 以上),在给定的特征马赫数下,总压恢复总是随当量比的增大而减小。

在当量比小于 1 的情况下,随着喷入主流的燃料当量比的增大,添加到主流中的质量和热量都会显著增加,这两个因素都会导致燃气总压的下降。在当量比大于 1 时,继续增大燃料的当量比,只是向主流中添加了更多的质量,热量变化不大,所以总压恢复受当量比变化的影响较小。在高当量比条件下,当喷入燃料的总压高于燃烧室入口气流总压时,燃料流量增加到一定程度,将使混气的总压高于燃烧室入口气流的总压,导致总压恢复的提高。例如,氢燃料的喷注总压为 5MPa,按照表 6-1 的燃烧室入口条件,在飞行马赫数 10 和 11 时,燃烧室入口气流总压约为 5.1MPa 和 6.1MPa,更低飞行马赫数的燃烧室入口总压低于5MPa,所以从飞行马赫数 10 分界,低于马赫数 10 时,由于大流量高压氢燃料的喷入,高当量比时出现总压恢复随当量比增加而增大的现象,飞行马赫数大于 10 以后,燃料流量的增加不能使混气总压高于燃烧室入口气流总压,于是图 6-18 中的总压恢复不再出现随当量比的增大而增大的情况。

6.3.3 比冲和单位推力

图 6-19 所示为飞行马赫数 7~14 条件下发动机内推力比冲随当量比的变化趋势。图中数据表明,在所给出的飞行马赫数和燃烧室特征马赫数条件下,随燃料当量比的增大,发动机的内推力比冲单调减小。

图 6-20 所示为飞行马赫数 7~14 条件下发动机单位内推力(内推力空气比冲)随当量比的变化趋势。图中数据表明,单位内推力随当量比的增大而单调增大。在当量比小于 1 时,由于燃料当量比的增大,使向主流添加的质量、动量和热量同时增加,所以单位内推力增大的速度较快;在当量比大于 1 时,燃料当量比的增大,主要影响向主流中添加的质量和动量,以及由于添质导致燃气静温的降低,引起化学平衡态向释热方向移动,使释热量有少量增加,因此,虽然单位内推力仍有增大,但增大的速度较为缓慢。

另外,在所有飞行马赫数条件下,随着当量比的增大,最优性能对应的特征马赫数是逐渐减小的。例如,在飞行马赫数 7 时,当量比 1.0、2.0 和 4.5 时的最优性能对应燃烧室特征马赫数为 1.8、1.6、1.0 的热力过程;在飞行马赫数 10 时,当量比 1.0、2.0 和 4.5 时的最优性能对应燃烧室特征马赫数为 3.2、2.6、2.0

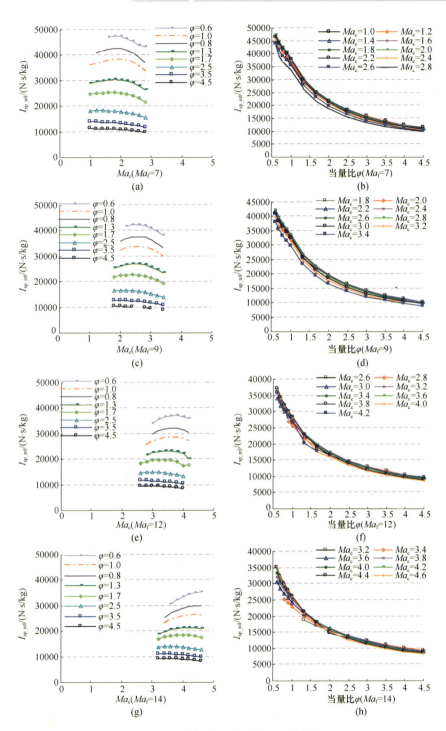

图 6 - 19 内推力比冲随当量比的变化

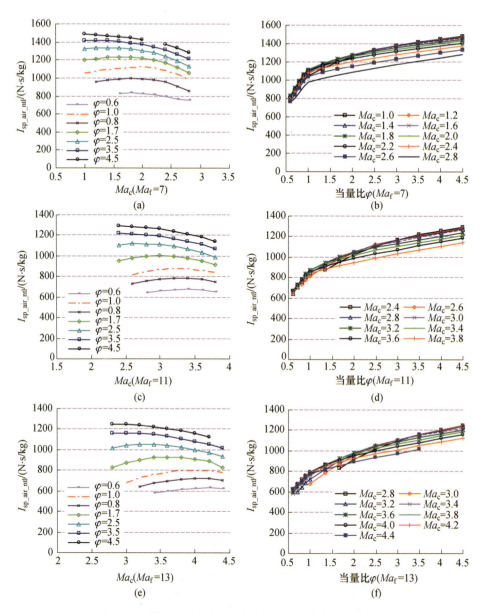

图 6-20　单位内推力(内推力空气比冲)随当量比的变化

的热力过程;在飞行马赫数 14 时,当量比 1.0、2.0 和 4.5 时,最优性能对应燃烧室特征马赫数为 4.2、3.8、3.2 的热力过程。

特征马赫数向减小的方向移动,不仅可以使得燃烧组织在更小马赫数下进行,减小了燃烧组织的难度,同时还会有效地减小燃烧室需用扩张比和尾喷管需用扩张比,减小发动机横截面尺寸。

将图 6 − 20 和图 3 − 23 做一对比,可以发现,Ma7 ~ 14 范围氢燃料冲压发动机的单位内推力随当量比的变化趋势与 Ma4 ~ 7 范围碳氢燃料冲压发动机的单位内推力跟随当量比的变化趋势存在显著差异。在当量比小于 1 时,两者的单位内推力均随燃料当量比的增大而增大;但是在当量比大于 1 时,Ma7 ~ 14 范围氢燃料冲压发动机的单位内推力随当量比的增加是单调增加的;一方面是燃料射流动量产生少量推力;另一方面是氢燃料流量增加降低了燃气温度(氢燃料在富燃条件下并不会与燃气发生大量的多余反应而减少燃气的焓值),使燃气反应向释热方向移动,也增加一部分推力。而 Ma4 ~ 7 范围碳氢燃料冲压发动机的单位内推力在略大于 1 的某个当量比出现最大值,该当量比随飞行马赫数和特征马赫数而变化,继续增加燃料,单位内推力将下降,原因是碳氢燃料在富燃条件下会产生一部分一氧化碳,虽然增加了燃气的流量,但是降低了燃气的焓值,导致总推力下降。

6.3.4　增推比冲随当量比的变化

图 6 − 21 所示为当量比大于 1 的氢燃料喷注带来的增推比冲随当量比以及特征马赫数的变化趋势图。该增推比冲定义为,给定飞行马赫数和燃烧室特征马赫数条件下,与当量比 1 最大推力的差值计算的燃料比冲。

可以看到,在给定飞行马赫数条件下,增推比冲受当量比和特征马赫数影响显著。在特征马赫数较小时(飞行马赫数 7 ~ 14 分别以特征马赫数 1.4、1.6、2.0、2.4、2.6、3.0、3.4、3.8 为界),增推比冲随当量比的增大呈先增大后减小的变化,最大增推比冲对应的当量比随特征马赫数的增加而减小;在这个特征马赫数范围,给定当量比时,增推比冲随特征马赫数的增加而增加。随着特征马赫数增大到性能最优的特征马赫数附近,增推比冲随当量比的增大呈单调减小的变化;这时,增推比冲的曲线位于最上方,意味着给定当量比条件下,该特征马赫数过程获得的增推比冲达到最大值。当特征马赫数继续增大时,增推比冲仍随特征马赫数的增大而单调减小,但增推比冲曲线整体下移,意味着在高特征马赫数的热力过程中,给定当量比时,增推比冲随特征马赫数的增加而减小。

从中还可以看到,在 Ma7 ~ 14、当量比 1 ~ 4.5 范围内,很多状态点的增推比冲都大于氢氧火箭发动机的比冲(3800 ~ 3900N・s/kg),也就是说,在推力能满足需求的前提下,从增推的比冲效率看,向流道中注入更多的氢燃料,获得的增推收益优于额外增加火箭发动机的收益。当然,如果推力不能满足需求,还是要考虑增加推力,而不是只考虑增加比冲性能。

综合来看,在采用氢燃料时,若为满足冷却需求而增大氢燃料的供应量而使发动机处于富燃工作状态,在选择合适的等效热力过程的条件下,不仅可能满足冷却对燃料流量的需求,增加的这部分燃料产生可观的推力(图 6 − 20),增推比冲性能还大于相同流量的火箭发动机(图 6 − 21),冲压发动机总的燃料比冲当

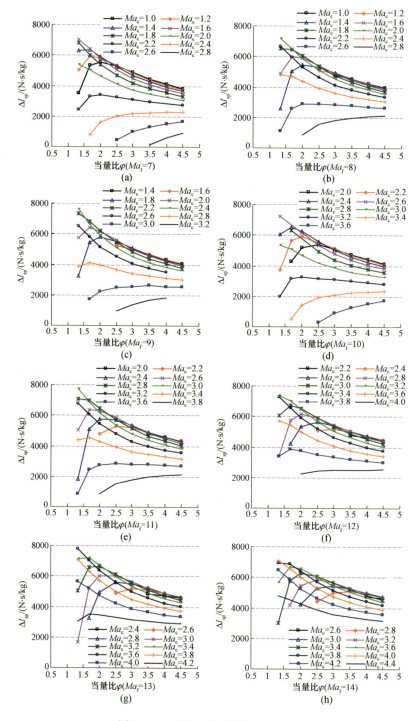

图 6-21　增推比冲随当量比的变化

然也大于火箭的比冲。从这个角度分析,如果能够使氢燃料在这些较高超声速的燃烧室特征马赫数条件下实现热量释放(假设燃烧组织技术可以实现),则氢燃料超声速燃烧室冲压发动机工作的极限马赫数有可能更高。而实际上,燃烧组织技术的可实现性最终决定冲压发动机工作马赫数上限。

6.3.5 燃烧室需用扩张比

图 6 – 22 所示为各飞行马赫数条件下燃烧室需用扩张比随当量比的变化情况。

可以看到,受燃烧室总压恢复和加热比随当量比变化趋势的影响,在当量比小于 1 时,燃烧室需用扩张比随当量比的增大而增大。在当量比大于 1 时,同样由于氢气流量增大对燃气总压恢复和加热比两方面的影响,情况比较复杂。

以最低的飞行马赫数(*Ma*7)为例,在较小的特征马赫数过程,在当量比大于 1 的范围内,燃烧室需用扩张比随当量比的增大而增大。随着特征马赫数的增大,燃烧室需用扩张比随当量比的增大而减小,在特征马赫数 1.2、1.4 的等效热力过程中,当量比 4.5 时的燃烧室需用扩张比小于当量比 4.0 时的燃烧室需用扩张比。随着特征马赫数的继续增大,燃烧室需用扩张比出现下降的当量比逐渐减小,在特征马赫数达到 2.8 时,当量比 2.0 时的燃烧室需用扩张比已经小于当量比 1.67 时的燃烧室需用扩张比。

随着飞行马赫数的增加,燃烧室需用扩张比随当量比增大开始出现下降的特征马赫数也增大,例如在飞行马赫数 8、9、10、11、12 时分别为 2.0、2.4、2.8、3.4、3.8。在飞行马赫数 13 时,在特征马赫数小于 4.6 的范围内,不会出现燃烧室需用扩张比随当量比的增大而减小的情况。

6.3.6 最大增推比冲热力过程特征

图 6 – 23 所示为大当量比燃料的最大增推比冲条件下主要特征参数(发动机全流道比冲、燃烧室需用扩张比、尾喷管需用扩张比)随燃烧室特征马赫数和飞行马赫数的变化情况。其中的全流道比冲是释热与射流动量作用的总效果,增推比冲是该状态推力与当量比 1 燃料所获推力之差换算的比冲(除以大当量比燃料的流量)。最大增推状态对应的当量比参考图 6 – 21。

图 6 – 23 表明,随着飞行马赫数的增加,最大增推状态获得的全流道比冲显著下降,同时高特征马赫数与低特征马赫数热力过程获得的全流道比冲差异减小;由大当量比燃料喷注带来的增推比冲虽然也随飞行马赫数的增加而减小,但降低的幅度(绝对值)远低于全流道比冲的下降幅度,所以,在高飞行马赫数时,大当量比燃料射流动量和降温收获释热对增推的贡献很大。在飞行马赫数 11 和 14,增推幅度分别超过 60% 和 85% ,即使在飞行马赫数 7,增推幅度也相当可观。

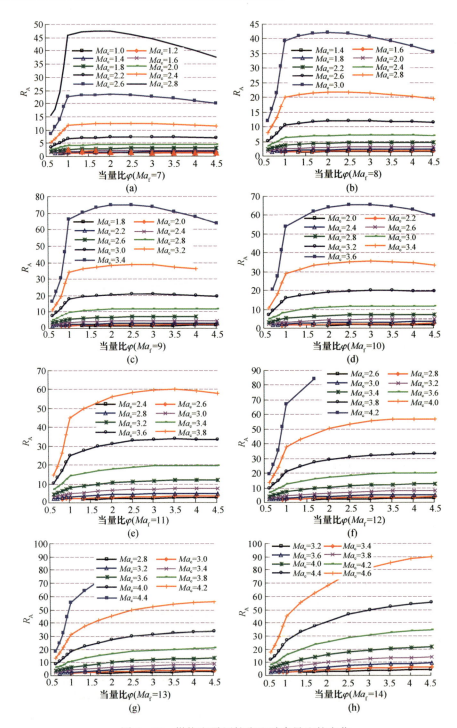

图 6 – 22 燃烧室需用扩张比随当量比的变化

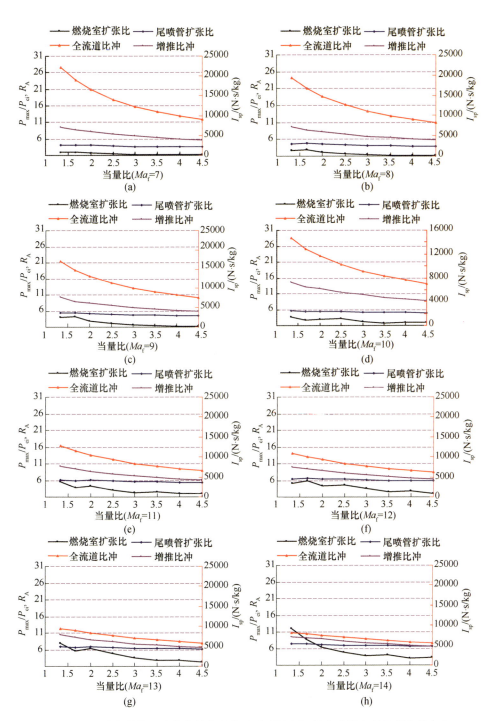

图 6－23 最大增推比冲状态的全流道比冲、增压比、扩张比随飞行马赫数的变化

图 6 - 24 表明,在飞行马赫数 7 ~ 12、当量比 1.33 ~ 4.5 范围内,通过注入多于化学当量的氢气来增推,与高特征马赫数热力过程相比,在低特征马赫数的热力过程中,增推量的绝对值较大,增推部分所占比重也较大,增推幅度随特征马赫数的增加而减小。在飞行马赫数 13、14 条件下,增推幅度随特征马赫数的增加而增大。

从图 6 - 23 数据还可以看出,无论哪个飞行马赫数,低特征马赫数最大增推状态热力过程需要的燃烧室扩张比较大,飞行马赫数 7、8 时,几乎可以用等面积燃烧室获得燃烧室特征马赫数 3 以上的热力过程;在更高飞行马赫数时,需要采用扩张型的燃烧室获得相似的特征马赫数热力过程。扩张比约为 3 的燃烧室,在飞行马赫数 14 可以期望实现燃烧室特征马赫数 4 的热力过程,在其他飞行马赫数可以获得更低的特征马赫数过程。但无论哪个条件,若要获得尾喷管出口的完全膨胀,需要的尾喷管扩张比相当大,几乎都是不可接受的,必须接受尾喷管出口的欠膨胀工况。

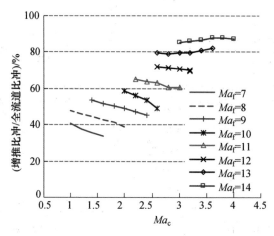

图 6 - 24 增推幅度随特征马赫数的变化

6.4 入口条件对热力过程 - 性能关系的影响

本节将讨论入口条件对热力过程与性能关系的影响,针对燃料当量比为 1、燃料全部参与反应的情况,分析的燃烧室入口条件范围,见表 6 - 3,这个参数范围比较广,部分参数甚至不合理,但为反映参数影响,这样的参数化分析是允许的。

本节只针对各飞行马赫数最大全流道比冲的燃烧室特征马赫数进行分析,表 6 - 4 所列为各飞行马赫数最大全流道比冲对应的燃烧室特征马赫数条件。

表 6 – 3 入口参数表

来流参数			气体燃料射流参数			
Ma_f	Ma_3	σ_3	H_t/H_f	P_{tf}/MPa	Ma_{tf}	θ
7						
8						
9		0.02				
10	2.7～5.4 间隔0.3	0.06 0.10	0.086	5	1	0°
11		0.30				
12		0.50				
13						
14						

表 6 – 4 飞行马赫数与特征马赫数对应关系

Ma_f	7	8	9	10	11	12	13	14
Ma_c	1.6	2.2	2.4	2.8	3.0	3.4	3.8	4.2

6.4.1 加热比

图 6 – 25 所示为不同飞行马赫数条件下加热比随燃烧室入口条件的变化趋势。可以看到,在所有飞行马赫数条件下,加热比均随燃烧室入口总压恢复的增大而增大、随燃烧室入口马赫数的增大而减小。

在飞行马赫数 7 时,给定燃烧室入口马赫数 2.7,当燃烧室入口总压恢复从 0.06 增大到 0.1、0.3 和 0.5 时,加热比分别从 1.575 增大到 1.587、1.613、1.624,分别增大了 0.8%、2.4%、3.1%。给定燃烧室入口总压恢复为 0.3,燃烧室入口马赫数从 2.7 增大到 4.2 时,加热比从 1.613 减小到 1.586,减小幅度为 1.7%。

在飞行马赫数 14 时,给定燃烧室入口马赫数 4.2,当燃烧室入口总压恢复从 0.02 增大到 0.06、0.1 和 0.3 时,加热比分别从 0.9 增大到 0.91、0.914、0.924,分别增大了 1.1%、1.6%、2.6%。当燃烧室入口总压恢复为 0.02 时,燃烧室入口马赫数从 2.7 增大到 4.2 时,加热比从 0.905 减小到 0.9,减小幅度为 0.5%。

可见,在飞行马赫数更高时($Ma_f=7～14$),燃烧室入口总压恢复和马赫数变化幅度相同时,加热比变化的幅度更小。

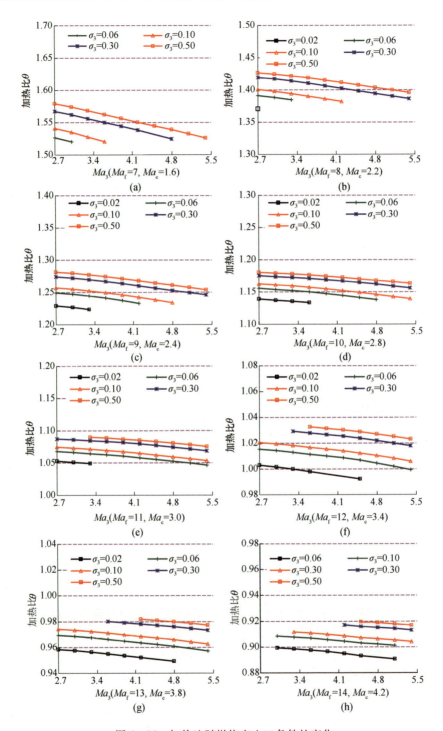

图 6 – 25   加热比随燃烧室入口条件的变化

6.4.2　总压恢复

图 6 - 26 所示为总压恢复随燃烧室入口条件的变化情况,图中分别给出了燃料 - 空气掺混过程、加热过程的总压恢复以及燃烧室全过程的总压恢复。图中数据表明,在各飞行马赫数条件下,入口马赫数对掺混过程和加热过程的总压恢复影响较大,入口总压恢复条件对两过程总压恢复影响较小。在高飞行马赫数的低入口马赫数条件下,入口总压恢复条件对燃烧室工作过程损失的影响增大,在低飞行马赫数、高入口马赫数条件下,入口总压恢复的影响可忽略。

掺混过程的总压恢复随燃烧室入口马赫数的增大而减小;在较低飞行马赫数时,掺混过程损失较大。在飞行马赫数 7 时,燃烧室入口马赫数从 2.7 增大到 4.2 时,掺混过程总压恢复从 0.7 减小到 0.4,减小幅度达到了 42% 。在飞行马赫数 14 时,燃烧室入口马赫数从 3 增大到 5.1 时,掺混过程总压恢复从 0.9 减小到 0.7,减小幅度约 22% 。

在这些超声速加热的热力过程中,加热过程的损失占比非常大,而且,飞行马赫数越高,加热过程的损失越大。在给定的飞行马赫数条件下,入口马赫数越高,加热过程损失越大。

6.4.3　比冲性能

图 6 - 27、图 6 - 28 以及图 6 - 29 是各马赫数条件下的内推力比冲、全流道比冲和推力增量比冲随燃烧室入口条件的变化情况。

可以看到,三种比冲均随燃烧室入口马赫数的增大而下降、随燃烧室入口总压恢复的增大而增大,这与第 3 章获得的结论是一致的,导致这种变化趋势的原因也类似。

上述燃烧室入口条件对比冲性能的影响趋势说明,进气道对气流的压缩量与压缩质量对可期望的发动机最优性能有很大影响,较低马赫数条件配合适度的高总压恢复,更容易获得发动机的高比冲性能。所以,在设计进气道压缩系统时,应参考燃烧室入口总压恢复和马赫数对发动机比冲性能的影响效果,合理选择设计指标。

6.4.4　燃烧室需用扩张比

图 6 - 30 所示为燃烧室需用扩张比随燃烧室入口条件的变化趋势。图中数据显示,燃烧室需用扩张比随入口马赫数的增大而减小,随入口总压恢复的增大而增大;入口马赫数的影响程度非常大,相比之下,入口总压恢复的影响比较小(但也很显著)。较高的入口马赫数,意味着进气道的压缩量较小,或者说燃烧室入口面积较大,虽然燃烧室需用扩张比较小,但发动机总的横截面未必小。较

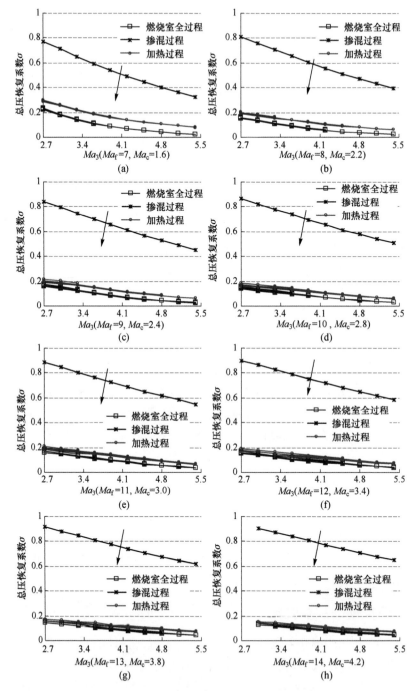

图 6 - 26　总压恢复随燃烧室入口条件的变化

（$\sigma_3 = 0.02/0.06/0.1/0.3/0.5$,沿箭头方向增大）

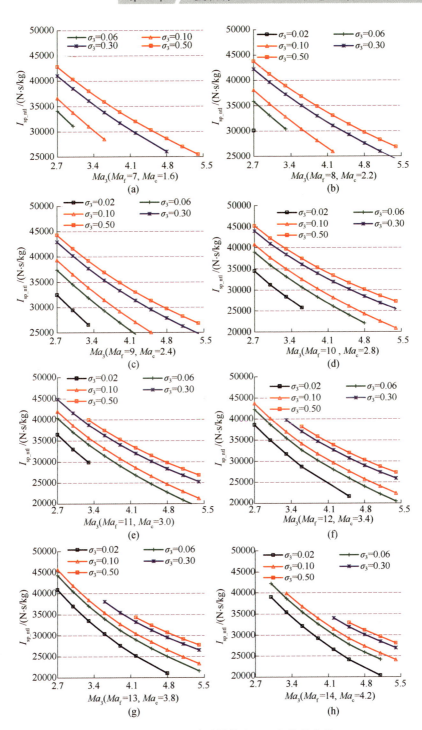

图 6 - 27　内推力比冲随燃烧室入口条件的变化

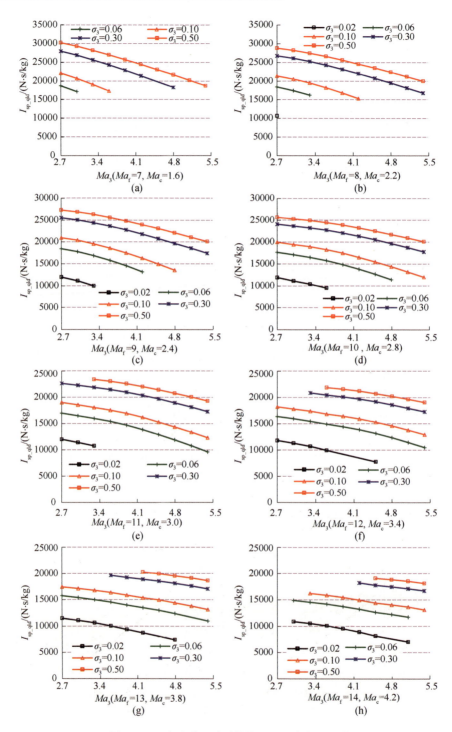

图 6-28　全流道比冲随燃烧室入口条件的变化

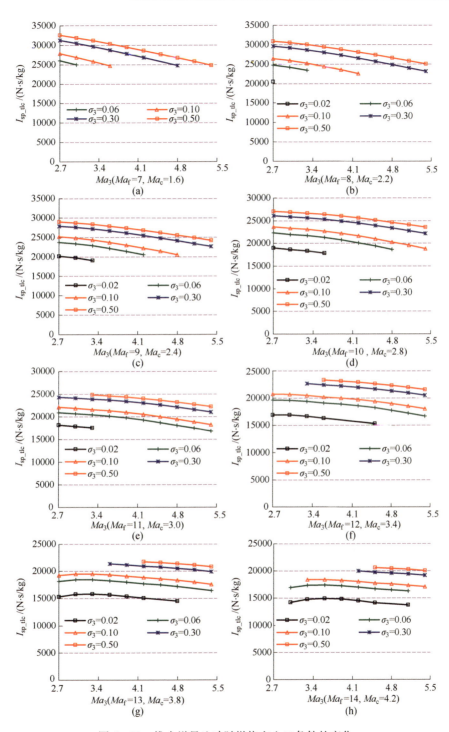

图 6 - 29 推力增量比冲随燃烧室入口条件的变化

低的入口马赫数,意味着进气道的压缩量大,或者说燃烧室入口面积较小,虽然燃烧室需用扩张比较大,但发动机总的横截面尺寸未必大。图 6-31 的尾喷管需用扩张比(表征着发动机的横截面尺寸)随入口条件的变化清楚地说明了这个判断,可以看到,尾喷管需用扩张比随燃烧室入口马赫数的增大而增大,随燃烧室入口总压恢复的增大而减小,也就是说,如果进气道能够提供较低的燃烧室入口马赫数,配合适度的高总压恢复,在可期望的同等性能条件下,将需求较小的发动机横向尺寸。结合 6.4.3 节关于比冲性能受入口条件影响的结论,在较低燃烧室入口马赫数和适度的高总压恢复条件下,发动机横向尺寸较小,可期望收获的性能更高。

另外,较低燃烧室入口马赫数和适度的高总压恢复条件下,需要更大的燃烧室需用扩张比(从图 6-30 看到,低入口马赫数和高总压恢复都要求更大的燃烧室扩张比),又预示着可能需要更大的发动机长度,因为在相同长度上获得更大扩张比意味着更为剧烈的面积扩张率,肯定会给燃烧组织带来更大的难题(在完成加热的条件下,还要保持较高的超声速马赫数,这本身就意味着燃烧组织难以实现)。所以,飞行在这个马赫数范围的冲压发动机,在技术实现方面面临的挑战是相当严峻的。当然,可以通过接受低比冲性能的思路,降低燃烧组织的难度。

6.4.5 释热分布

图 6-32 所示为飞行马赫数 7、10、14 条件下部分状态的释热分配随特征马赫数的变化曲线。

图 6-32(a)是飞行马赫数 7 的情况,给出的入口条件匹配分别是 $(Ma_3, \sigma_3) = (2.7, 0.06)$、$(2.7, 0.3)$、$(3.3, 0.3)$、$(3.6, 0.3)$。当燃烧室入口马赫数为 2.7 时,在总压恢复 0.06 和 0.3 两种情况下(黑色与红色曲线),第一等面积段和第二等面积段的释热量分配随特征马赫数的变化曲线基本重合,说明燃烧室入口总压恢复对这两个等面积段内容纳的热量影响不大。但总压恢复增加,燃烧室内可实现的加热比是增加的(图 6-25),燃烧效率是增大的,增加的释热量被分配在扩张段内,尤其是在燃烧室特征马赫数小于 1.2 的热力过程中,扩张段内所需的释热量更大,可以推知,此时需要更大的燃烧室需用扩张比。燃烧室入口总压恢复对热量分配的影响关系,与第 3 章的结论是一致的。

当给定燃烧室入口总压恢复为 0.3 时,比较燃烧室入口马赫数分别为 2.7、3.3 和 3.6 的三组曲线,可以看到,燃烧室入口马赫数增加,在第一等面积段内添加的热量增大,特征马赫数越小,第一等面积段内增加的热量越多;燃烧室入口马赫数增加时,扩张段内添加的热量减小,特征马赫数越小,扩张段内分配的热量减小越多;燃烧室入口马赫数增加时,第二等面积段内的热量添加量基本不

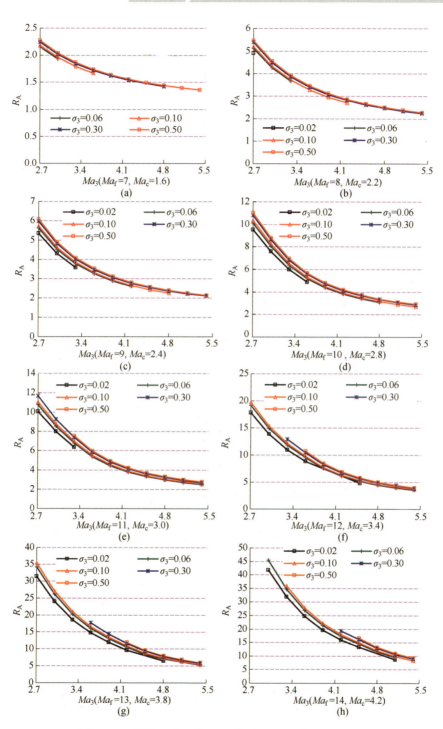

图 6－30 燃烧室需用扩张比随燃烧室入口条件的变化

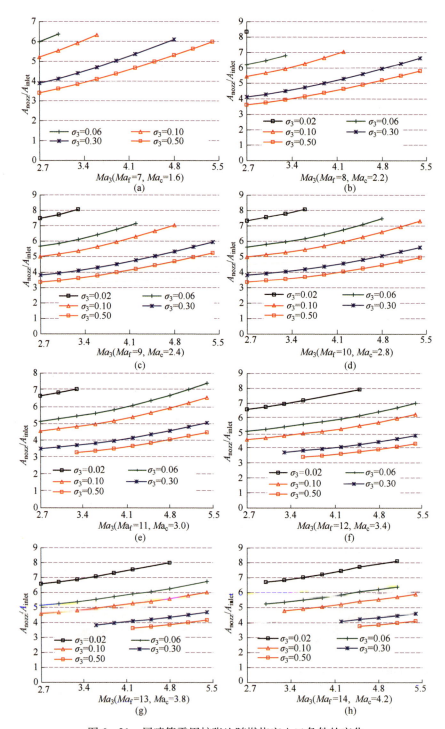

图 6-31　尾喷管需用扩张比随燃烧室入口条件的变化

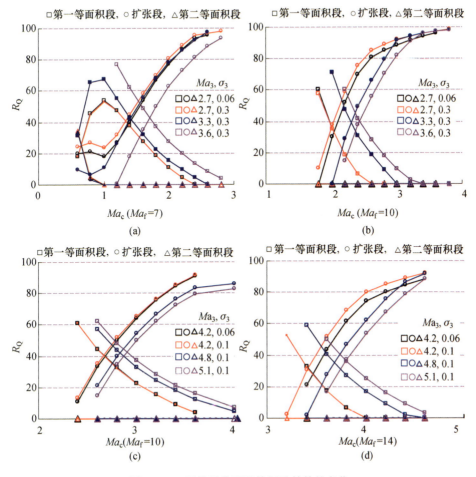

图 6 – 32　释热量分配随特征马赫数的变化

变。与入口马赫数从 2.7 增加到 3.3 相比,当入口马赫数从 3.3 增加到 3.6 时,第一等面积段内增加的释热量比例急剧增加,扩张段内减少的热量分配量急剧减小,意味着入口马赫数越高,热量在第一等面积段和扩张段分配的比例变化越大。燃烧室入口马赫数对热量分配的影响关系,与第 3 章的结论也是一致的。

　　在入口马赫数为 3.6 时,当量比 1 的燃料产生的释热量(由于离解影响,燃烧效率小于 1)无法在第一等面积段内将气流减速到燃烧室特征马赫数低于 1.2 的程度,所以这组曲线的最小特征马赫数为 1.2。可以看到,在燃烧室特征马赫数较高的超声速加热过程中,热量被分配在第一等面积段和扩张段,而且,随着燃烧室特征马赫数的增加,在第一等面积段内分配的热量比例急剧减小,在扩张段内分配的热量比例急剧增加,意味着高特征马赫数的热力过程需要很大的燃烧室扩张比,这正是 6.2.3 节获得的结论。

当飞行马赫数大于 7 时,在给定的燃烧室入口马赫数范围内($2.7 \leqslant Ma_3 \leqslant 5.4$),在当量比 1 的燃料完全参与反应、达到化学平衡态的假设条件下,均无法实现亚声速释热模态。随着飞行马赫数的增加,可实现的最低特征马赫数也增大。所以在图 6-32(a)~(d)中只有超声速特征马赫数范围的数据,而且,入口条件对热量分配的影响与飞行马赫数 7 的超声速加热模态的特征一致。

6.5　喷入惰性物质(水)的增推效果

6.3.4 节的数据表明,氢燃料大当量比喷射,通过射流动量、降温增加释热量,可期望获得增推效果。由于氢燃料密度低,靠大量喷射氢燃料的方法增加高飞行马赫数时发动机的比冲性能,可能需要在装载体积方面付出很大代价。如果用高密度惰性物质替代氢燃料,有可能降低装载体积要求的代价。

燃料喷射条件与 6.2 节相同,即当量比 1 的燃料平行于主流喷射(两者夹角为 0°),燃料在喷孔出口的马赫数为 1.0。被喷入的惰性物质为水,本节分析针对气态水,假设水蒸气混合在氢燃料中,喷射压力与氢燃料喷射压力相同(5MPa),喷射角度也相同(平行喷射)。水的流量取空气流量的 1/30、2/30 和 3/30。本节分析涉及的 4 种情况的详细信息如表 6-5 所列。

表 6-5　惰性物质射流影响分析的状态参数

情况	0	1	2	3
惰性物质	H_2O			
与空气的质量比(水空比)	0	1/30	2/30	3/30
与当量比 1 燃料的质量比	0	1.144	2.289	3.433
射流总流量与当量比 1 燃料的质量比	1	2.144	3.289	4.433
射流总体积流量与当量比 1 燃料的体积流量比	1.000	1.087	1.174	1.261
单位流量气态水的射流冲量/(N·s/kg)	0	1752.93	1558.73	1434.04

在表 6-5 中还给出了 4 种情况单位流量气态水的射流冲量数据,用本节的比冲性能扣除该量值,就是喷射液态水的效果(如果采用液态水,喷前压力为 5MPa,利用伯努利方程可以计算出液态水在喷孔处的速度为 100m/s,单位流量水的冲量为 100N·s/kg,与气态水的冲量相比是小量,所以如果喷注的是液态水来增推,那么水的动量基本上可以忽略不计)。

6.5.1　加热比

图 6-33 所示为喷水量对加热比(以总温表达)的影响。数据表明,水的添加不改变加热比随飞行马赫数以及特征马赫数的变化关系(参考图 6-2)。但

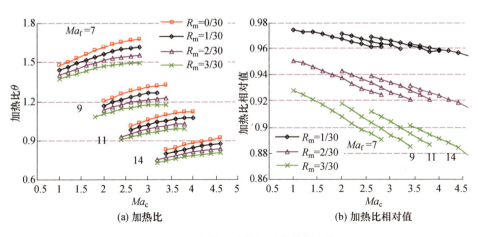

图 6 – 33　加热比随特征马赫数的变化

水的加入,使以总温表达的加热比降低(燃气的总温下降),水的添加量越大,燃气总温降低得越多;水的添加量相同时,给定燃烧室特征马赫数条件下,飞行马赫数越低,燃气总温降低得越多。

图 6 – 34 所示为喷水量对总焓比的影响。数据表明,在给定飞行马赫数和燃烧室特征马赫数条件下,水的流量越大,燃气的焓值增量越大。这是因为,由于水的加入,在给定飞行马赫数和燃烧室特征马赫数条件下,燃气总温下降(图6 – 33),导致燃气静温水平的降低,进而使燃气的化学平衡态向释热方向移动,导致燃气的焓值增大。在给定飞行马赫数条件下,燃烧室特征马赫数越低,由于燃气的离解效应更为明显,喷入水、燃气静温下降,使离解水平大大降低,燃气的化学平衡态向释热方向移动更显著,在燃烧室出口获得的燃气焓值增量就越大。

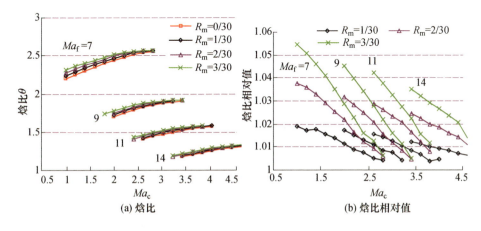

图 6 – 34　焓比随特征马赫数的变化

6.5.2 总压恢复

图6-35 所示为燃烧室总压恢复相对值(相对于无水添加,只有当量比1的氢燃料喷入的情况)喷水量的变化情况。数据表明,在低飞行马赫数条件下,喷水以及喷水量的增加导致总压恢复更大(总压恢复的相对值大于1),并且随着特征马赫数的增大,总压恢复的相对值迅速增加,意味着在相同飞行马赫数与特征马赫数条件下,增加喷水量可能获得更大的总压恢复。随着飞行马赫数的增大,喷水时燃烧室的总压恢复下降,特征马赫数越大,下降的幅度越大。在飞行马赫数10以下,喷水带来总压恢复的收益(总压恢复的相对值大于1),在飞行马赫数10时,小流量的喷水量使总压恢复略有增加,大流量喷水导致总压恢复低于只供应当量比1氢燃料的获得的总压恢复。在飞行马赫数10以上,3种喷水流量均导致总压恢复低于只供应燃料获得的总压恢复,飞行马赫数越高,总压恢复下降越多。

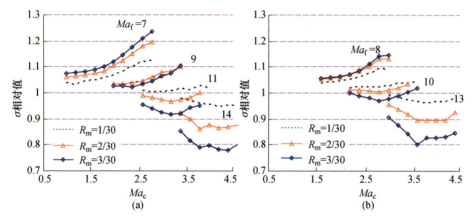

图6-35　喷水量对燃烧室过程总压恢复的影响

6.5.3 比冲与增推效果

图6-36 所示为喷水量对内推力比冲的影响。可以看到,与当量比1的氢燃料同时喷入水,不改变内推力比冲随飞行马赫数和燃烧室特征马赫数的变化趋势(参考图6-5),但相同飞行马赫数和燃烧室特征马赫数条件下的内推力比冲减小;随着水流量的增大,内推力比冲减小的幅度增大。给定喷水量时,飞行马赫数和特征马赫数变化对内推力的影响相对较小。在飞行马赫数7时,水添加量为空气流量1/30、2/30、3/30时,内推力比冲分别降低到基准值的50%、35%和27%;在飞行马赫数14时,水添加量为空气流量1/30、2/30、3/30时,内推力比冲分别降低到基准值的52%、38%和30%(图6-36(b))。

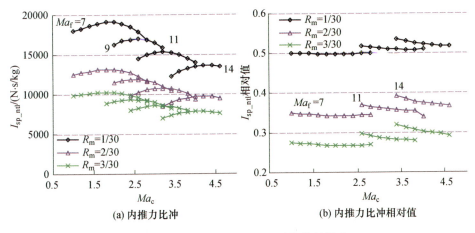

(a) 内推力比冲   (b) 内推力比冲相对值

图 6-36   喷水量对内推力比冲性能的影响

与只有当量比 1 的氢燃料喷入的情况相比,添加水以后,在高飞行马赫数条件下(大于 9 时),最大比冲对应的特征马赫数略向减小的方向移动。例如,在飞行马赫数 9 时,未喷水的最大内推力比冲出现在特征马赫数 2.6 时,喷水量为捕获气流的 3/30 时,最大内推力比冲出现在特征马赫数 2.4 时。其原理是水的加入降低了燃气的温度,导致高特征马赫数条件下加热的熵增增大,燃烧室总压恢复显著降低,抵消了高特征马赫数下加热比增大的效果,引起性能下降。

图 6-37 所示为喷水量对全流道推力比冲的影响。可以看到,与当量比 1 的氢燃料同时喷入水,不改变全流道比冲随飞行马赫数和燃烧室特征马赫数的变化趋势(参考图 6-5),但相同飞行马赫数和燃烧室特征马赫数条件下的全流道比冲减小;随着水流量的增大,全流道比冲减小的幅度增大。给定喷水量时,飞行马赫数变化对全流道的影响相对较大,特征马赫数变化对全流道的影响相对较小,而且飞行马赫数越大,特征马赫数对全流道比冲的影响越大。在飞行马

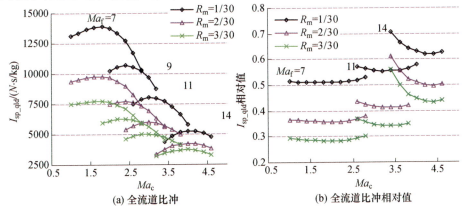

(a) 全流道比冲   (b) 全流道比冲相对值

图 6-37   喷水量对全流道比冲性能的影响

赫数 7 时,水添加量为空气流量 1/30、2/30、3/30 时,全流道比冲分别降低到基准值的 51%、36% 和 28%;在飞行马赫数 14 时,在燃烧室特征马赫数 4 的热力过程中,水添加量为空气流量 1/30、2/30、3/30 时,全流道比冲分别降低到基准值的 63%、51% 和 45%,参考图 6 – 37(b)。

与只有当量比 1 的氢燃料喷入的情况相比,添加水以后,最大比冲对应的特征马赫数略向减小的方向移动;喷水量越大,最大比冲对应的特征马赫数越小。

图 6 – 38 和图 6 – 39 所示为喷水量对单位内推力(内推力空气比冲)、全流道单位推力(全流道空气比冲)的影响。可以看到,水的加入不改变比冲性能或单位推力性能随特征马赫数的变化关系,也不改变随飞行马赫数的变化关系,但在当量比 1 的氢燃料中添加水可以显著增大发动机的比冲性能和单位推力,产生了增推的效果;飞行马赫数越高,增推效果越明显。特别是发动机全流道空气

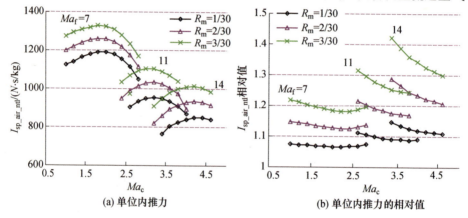

(a) 单位内推力　　　　　　　　　(b) 单位内推力的相对值

图 6 – 38　喷水量对单位内推力性能的影响

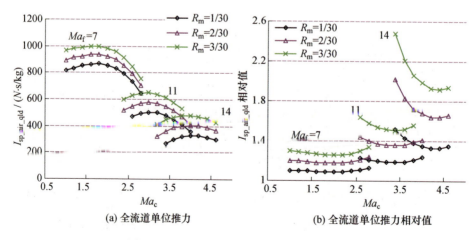

(a) 全流道单位推力　　　　　　　(b) 全流道单位推力相对值

图 6 – 39　喷水量对全流道单位性能的影响

比冲,增大的幅度更为明显。以飞行马赫数 14 为例,以当量比 1 氢燃料的数据为基准,喷水量是空气流量的 1/30、2/30、3/30 时,单位内推力分别是基准值的 1.1~1.14 倍、1.2~1.3 倍和 1.3~1.4 倍,全流道单位推力分别是基准值的 1.3~1.5 倍、1.7~2 倍和 1.9~2.5 倍。

可见,在高飞行马赫数,尤其是在飞行马赫数大于 10 以后,在喷注燃料组织燃烧的同时,添加一定量的水,可以显著增加发动机的推力水平,可尝试用这种方法解决高超声速飞行剩余推力小、加速能力弱的问题。

6.5.4 燃烧室需用扩张比

图 6-40 所示为喷水量对燃烧室需用扩张比的影响。

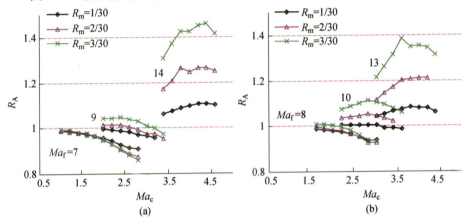

图 6-40 喷水量对燃烧室需用扩张比的影响

(以当量比 1 氢燃料的燃烧室需用扩张比为基准)

在飞行马赫数较低时,例如飞行马赫数 7,随着向燃烧室中注水,燃烧室需用扩张比会下降,并且特征马赫数越大,燃烧室需用扩张比下降越多。在低飞行马赫数条件下,水的加入会带来加热比的减小和总压恢复的增大(参考图 6-33 和图 6-35),这两个因素都使燃烧室需用扩张比减小,虽然添加质量本身应使燃烧室需用扩张比增加,但在低飞行马赫数条件下,加热比减小和总压恢复增大的作用抵消了质量添加的作用,而且前两者的作用更大。

在飞行马赫数 8、9 条件下,在小喷水量、大特征马赫数条件下,水的加入导致燃烧室需用扩张比减小。随着飞行马赫数的进一步增大,在这几个喷水量条件下,燃烧室需用扩张比增大,喷水量越大,燃烧室需用扩张比增大越多;存在使燃烧室需用扩张比最大的特征马赫数过程,该特征马赫数随飞行马赫数的增大而增大,随喷水量的增加而减小。结合图 6-33 和图 6-35 分析,在高飞行马赫数条件下,水的加入使加热比减小,燃烧室需用扩张比减小;总压恢复未发生显著变化,不对燃烧室扩张比产生显著影响;添加质量本身应使燃烧室需用扩张比增加。从燃烧室需用扩张比变化的结果看,在高飞行马赫数条件下,加热比减小的作用比较小,添加质量的作用更大。

6.6 大流量燃料增推与惰性物质增推的比较

在氢燃料基础上添加水的设想,是基于水的密度远远大于氢燃料提出的。在分别获得了大流量氢燃料和在当量比1的氢燃料基础上添加水两种方式下热力过程关系的结果之后,就可以依据分析数据,对比两种方式的优劣。图 6 - 41 ~ 图 6 - 44 所示为两种方式效果的对比,其中,大当量比氢燃料数据体中的 $\varphi = 1$ 和当量比1氢燃料基础上添加水(图中的 $m_{\Sigma}/m_{H_2} = 1$)是同一种情况,即只有当量比1的氢燃料喷入的情况,添加水的情况提供了总流量比2.1、3.3、4.4的数据,大当量比氢燃料的情况提供了当量比2、3.5、4.5的情况,两者可以做参考对比。

图 6 - 41 是两种方式体积流量内推力比冲(单位体积流量喷射物产生的内推力)的比较。可以看到,采用大当量比氢燃料工作,随着当量比的增加,体积流量内推力比冲急剧下降;飞行马赫数越低,体积流量内推力比冲下降的幅度越大。而在当量比1的氢燃料基础上添加水,体积流量内推力比冲仅略有下降;在飞行马赫数较高和较低时,随着总流量的增加,体积流量内推力比冲下降幅度略大;在飞行马赫数11附近,体积流量内推力比冲几乎不随总流量比的变化而变化。在总质量流量相当的条件下,在各飞行马赫数条件下,喷水方案的体积流量内推力比冲大于大当量比氢燃料方案,总流量越大,喷水方案的优势越显著。

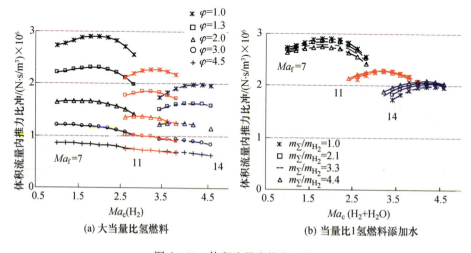

(a) 大当量比氢燃料   (b) 当量比1氢燃料添加水

图 6 - 41 体积流量内推力比冲

图 6-42 是两种方式体积流量全流道比冲(单位体积流量喷射物产生的全流道推力)的比较。可以看到,采用大当量比氢燃料工作,随着当量比的增加,体积流量全流道比冲急剧下降;飞行马赫数越低,体积流量全流道比冲下降的幅度越大。而在当量比 1 的氢燃料基础上添加水,体积流量全流道比冲在飞行马赫数 7 时几乎不随水流量而变化;随飞行马赫数增加,随总流量的增加,体积流量全流道比冲下降幅度逐渐增大。在相同总流量条件下,即使在飞行马赫数 14,添加水的体积流量全流道比冲仍然大于大当量比氢燃料方式获得的全流道比冲。在总质量流量相当的条件下,喷水方案的体积流量全流道推力比冲在马赫数 7 时仍然优势显著,但在飞行马赫数 11 以后优势下降。

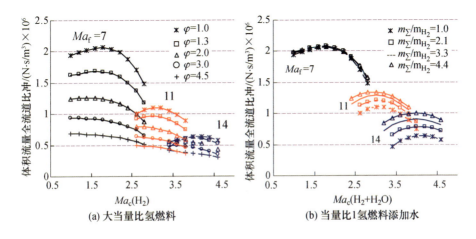

图 6-42　体积流量全流道比冲

图 6-43 是两种方式获得的单位内推力(单位质量流量空气产生的内推力,与捕获的空气流量相关,与喷射物的质量流量或体积流量无关)的比较。可以看到,采用大当量比氢燃料工作,随着当量比的增加,单位内推力显著增大,在低特征马赫数条件下收获最大单位内推力和最大增推效果(当量比 1 氢燃料情况不能在最低特征马赫数获得最大单位内推力);飞行马赫数越大,由于氢燃料当量比增加获得的增推效果越显著。在当量比 1 的氢燃料基础上添加水时,单位内推力也是显著增大的,在每个飞行马赫数的中等特征马赫数条件下收获最大单位内推力(与当量比 1 氢燃料获得最大单位内推力的特征马赫数基本一致,在各总流量条件下收获的单位内推力随特征马赫数的变化趋势也是一致的),在最小特征马赫数获得最大增推比例;飞行马赫数越大,由于喷水量增加获得的增推效果越显著。两者比较,采用大当量比氢燃料工作,在总质量流量相当的条件下,可获得的单位内推力增推量更大。

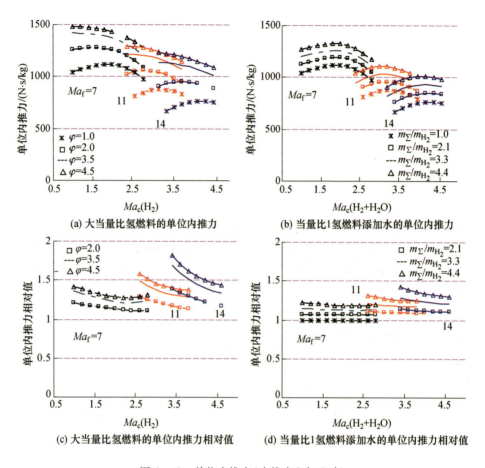

(a) 大当量比氢燃料的单位内推力　　(b) 当量比1氢燃料添加水的单位内推力

(c) 大当量比氢燃料的单位内推力相对值　　(d) 当量比1氢燃料添加水的单位内推力相对值

图 6-43　单位内推力(内推力空气比冲)

图 6-44 是两种方式获得的全流道单位推力(单位质量流量空气产生的全流道推力,与捕获的空气流量相关,与喷射物的质量流量或体积流量无关)的比较。可以看到,采用大当量比氢燃料工作,随着当量比的增加,单位全流道推力显著增大,在低特征马赫数条件下收获最大推力和最大增推效果,与当量比 1 氢燃料工作相比,最大推力对应的特征马赫数降低,有利于技术实现和减小燃烧室扩张比;飞行马赫数越大,由于氢燃料当量比增加获得的增推效果越显著。在当量比 1 的氢燃料基础上添加水时,单位全流道推力也是显著增大的,在每个飞行马赫数的中等特征马赫数条件下收获最大推力,在最小特征马赫数收获最大增推比;飞行马赫数越大,由于喷水量增加获得的增推效果越显著。两者比较,采用大当量比氢燃料工作,在总质量流量相当的条件下,可获得的单位全流道推力增推量更大。

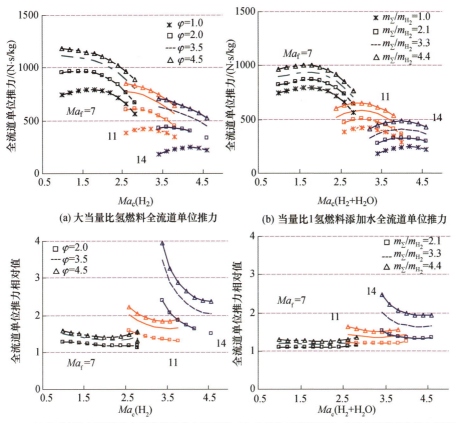

(a) 大当量比氢燃料全流道单位推力　　(b) 当量比1氢燃料添加水全流道单位推力

(c) 大当量比氢燃料的全流道单位推力相对值　(d) 当量比1氢燃料添加水的全流道单位推力相对值

图 6-44　单位全流道推力(全流道空气比冲)

6.7　小结

在飞行马赫数 7 以上,由于空气焓值的急剧增大,燃料释热在燃气焓值中的比重也急剧下降,选用高热值的燃料、合理选择进气道压缩量、充分利用燃料射流的冲量并且工作在最优的特征马赫数才能获得较好的性能。

在飞行马赫数 7 以上、氢燃料当量比为 1 时,最优性能均出现在超声速的燃烧室特征马赫数,而且随飞行马赫数的增大,这个最优性能对应的燃烧室特征马赫数也增大。随着燃烧室特征马赫数的增加,燃烧室所需扩张比增大;所以,随飞行马赫数的增大,最优性能点对应的燃烧室扩张比也会显著增大。给定燃烧室扩张比为 3 时,飞行马赫数 10 以下的最大比冲性能变化较小,飞行马赫数 10 以上的最大比冲性能将大幅下降。当存在尾喷管出口面积约束时,尾喷管出口气流工作在严重的欠膨胀状态,将进一步增加性能的损失。

在飞行马赫数 7 以上,当氢燃料当量比为 1 时,增大燃烧室入口的气流马赫数或者降低入口气流的总压恢复,都会导致发动机性能的下降。燃烧室入口气流参数还会影响发动机尺寸,更高的燃烧室入口马赫数会导致更小的燃烧室扩张比、更大的尾喷管需用扩张比,更低的总压恢复导致更大的尾喷管需用扩张比,因此在进行进气道设计时应协调燃烧室入口马赫数和总压恢复的关系,协调尺寸与性能的关系,才有可能获得可实现的技术方案。燃烧室入口气流马赫数越大,第一等面积段燃烧室内所需添加的热量越多,在飞行马赫数 7 以上时,在第一等面积段内释热已经无法令气流获得亚声速条件;燃烧室入口总压恢复能略微增大第一等面积段内添加的热量,但增加的幅度很小。

采用大当量比氢燃料工作,或者在当量比 1 的氢燃料燃烧条件下同时喷入水汽,可通过射流动量本身获得一部分增推效果,同时起到使燃气温度降低、化学平衡向释热方向(总焓值增大)移动进而增加推力的效果。以质量流量为基值的燃料比冲为比较标准,大当量比氢燃料方式获得的增推效果更好;在喷入燃烧室的总质量流量相当的前提下,按照体积流量计算,喷水方案的体积流量内推力比冲大于大当量比氢燃料方案,总流量越大,喷水方案的优势越显著;喷水方案的体积流量全流道推力比冲在马赫数 7 时仍然优势显著,但在飞行马赫数 11 以后优势下降。以单位空气流量产生的推力作为基准,采用大当量比氢燃料工作更有优势,在总质量流量相当的条件下,可获得的单位内推力和单位全流道推力的增推量更大,同时,与当量比 1 氢燃料工作相比,最大推力对应的特征马赫数降低,有利于技术实现和减小发动机的横向尺寸。至于应该采取哪一种方式工作,还要在一个飞行系统中,看能够节约的体积与减小的需用推力之间的匹配结果。

参 考 文 献

[1] 鲍里先柯 А И. 发动机气体动力学[M]. 李正荣,等译. 北京:国防工业出版社,1966.

[2] Heiser W H, Pratt D T, Deley D H. Hypersonic Airbreathing Propulsion[M]. American Institute of Aeronautics and Astronautics Inc,1994.

[3] Ronald S Fry. A Century of Ramjet Propulsion Technology Evolution[J]. Journal of Propulsion and Power, 2004,20(1):27 – 58.

[4] Edward T Curran. Scramjet Engines:The First Forty Years [J]. Journal of Propulsion and Power,2001,17 (6):1138 – 1148.

[5] Dean Andreadis. Scramjet Engines Enabling The Seamless Integration of Air& Space Operations[J]. The Industrial Physicist, 2004, 08 ~ 09.

[6] Wan Bing, Bai Hanchen, Chen Jun. Unsteady Flow Characteristics in the Entrance Section of a 2 – D Mixed – Compression Supersonic Inlet[C]. Proceedings of AJCPP 2018, Asian Joint Conference on Propulsion and Power, March 14 – 17,Xiamen, China.

[7] Simon Trapier, Philippe Duveau, Sebastien Deck. Experimental Study of Supersonic Inlet Buzz[J]. AIAA Journal,2006,44(10):2354 – 2365.

[8] 聂恰耶夫 IO H. 航空动力装置控制规律与特性[M]. 单凤桐,程振海,译. 北京:国防工业出版社,1999.

[9] 朱也夫 B C. 冲压和火箭 – 冲压发动机原理[M]. 刘兴洲,等译. 北京:国防工业出版社,1975.

[10] Mark Gruber, Stephen Smith, Tarun Mathur. Experimental Characterization of Hydrocarbon – Fueled, Axisymmetric Scramjet Combustor Flowpaths[J]. AIAA 2011 – 2311.

[11] Billig F S. Research on Supersonic Combustion[J]. AIAA 1992 – 0001 / Journal of Propulsion and Power, 1993,9(4):499 – 514.

[12] Kazuyasu Matsuo, Yoshiaki Miyazato, Heuy – Dong Kim. Shock train and pseudo – shock phenomena in internal gas flows[J]. Progress in Aerospace Sciences,1999(35):33 – 100.

[13] Sullins G, McLafferty G. Experimental results of shock trains in rectangular ducts[J]. AIAA Paper No. 92 – 5103, 1992.

[14] Ferri A. Review of SCRAMJET Propulsion Technology[J]. J. Aircraft,1968,5(1):3 – 10.

[15] Sullins G A. Demonstration of Mode Transition in a Scramjet Combustor[J]. Journal of Propulsion and Power,1993,9(4):515 – 520.

[16] Curran E T, Murthy S N B. Scramjet Propulsion[M]. Progress in Astronautics and aeronautics[J]. AIAA, 2001,189.

[17] Sean M Torrez, Michael A Bolender. A Scramjet Engine Model Including Effects of Precombustion Shocks and Dissociation[R]. AIAA 2008 – 4619.

[18] Lee Hyoung Jin, Lee Bok Jik, Kim Sung Don, et al. Flow Characteristics of Small – Sized Supersonic Inlets [J]. Journal of Propulsion and Power,2011,17(6):306 – 318.

[19] 黎崎.二元高超进气道入口段设计参数与气动喉道特征关系研究[D].绵阳:中国空气动力研究与

发展中心,2017.

[20] Melvin J Bulman, Adam Siebenhaar. Combined Cycle Propulsion: Aerojet Innovations for Practical Hypersonic Vehicles[R]. AIAA-2011-2397, 2011.

[21] Zucrow M J,Hoffman J D. 气体动力学[M]. 魏叔如,译. 北京:国防工业出版社,1984.

[22] Crocco L. One Dimensional Treatment of Steady Gas Dynamic[M]. Princeton University, Princeton, NJ, 1958.

[23] Ikui T, Matsuo K, Nagai M. The mechanism of pseudo-shock waves[J]. Bull JSME,1974, 17(108): 731-739.

[24] Ikui T, Matsuo K, Sasaguchi K. Modified diffusion model of pseudo-shock waves considering upstream boundary layers[J]. Bull JSME 1981,24(197):1920-1927.

[25] 小约翰 D 安德森. 高超声速和高温气体动力学[M]. 杨永,李栋,译. 北京:航空工业出版社,2013.

[26] Ryan J Clark, Bade Shrestha S O. Boundary Layer Combustion for Skin Friction Drag Reduction in Scramjet Combustors[R]. AIAA 2014-3667.

[27] O'Brien T F, Starkey R P, Lewis, M J. Quasi-One-Dimensional High-Speed Engine Model With Finite-Rate Chemistry[J]. Journal of Propulsion and Power, 2001, 17(6): 1366-1374.

[28] Стечкин Б С 等. 喷气发动机原理—工作过程与特性[M]. 秦鹏,梅波,等译. 科学出版社,1961.

[29] 陈军. Ma4~7 双模态冲压发动机燃烧室热力工作过程与性能潜力研究[D]. 绵阳:中国空气动力研究与发展中心,2016.

[30] Weingartner S. SANGER——The Reference Concept of the German Hypersonic Technology Program[R]. AIAA-93-5161.

[31] Ingenito A, Stefano Gulli,Bruno C. Sizing of TBCC Hypersonic Airbreathing Vehicles[R]. AIAA 2009-7419.

[32] Martin Sippel, Josef Klevanski. Preliminary Definition of Supersonic and Hypersonic Airline Configuration [R]. AIAA 2006-7984.

[33] 白菡尘,等. M6 双模态冲压模型发动机氢燃料燃烧实验研究[J]. 南京航空航天大学学报,2003,35(1):53-57.

[34] Xiao Baoguo, He Can, Xing Jianwen,et al. Experimental and Numerical Investigations of Freejet and Direct-Connected Dual-Mode Scramjet[J]. Aerospace Science and Technology,2018(75):297-303.

[35] 白菡尘,等,半自由射流冲压发动机实验方法初步探索[C]. 中国第一届近代空气动力学与气动热力学会议,CARS-2006 0 0017.

[36] 白菡尘,王泽江. 高超声速冲压发动机-飞行器计力体系讨论[J]. 推进技术,2012,33(1):1-6.

[37] Taira Tsuru, Sadatake Tomioka, Kenji Kudo,et al. Skin-Friction Measurements in Supersonic Combustion Flows of a Scramjet Combustor[R]. AIAA 2008-4578.

[38] RTO Technical Report. Technologies for Propelled Hypersonic Flight, Vol. 2-Subgroup 2: Scram Propulsion[R]. TR-AVT-007-V2, 2006.

[39] Vinogradov V A, Kobigsky S A, Petrov M D. Experimental Investigation of Kerosene Fuel Combustion in Supersonic Flow[J]. Journal of Propulsion and Power,1995,11(1):130-134.

[40] James C McDaniel, Jr Roland H Krauss, Whitehurst W B. Test Gas Vitiation in a Dual-Mode Combustor [R]. AIAA-2003-6960.

[41] Sosounov D Sc V(CIAM). Introduction and Overview[J]. Research and Development of Ram/Scramjets and Turboramjets in Russia, AGARD lecture series 194.